José Eduardo Aiub
Enio Filoni

Eletrônica

Eletricidade - Corrente Contínua

16ª
edição
revisada e
ampliada

érica

Av. das Nações Unidas, 7221, 1º Andar, Setor B
Pinheiros – São Paulo – SP – CEP: 05425-902

SAC | Dúvidas referente a conteúdo editorial, material de apoio e reclamações: sac.sets@somoseducacao.com.br

Diretora executiva Flávia Alves Bravin
Gerente executiva editorial Renata Pascual Müller
Gerente editorial Rita de Cássia S. Puoço
Editora de aquisições Rosana Ap. Alves dos Santos
Editoras Paula Hercy Cardoso Craveiro
Silvia Campos Ferreira
Assistente editorial Rafael Henrique Lima Fulanetti
Produtores editoriais Camilla Felix Cianelli Chaves
Laudemir Marinho dos Santos
Serviços editoriais Juliana Bojczuk Fermino
Kelli Priscila Pinto
Marília Cordeiro

Preparação Jurema Aprile
Revisão Ricardo Franzin
Diagramação LGB Publicações
Impressão e acabamento

DADOS INTERNACIONAIS DE CATALOGAÇÃO NA PUBLICAÇÃO (CIP)
ANGÉLICA ILACQUA CRB-8/7057

Aiub, José Eduardo
Eletrônica: eletricidade – corrente contínua / José Eduardo Aiub, Enio Filoni. – 16. ed. – São Paulo: Érica, 2018.
232 p.

Bibliografia
ISBN 978-85-365-2723-9

1. Correntes elétricas contínuas. 2. Eletricidade. 3. Eletrônica – problemas, exercícios etc. I. Filoni, Enio. II. Título

17-0567 CDD 621.231924
CDU 621.316.17

Índices para catálogo sistemático:
1. Eletrônica: Engenharia 621.381

16ª edição
2ª tiragem: 2019

CO 15360 CL 641979 CAE 626310

Agradecimentos

A todos que nos incentivaram na elaboração desta obra. Em particular, ao professor Francisco Gabriel Capuano pela amizade e competência e ao Paulo Roberto Alves pela simplicidade e confiança depositada.

A todos os demais colegas que, de alguma maneira, contribuíram com comentários e sugestões, ao longo dos anos de existência de nosso livro.

Os autores

Dedicatória

Aos meus pais, Arlete e Eduardo,
pelos ensinamentos de tantos anos;

À minha esposa Rita e aos meus filhos,
Eduardo e Luis Paulo, pelos sacrifícios.

José Eduardo Aiub

Aos meus pais, Aurora e Tiziano, pela dedicação,
carinho e ensinamentos de vida;

À minha esposa Sandra e aos meus filhos,
Bruno e André, por tudo que significam para mim.

Enio Filoni

Se alguém ama a justiça, saiba que
as virtudes são frutos de seus esforços:

ela ensina a temperança e a prudência,
a justiça e a fortaleza. E não há, na vida,
nada mais útil para os homens do que isto.

Sb 8, 7

Sobre os autores

José Eduardo Aiub

- Técnico em Eletrônica formado pelo Liceu Coração de Jesus, em São Paulo.
- Engenheiro eletricista formado pela Faculdade de Engenharia Industrial (FEI-SP).
- Mestre em Engenharia de Produção formado pela Universidade Paulista (Unip-SP).
- Professor do curso de Engenharia Elétrica da Faculdade de Engenharia Industrial (FEI-SP).
- Professor do curso de Engenharia Elétrica da Universidade Paulista (Unip-SP).
- Professor do curso de Tecnologia do Centro Universitário de Santo André (Unia-SP).
- Coordenador e professor dos cursos técnicos de Eletrônica e Telecomunicações do Centro Federal de Educação Tecnológica (Cefet-SP).
- Professor do curso técnico de Eletrônica da Escola Técnica Estadual Lauro Gomes (Etelg-SP).
- Conselheiro do Conselho Regional de Engenharia, Arquitetura e Agronomia (Crea-SP).

Enio Filoni

- Técnico em Eletrotécnica formado pela Escola Técnica Walter Belian (ETWB-SP).
- Engenheiro eletricista formado pela Faculdade de Engenharia Industrial (FEI-SP).
- Pós-graduado em Higiene e Segurança do Trabalho pela Universidade São Judas Tadeu, em São Paulo.
- Professor do curso de Engenharia Elétrica da Universidade Paulista (Unip-SP).
- Professor do curso de Tecnologia do Centro Universitário de Santo André (Unia-SP).
- Coordenador e professor do curso técnico de Eletrotécnica e Mecatrônica da Escola Técnica Estadual Getúlio Vargas (ETE GV-SP).
- Coordenador e professor dos cursos técnicos de Eletrônica e Telecomunicações do Centro Federal de Educação Tecnológica (Cefet-SP).
- Professor e coordenador do curso técnico de Eletrônica da Escola Técnica do Liceu de Artes e Ofícios de São Paulo.
- Professor do curso de Eletrotécnica da Escola Técnica Walter Belian (ETWB-SP).

Sumário

Prefácio

Este livro tem o objetivo de ensinar as primeiras noções sobre eletricidade e eletrônica aos estudantes da área. Além de fornecer as leis e os conceitos que ele utilizará por toda a sua vida profissional, os teoremas explanados também são fatores determinantes para a solução de redes elétricas com elementos lineares.

Os principais assuntos abordados são: leis de Ohm, circuitos elétricos, geradores e receptores, leis de Kirchhoff, Maxwell, Thévenin etc.

Todos os capítulos trazem exercícios propostos de alto nível, com os mais diversos graus de dificuldade para propiciar aos estudantes um aprendizado firme e seguro; as respostas no final do livro permitem ao aluno saber em que nível ele se encontra. Em boa parte dos exercícios utilizou-se resistência de valor comercial, portanto podem ser facilmente montados e comprovados em laboratório.

Foram acrescentados, nesta edição, novos exercícios com diversos graus de dificuldade para preparar cada vez mais os futuros técnicos e estudiosos dos projetos elétricos, além de um apêndice que apresenta componentes, como os resistores de cinco faixas, que já estão sendo utilizados em circuitos elétricos, entre outros.

Foi incluído ainda o estudo sobre capacitores e indutores, seu princípio de funcionamento, associações e comportamento em corrente contínua (regime transitório), que facilita sua aplicação e análise em circuitos de eletrônica e em corrente alternada.

Aos estudantes e discípulos: é importante ler com atenção e estudar o conteúdo do livro. Jamais devem se esquecer de que um bom técnico precisa conhecer a teoria e ser um prático bom e dedicado. A teoria ensina os porquês e a prática os comprova.

Boa leitura!

Os autores

1

Eletricidade: noções gerais

1.1 Introdução

A eletricidade, desde os primórdios, sempre esteve presente e ligada à nossa existência em fenômenos naturais, como as descargas atmosféricas (os raios).

O primeiro estudo ou contato efetivo do homem com a eletricidade de que se tem conhecimento vem da Grécia Antiga, quando Tales de Mileto, ao atritar pele de carneiro no âmbar amarelo (do grego *élektron*, daí a origem do nome eletricidade), observou que o âmbar passou a atrair fragmentos de outros materiais, como palha e madeira.

O estudo da eletricidade ao longo dos tempos se deve a grandes nomes da ciência, como Gilbert, Dufay, Franklin, Coulomb, Galvani, Volta, Faraday, Rowland, entre outros. Faraday e Rowland reconheceram a corrente elétrica como eletricidade em movimento no século XIX.

Já no século XX, podemos afirmar que Thomson descobriu o elétron, Millikan mediu a carga do elétron e Rutherford apresentou um modelo atômico desenvolvido por Bohr e Sommerfeld.

Em 1884, Edison desenvolveu a lâmpada; em 1904, Fleming inventou a primeira válvula; em 1906, Forest criou o triodo; em 1948, Bardeen e Brattain desenvolveram o transistor.

Por volta de 1970 surgiram os circuitos integrados, que minimizaram os diversos circuitos e aparelhos existentes.

O estudo atual da eletricidade caminha a passos acelerados e não é possível imaginar que níveis ele pode atingir.

1.2 Estrutura atômica

A Figura 1.1 mostra a ideia de um átomo visto por Bohr.

Figura 1.1

Ele é composto de um **núcleo** e uma ou mais **camadas de eletrosfera**, dependendo do material.

No núcleo, que corresponde a 0,01% do diâmetro do átomo, estão alojados os **prótons** (carga elementar positiva) e os **nêutrons** (carga elementar nula). Estudos não muito recentes mostram que no núcleo existem outras partículas menores.

Nas camadas da eletrosfera se localizam os **elétrons** (carga elementar negativa) que se movimentam em torno do núcleo. Existe uma força que tenta expulsá-los do átomo (força centrífuga) e outra que força a sua entrada no núcleo (atração entre cargas). Essas forças se anulam e o elétron prossegue sua trajetória de forma contínua até uma força externa atuar sobre ele.

Importante

A massa do próton é cerca de 2 mil vezes maior que a massa do elétron e seu tamanho, aproximadamente 1836 vezes maior.

Em um átomo neutro, o número de elétrons é igual ao número de prótons. Se houver um desequilíbrio nessa igualdade, o átomo se torna um **íon**. Ele será um íon positivo se apresentar falta de elétrons e um íon negativo se apresentar excesso de elétrons.

Um átomo pode ganhar ou perder elétrons pela **eletrização**. Existem três tipos básicos de eletrização: por atrito, por contato e por indução. Os elétrons que têm facilidade de entrar ou de sair de um átomo chamam-se **elétrons livres** e, na maioria das vezes, localizam-se na última ou na penúltima camada da eletrosfera. Os elétrons livres são a base da eletricidade dinâmica, isto é, da corrente elétrica.

Os elétrons das primeiras camadas da eletrosfera necessitam de uma energia muito alta para sair ou entrar em outros átomos. Junto com o núcleo, esses elétrons formam o "caroço" do átomo. Para a eletricidade, pouca coisa de interessante ocorre nessa região.

1.3 Carga e força elétricas, eletrização

Carga elétrica é uma propriedade característica dos prótons e elétrons. Sua presença pode ser observada pelos efeitos que ela produz, como campo elétrico, força elétrica, potencial elétrico, entre outros.

O espaço em que atuam as cargas elétricas é denominado **campo elétrico.** Sua ação pode ser comparada à do campo gravitacional (força gravitacional ou peso, potencial gravitacional etc.) e à do campo magnético, cada um deles com origem ou explicações diferentes, porém com efeitos semelhantes (carga elétrica, massa, cargas em movimento, respectivamente a cada um dos três campos mencionados). A coexistência dos três tipos de campo em um mesmo local pode ocorrer, mas de modo independente.

A carga elétrica negativa de um elétron vale $1{,}6 \cdot 10^{-19}$C (Coulomb, unidade de carga elétrica) e é representada por **e** (carga elementar ou fundamental).

Importante

O sinal negativo atribuído à carga elétrica do elétron e o positivo à do próton são apenas uma **convenção** que mostra os efeitos contrários (opostos) produzidos por eles, apesar do mesmo valor numérico.

Os métodos pelos quais um corpo pode alterar sua carga elétrica são denominados **processos de eletrização** e podem ser:

- **Eletrização por Atrito:** neste caso, o calor (energia) produzido ao longo do processo faz elétrons de um corpo neutro passarem para outro corpo neutro e ficam com cargas iguais, porém, com sinais contrários: um positivo e o outro negativo.
- **Eletrização por Indução:** a ação do campo elétrico produzido por um corpo já eletrizado provoca uma alteração no posicionamento das cargas de um segundo corpo, sem alterar o valor da carga de ambos.
- **Eletrização por contato:** vem sempre precedida da indução; as cargas de sinais contrários de um corpo se atraem e devido a essa atração elétrons passam de um corpo para outro, até que ocorra o equilíbrio elétrico (mesmo potencial elétrico), que resulta em dois corpos com mesmo sinal de carga elétrica, mas seus valores serão proporcionais ao tamanho destes.

Existe atração entre um elétron e um próton (cargas de sinais contrários) e repulsão entre dois elétrons ou entre dois prótons (cargas de mesmo sinal). Essa atração ou repulsão faz surgir uma **força**, cuja intensidade é determinada pelo uso da expressão matemática seguinte, conhecida como lei de Coulomb:

$$F = K \cdot \frac{Q_1 \cdot Q_2}{d^2}$$

Em que:

- F – intensidade da força de interação entre as cargas Q_1 e Q_2 em newton [N].
- Q_1 e Q_2 – intensidades das cargas elétricas em coulomb [C].
- d – distância entre as cargas elétricas em metro [m].
- K – constante de proporcionalidade do meio.
- K_0 – constante de proporcionalidade no vácuo – $K_0 = 9 \cdot 10^9 \left[\frac{N \cdot m^2}{C^2}\right]$.

Exercícios resolvidos

1) Calcule o número de elétrons que deve ser retirado de um corpo neutro para que ele adquira carga igual a 64μC.

Solução: $1e = 1{,}6 \cdot 10^{-19}C$

Logo: $1C = \frac{1}{1{,}6 \cdot 10^{-19}} e = 6{,}24 \cdot 10^{18}$ e, portanto, temos $q = n \cdot e$.

Se 1 coulomb possui $6{,}24 \cdot 10^{18}$ elétrons, então temos que 64μC possuem $64 \cdot 10^{-6} \cdot 6{,}24 \cdot 10^{18}$ elétrons, isto é, $4 \cdot 10^{14}$ elétrons, que é o número que deve ser retirado desse corpo neutro.

2) Qual é a carga elétrica de 1000 elétrons?

Solução: se um elétron possui carga de $1{,}6 \cdot 10^{-19}C$, então 1000 elétrons possuem carga de $1000 \cdot 1{,}6 \cdot 10^{-19}C$, isto é, $1{,}6 \cdot 10^{-16}C$.

3) Na figura seguinte, qual a intensidade da força de interação das cargas? É uma força de atração ou repulsão?

Dado: $K = 9 \cdot 10^9 \frac{N \cdot m^2}{C^2}$

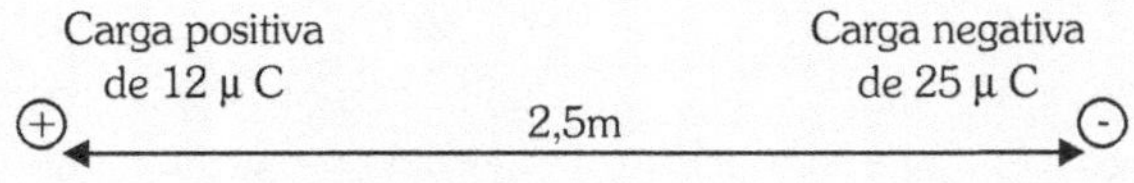

Solução: pela lei de Coulomb temos:

$$F = K \cdot \frac{Q_1 \cdot Q_2}{d^2} = 9 \cdot 10^9 \cdot \frac{12 \cdot 10^{-6} \cdot 25 \cdot 10^{-6}}{(2,5)^2}$$

$F = 432 \cdot 10^{-3}N$ (força de atração)

1.4 Tensão elétrica e corrente elétrica

Um corpo, como já vimos, pode acumular cargas positivas ou negativas mediante eletrização. Essa quantidade de cargas que ele adquire dá origem ao **potencial** que o corpo possui. O nome é decorrente da energia concentrada (armazenada) que esse corpo adquire, isto é, energia potencial.

Quando dois corpos possuem potenciais elétricos diferentes, diz-se que há entre eles uma ddp, ou seja, uma diferença de potencial.

Tensão elétrica (U ou V) (ddp – diferença de potencial, força eletromotriz ou "voltagem") nada mais é do que a diferença de potencial entre dois corpos, ou entre dois pontos de um circuito elétrico qualquer.

$$U_{AB} = V_A - V_B \quad [V = Volt]$$

Se, por um motivo qualquer, unirmos dois corpos de potenciais diferentes por um fio condutor de eletricidade, existirá uma passagem de cargas de um corpo para o outro (atração entre cargas de sinal contrário) até haver igualdade nos potenciais elétricos. A essa passagem de cargas de um corpo, ou de um ponto de circuito qualquer, para o outro dá-se o nome de **corrente elétrica.**

Corrente elétrica (I), portanto, é o movimento ordenado de cargas por um condutor elétrico. Como já dissemos no tópico anterior, essas cargas em movimento são os chamados elétrons livres, pois os prótons e os nêutrons são imóveis e os elétrons das primeiras camadas da eletrosfera estão muito presos aos seus átomos. Corrente elétrica também pode ser definida como a quantidade de cargas elétricas que passa por um condutor em um determinado intervalo de tempo (em segundos).

$$\left(I = \frac{\Delta Q}{\Delta T}\right) \quad [A = Ampère]$$

Podemos agora concluir que, se há uma tensão elétrica entre dois corpos ou entre dois pontos de um circuito elétrico e se há um caminho condutor entre eles, surgirá uma corrente elétrica por esse condutor. Portanto, a tensão elétrica é a força ou pressão que faz surgir uma corrente elétrica. Quanto maior for essa pressão, maior será o movimento de cargas pelo condutor.

É a corrente elétrica que faz uma lâmpada acender, um motor girar, uma calculadora efetuar cálculos, um computador executar programas etc. É ela que transporta a energia a esses dispositivos que, por sua vez, a convertem em luz, calor, movimento etc.

Gerador elétrico é o nome que se dá ao dispositivo que mantém sempre a tensão elétrica entre seus dois pontos, com a finalidade de manter também a corrente elétrica permanentemente num circuito elétrico.

É importante ressaltar que neste livro adotamos a **corrente convencional**, isto é, a corrente em que os elétrons caminham do polo positivo de um gerador para o polo negativo desse mesmo gerador (que pode também ser definida como a corrente de Lacunas – carga elétrica "imaginária positiva", que corresponde ao espaço deixado pela saída de um elétron), e não a **corrente eletrônica**, que é o verdadeiro sentido dos elétrons, isto é, do terminal negativo do gerador para o positivo (Figura 1.2a).

O sentido **convencional** é adotado por 99% das bibliografias do mundo todo e tem a sua origem nos primeiros trabalhos dos cientistas, que compararam o movimento dos elétrons ao movimento da água que vai de uma caixa-d'água (lugar de energia potencial maior, representado por +) para uma torneira (energia potencial menor, representado por −). O erro ficou para a posteridade e o seu uso não acarreta nenhum problema de análise nos estudos da eletricidade.

A unidade de tensão elétrica é o volt (V), em homenagem a Alessandro Volta, e a unidade de corrente elétrica é o ampère (A), em homenagem a André Marie Ampère. O aparelho que mede tensão elétrica se chama **voltímetro** e o aparelho que mede corrente elétrica se chama **amperímetro**.

O voltímetro deve ser ligado sempre em **paralelo** com o dispositivo ou componente do qual se queira medir a tensão elétrica e o amperímetro deve ser ligado sempre em série no condutor do qual se queira medir a corrente elétrica (Figura 1.2).

Lembrete

Quando lidamos com a tensão ou corrente contínua, devemos nos preocupar com a polaridade dos equipamentos utilizados. Em um gerador contínuo, a polaridade é facilmente identificada, porém, em relação aos outros dispositivos (resistências, capacitores etc., inclusive medidores), será considerado terminal positivo aquele por onde entrar a corrente convencional do circuito.

Neste livro estudaremos apenas tensão e corrente contínuas.

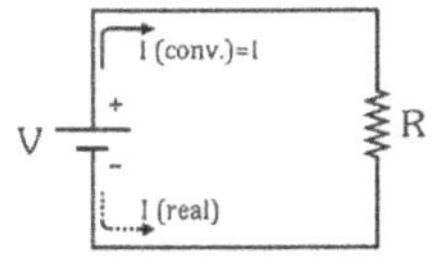

a) Sentido das correntes

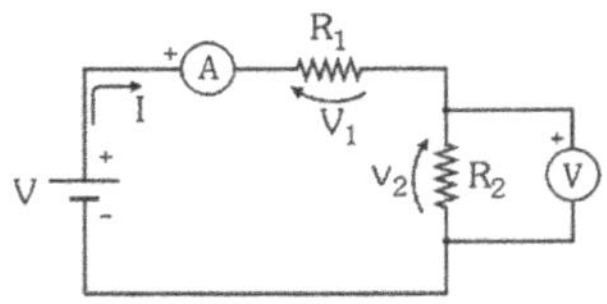

b) Ligação de amperímetro e voltímetro

Figura 1.2

Existem dois tipos básicos de tensão e de corrente elétrica: contínua e alternada.

A tensão contínua não altera sua polaridade (sentido) com o decorrer do tempo (por exemplo, pilhas e baterias); já a tensão alternada muda sua polaridade periodicamente no decorrer do tempo (por exemplo, rede elétrica). A corrente elétrica segue as mesmas características das tensões.

1.5 Efeitos da corrente elétrica

- **Magnético:** a passagem da corrente elétrica através de um condutor dá origem a um campo magnético a seu redor (eletromagnetismo), possibilitando o funcionamento de motores, transformadores, entre outros.

- **Térmico:** ocorre devido ao choque dos elétrons com os átomos nos condutores, o que aumenta a vibração destes átomos e provoca aumento da temperatura. É também conhecido como **efeito Joule.** Aplicações: chuveiros, torneiras elétricas etc.
- **Fisiológico:** corresponde à passagem de corrente elétrica através de seres vivos, em particular seres humanos (choque elétrico). Essa passagem pode dar origem a contrações musculares e o pior caso é aquele em que a corrente circula entre as duas mãos, passa pela região do tórax e pode afetar o coração e/ou a respiração. É comum ocasionar graves queimaduras.
- **Luminoso:** acontece no nível molecular, onde a excitação provocada pela passagem da corrente dá origem à emissão de radiação visível, o que ocorre nas lâmpadas fluorescentes.
- **Químico:** a passagem da corrente elétrica em soluções eletrolíticas dá origem a determinadas reações ou aceleração de reações químicas (eletrólise), como ocorre na niquelação, cromeação etc.

1.6 Múltiplos e submúltiplos utilizados em eletricidade

Os múltiplos e submúltiplos são representados por prefixos que utilizamos junto às grandezas elétricas.

Por sua vez, a maioria das grandezas elétricas recebe o nome em homenagem a quem as estudou, um cientista, físico ou engenheiro a elas relacionado. Dessa forma, a letra que as representa deve ser maiúscula.

Múltiplos

T	tera	10^{12}	1.000.000.000.000
G	giga	10^{9}	1.000.000.000
M	mega	10^{6}	1.000.000
K	quilo	10^{3}	1.000

Submúltiplos

m	mili	10^{-3}	0,001
m	micro	10^{-6}	0,000001
n	nano	10^{-9}	0,000000001
p	pico	10^{-12}	0,000000000001

Observação

Uma combinação permitida entre esses prefixos é a utilização de Kp (quilo-pico = $10^3 \cdot 10^{-12} = 10^{-9}$) para substituir n (nano), quando nos referimos a capacitores, por exemplo. Demais combinações não são usuais ou permitidas.

Os múltiplos e submúltiplos mais comuns da tensão elétrica são:

MV	megavolt	1.000.000V	10^6V
KV	quilovolt	1.000V	10^3V
mV	milivolt	0,001V	10^{-3}V

Os múltiplos e submúltiplos mais comuns da corrente elétrica são:

KA	quiloampère	1.000A	10^3A
mA	miliampère	0,001A	10^{-3}A
µA	microampère	0,000001A	10^{-6}A

1.7 Condutores e isolantes elétricos

Com base no modelo atômico de Bohr, a distribuição eletrônica dos elétrons pode definir os três tipos de materiais utilizados em eletricidade:

- **Condutores:** poucos elétrons na última camada ($n_E < 4$) "facilitam o movimento dos elétrons entre os átomos – facilitam a passagem da corrente elétrica". Exemplo: metais.
- **Semicondutores:** última camada com quatro elétrons ($n_E = 4$) "podem se comportar como condutores ou isolantes ou maus condutores". Exemplo: Si, Ge.
- **Maus condutores ou Isolantes:** muitos elétrons na última camada ($n_E > 4$) "dificultam o movimento dos elétrons – facilitam a passagem da corrente elétrica" Exemplo: não metais, como borracha, vidro etc.

Quando um material, pelas suas próprias características, permite que cargas elétricas (elétrons) se desloquem com facilidade através dele, diz-se que esse material é um bom **condutor elétrico.** Os condutores elétricos possuem átomos ou moléculas cuja possibilidade de mobilidade dos elétrons é alta, isto é, há um bom número de elétrons livres.

Os metais são incontestavelmente os melhores condutores. O uso do alumínio, do cobre, do ouro, da prata e de algumas ligas metálicas é muito comum no campo da eletricidade.

Em contrapartida, se um material não permite a passagem de cargas, ele é um **isolante elétrico**. Os isolantes elétricos são constituídos de átomos que não possuem elétrons livres, isto é, seus elétrons estão presos rigidamente ao átomo devido à grande atração do núcleo. Exemplos de bons isolantes: papel, mica, vidro, parafina, porcelana, água pura etc.

No próximo capítulo vamos estudar a resistência elétrica. Ficará claro que os condutores possuem baixa resistência elétrica e os isolantes, alta resistência elétrica. Vale ressaltar que não existe condutor perfeito, assim como não existe isolante perfeito.

Exercícios Propostos

1) Quando passamos o pente no cabelo, ele adquire a capacidade de atrair pequenos pedaços de papel, que logo depois se soltam. Explique o que ocorre. Considere inicialmente neutros os corpos envolvidos.

2) Um corpo de carga $-300\mu C$ precisa perder quantos elétrons para se tornar neutro?

3) Um corpo deve passar de uma carga de $+12\mu C$ para uma carga de $-32\mu C$. Quantos elétrons ele deve receber?

4) Um corpo adquiriu $5 \cdot 10^{14}$ elétrons, ficando com uma carga igual a $+160\mu C$. Qual era a carga inicial do corpo?

5) Um corpo está distante 10m de outro corpo. Ambos possuem carga de $5\mu C$. Calcule a força de repulsão entre eles. Dado $K = 9 \cdot 10^9 \dfrac{N \cdot m^2}{C^2}$.

6) A força elétrica resultante da repulsão entre duas cargas iguais Q, distantes 30cm no ar, vale 10N. Determine o valor da carga Q (em módulo).

7) A corrente que circula por um condutor vale 200mA. Quantos elétrons passam por minuto por esse condutor?

8) Estão circulando 10^{18} elétrons por hora num condutor. Qual é a corrente que está circulando por esse condutor?

9) Um corpo de carga $Q_1 = +20\mu C$ é colocado em contato, por intermédio de um condutor, com um outro corpo de carga $Q_2 = -28\mu C$. O equilíbrio entre eles leva 30ms para ocorrer. Qual a corrente média no condutor, ao longo do processo?

Efetue as seguintes conversões:

10) 0,02A em mA

11) 542,2KV em MV

12) 5.000.000V em KV

13) 3,5MV em KV

14) 12MV em V

15) 5,4KV em mV

16) 100.000μA em A

17) 12mA em μA

18) 0,00054mA em A

19) 32mA em A

20) 500μA em mA

21) 12.000μA em A

22) 0,4MV em V

23) 0,11KV em V

2 Leis de Ohm e associação de resistências

2.1 Resistência elétrica

É a dificuldade ou oposição que um certo condutor oferece à passagem da corrente elétrica. Depende do tipo de material, de suas dimensões e da temperatura (mobilidade das partículas, agitação térmica).

Em termos de energia, na resistência elétrica só existe a transformação de energia elétrica em energia térmica (calor). O elemento que transforma integralmente a energia elétrica em calor é denominado resistor.

Simbologia

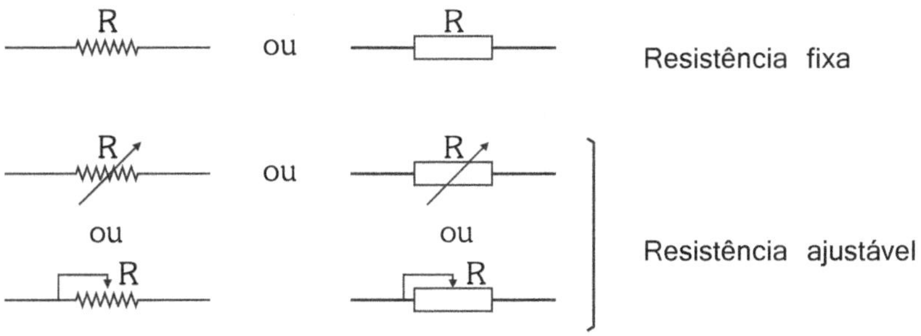

Unidade

A unidade padrão para medida de resistência elétrica é o Ohm (Ω), em homenagem ao físico alemão George Simon Ohm (1787-1854).

Múltiplos usuais:

KΩ (quilo-ohm); MΩ (megaohm)

Observação

Representação aceitável na prática: 4700Ω = 4,7KΩ = 4K7Ω

O instrumento utilizado para a medida do valor de uma resistência elétrica é o **ohmímetro**, que deve ser ligado em paralelo à resistência, tomando-se o cuidado de verificar se ela não está conectada a um circuito elétrico (ou energizada), o que pode danificar o ohmímetro.

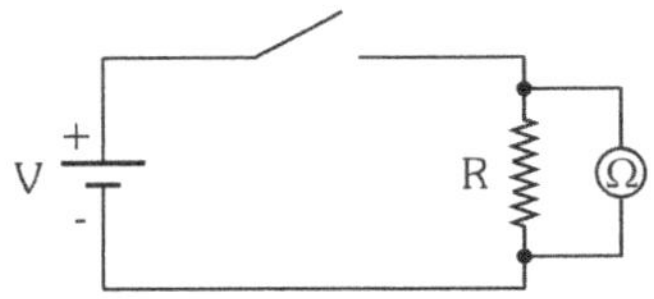

Figura 2.1

Observação

Neste caso, o ohmímetro está medindo a associação das resistências R_1 e R_2 (no caso em paralelo) e não somente R_2.

Neste caso, o ohmímetro está medindo apenas a resistência R_2.

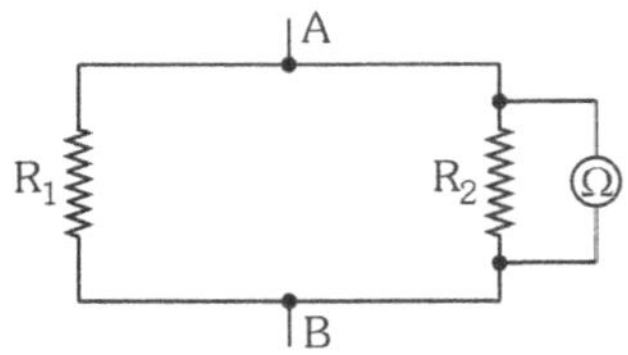

Figura 2.2

Para medir uma resistência isoladamente, ela pode ter no máximo um ponto de contato com a outra resistência (ponto A).

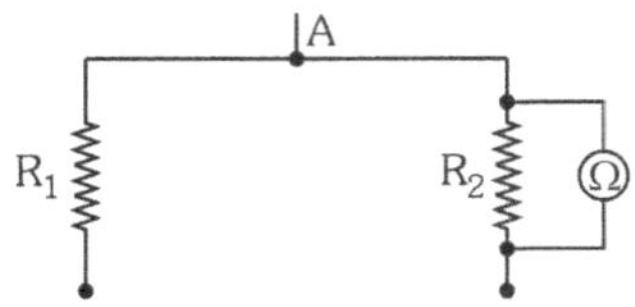

Figura 2.3

2.2 1ª lei de Ohm

George Simon Ohm efetuou experiências no sentido de verificar a influência da tensão e da corrente elétricas sobre a resistência elétrica.

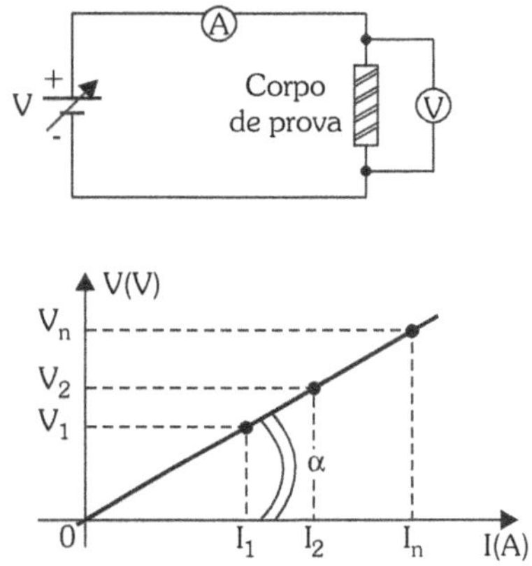

Figura 2.4

V	I
0	0
V_1	I_1
V_2	I_2
:	:
V_n	I_n

$$tg\alpha = cte = \frac{\Delta V}{\Delta I} = R$$

$$R = \frac{V_1}{I_1} = \frac{V_2}{I_2} = \ldots = \frac{V_n}{I_n} = cte$$

Por meio do levantamento de dados com base em um circuito como o visto anteriormente e análise de gráficos que mais tarde receberam a denominação de curva característica do resistor, Ohm enunciou:

"A resistência elétrica de um condutor é diretamente proporcional à tensão aplicada em seus terminais e inversamente proporcional à corrente que o percorre".

$$R = \frac{V}{I}$$

Essa lei é de fundamental importância para o estudo de eletricidade, e tudo que se desenvolveu posteriormente segue seu princípio.

Observação

$$1\Omega = \frac{1V}{1A}$$

Exemplo

1) Determine a resistência elétrica de um resistor que, quando submetido a uma ddp de 12V, é percorrido por uma corrente de 1mA.

Solução: $R = \frac{V}{I} = \frac{12}{1 \cdot 10^{-3}} = 12 \cdot 10^{3}\Omega = 12K\Omega$

2) Dada a curva característica de um resistor, determine seu valor.

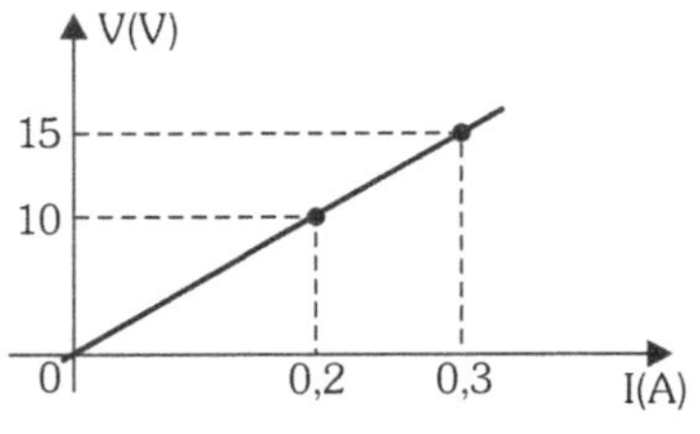

Figura 2.5

Solução:

$$R = \frac{V}{I} = \frac{10}{0,2} = 50\Omega \text{ ou}$$

$$R = \frac{15}{0,3} = 50\Omega \text{ ou}$$

$$R = \frac{15 - 10}{0,3 - 0,2} = 50\Omega$$

2.3 Efeito Joule

Como já mencionado, em uma resistência elétrica a energia elétrica é transformada em energia térmica (calor); esse fenômeno foi denominado **efeito Joule**. Esse calor é proveniente do choque dos elétrons em movimento no interior do condutor (corrente elétrica) com as partículas desse condutor.

Aplicações práticas que utilizam o efeito Joule para o seu funcionamento: chuveiro elétrico, ferro elétrico, torneira elétrica etc.

2.4 Potência dissipada em uma resistência

O efeito Joule é inevitável, ocorre sempre, pois todos os dispositivos possuem resistência elétrica. Mas nem sempre interessa a transformação de energia elétrica em calor, como no caso de um motor elétrico. Nele, a intenção é a transformação da energia elétrica em energia mecânica (movimento – rotação), no entanto, nem toda energia é assim transformada, pois uma parcela se transforma em calor devido à resistência elétrica dos fios que constituem os enrolamentos do motor.

Como essa energia não é, comumente, a desejada, dizemos que ela se constitui em energia perdida ou dissipada, pois o calor é trocado com o meio ambiente.

Lembrando que a potência é a relação entre a energia e o tempo gasto para consumi-la, podemos afirmar que, nesta situação, a potência será dissipada ou perdida; portanto, para uma resistência podemos escrever:

$$P = V \cdot I \quad \text{e} \quad V = R \cdot I, \text{ logo } P = R \cdot I \cdot I \Rightarrow P = R \cdot I^2$$

ou

$$P = V \cdot I \quad \text{e} \quad I = \frac{V}{R}, \text{ logo } P = V \cdot \frac{V}{R} \Rightarrow P = \frac{V^2}{R}$$

Unidade de potência: 1W (watt)

Observação

1W = 1V · 1A → Circuito resistivo puro

Exemplo

1) Determine a potência dissipada em um resistor de 100Ω, que é percorrido por uma corrente de 2A.

Solução: $P = R \cdot I^2 = 100 \cdot 2^2 = 400W$

2) Para o exemplo anterior, qual seria a nova potência dissipada no resistor, quando ele for submetido a uma ddp de 110V?

Solução: $P = \frac{V^2}{R} = \frac{110^2}{100} = 121W$

2.5 2ª lei de Ohm

George Simon Ohm também estudou a resistência elétrica e analisou os elementos que têm influência sobre ela. Chegou à conclusão de que a resistência elétrica de um condutor depende basicamente do material do qual ele é feito, de seu comprimento (l), da área de seção transversal (A) e da temperatura [θ].

Para que pudesse ser analisada a influência de cada um desses elementos sobre a resistência elétrica, várias experiências foram realizadas, mantendo-se constantes três dos quatro fatores citados anteriormente e variando-se apenas um.

2.5.1 Influência do comprimento

Nesta experiência, foram mantidos constantes o tipo de material, sua temperatura e a sua área de seção transversal, variando-se apenas o comprimento.

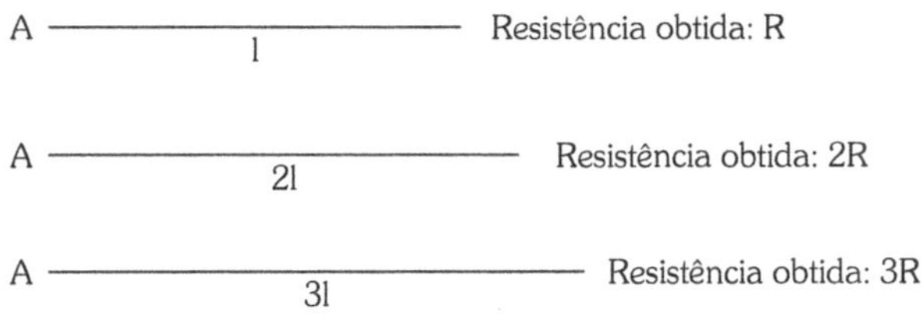

Figura 2.6

Verificou-se que a resistência elétrica aumentava ou diminuía na mesma proporção que aumentava ou diminuía o comprimento do condutor. A conclusão foi de que "a resistência elétrica é diretamente proporcional ao comprimento do condutor".

2.5.2 Influência da área de seção transversal

Desta feita, foram mantidos constantes o comprimento do condutor, o tipo de material e sua temperatura, variando-se apenas a seção transversal do condutor.

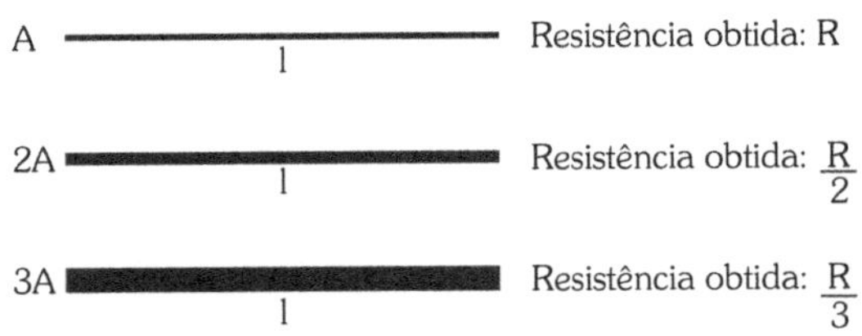

Figura 2.7

Verificou-se que a resistência elétrica aumentava à medida que diminuía a seção transversal do condutor e vice-versa. A conclusão é de que "a resistência elétrica de um condutor é inversamente proporcional à sua área de seção transversal".

2.5.3 Influência do material

Mantidos constantes o comprimento, a seção transversal e a temperatura, variou-se o tipo de material.

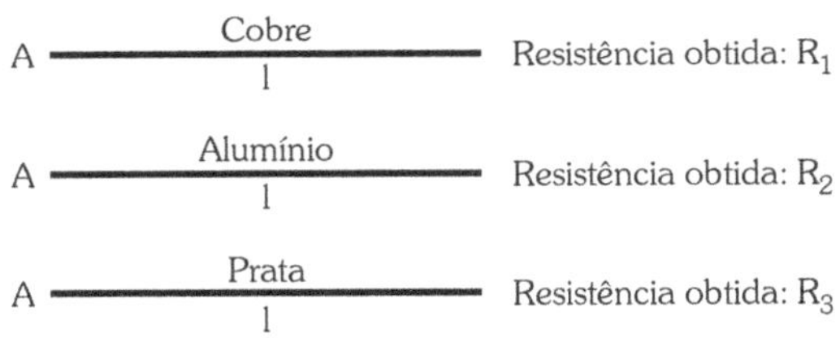

Figura 2.8

A experiência foi realizada com materiais diferentes, verificando-se que não havia nenhuma relação entre eles, porém, efetuada várias vezes com um mesmo tipo de material, observou-se que a resistência elétrica tinha sempre o mesmo valor.

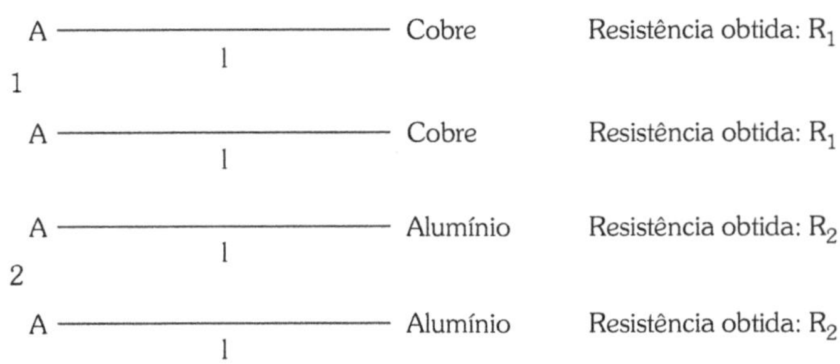

Figura 2.9

Chegou-se a definir uma constante de proporcionalidade para cada tipo de material, que foi denominada resistividade elétrica (ρ).

A **resistividade elétrica** (ρ) pode ser definida como a resistência elétrica específica de um certo condutor, com 1 metro de comprimento e $1mm^2$ de área de seção transversal, medida na temperatura ambiente constante (normalmente admitida como equivalente a 20°C).

Unidade

No sistema internacional, a unidade de resistividade é o Ω × metro.

$$[\Omega \cdot m] \text{ ou usualmente } \left[\frac{\Omega \cdot mm^2}{m}\right] \cdot 10^6$$

Tabela

Material	ρ ($\Omega \cdot$ m) a 20°C
Prata	$1,6 \cdot 10^{-8}$
Cobre	$1,7 \cdot 10^{-8}$
Ouro	$2,3 \cdot 10^{-8}$
Alumínio	$2,8 \cdot 10^{-8}$
Tungstênio	$4,9 \cdot 10^{-8}$
Platina	$10,8 \cdot 10^{-8}$
Ferro	$11 \cdot 10^{-8}$
Constantan	$50 \cdot 10^{-8}$
Nicromo	$110 \cdot 10^{-8}$

Sendo assim, Ohm enunciou (2ª lei de Ohm): "a resistência elétrica de um condutor é diretamente proporcional ao seu comprimento e inversamente proporcional à sua área de seção transversal".

$$R = \rho \cdot \frac{l}{A}$$

Em que:

- R – resistência elétrica [Ω].
- ρ – resistividade elétrica do material [Ω.m].
- l – comprimento do condutor [m].
- A – área da seção transversal do condutor [m^2].

Exemplo

1) Determine a resistência elétrica de um condutor de cobre na temperatura de 20°C ($\rho Cu = 1{,}7 \cdot 10^{-8}\Omega \cdot m$), sabendo-se que sua área de seção transversal vale $1{,}5mm^2$, para os seguintes casos:

a) $l_1 = 50cm$ b) $l_2 = 100m$ c) $l_3 = 3km$

Solução:

a) $R = \rho \cdot \frac{l_1}{A} = 1{,}7 \cdot 10^{-8} \cdot \frac{0{,}5}{1{,}5 \cdot 10^{-6}} (\cong) 5{,}7 \cdot 10^{-3}\Omega = 5{,}7m\Omega$

b) $R_2 = \rho \cdot \frac{l_2}{A} = 1{,}7 \cdot 10^{-8} \cdot \frac{100}{1{,}5 \cdot 10^{-6}} = 1{,}13\Omega$

c) $R_3 = \rho \cdot \frac{l_3}{A} = 1{,}7 \cdot 10^{-8} \cdot \frac{3 \cdot 10^{3}}{1{,}5 \cdot 10^{-6}} = 34\Omega$

Observação

Por meio desse exemplo e lembrando ainda que, na prática, o mais comum é a variação no comprimento do condutor e não em sua seção transversal, podemos considerar desprezível (nula) a resistência elétrica de um condutor que possua pequenos comprimentos: R_{fio} $(\cong)$ 0.

2.5.4 Influência da temperatura

Como já analisado, a resistência elétrica de um condutor depende do tipo de material de que é constituído (número de elétrons livres) e da mobilidade das partículas em seu interior.

Na maioria das substâncias, maior temperatura significa mais resistência elétrica, pois, com o aumento da temperatura, aumenta a mobilidade (agitação das partículas) que constitui a substância, ou seja, aumentam as colisões entre as partículas e os elétrons livres no interior do condutor.

Isso é o que ocorre principalmente nos metais e nas ligas metálicas com menor intensidade, em função das ligações químicas existentes para a constituição da liga. Nesse caso, é necessário um grande aumento da temperatura para se notar uma pequena variação da resistência elétrica, tanto que são materiais utilizados na fabricação de resistores.

Na grafita e nos condutores iônicos, um aumento de temperatura acarreta aumento na mobilidade das partículas e também no número de elétrons livres em função da "quebra" de ligações químicas. O segundo efeito prevalece sobre o primeiro e resulta em uma diminuição da resistência elétrica com o aumento da temperatura.

No caso dos líquidos, um aumento da temperatura acarreta diminuição na sua viscosidade e ocasiona um aumento na mobilidade dos íons e, consequentemente, a diminuição da sua resistência elétrica.

Podemos concluir que a variação na resistência elétrica com a temperatura de um condutor depende diretamente da variação da resistividade elétrica do material de que é constituído.

2.6 Supercondutor e isolante ideal

Na temperatura de -273,15°C (zero absoluto), a resistência elétrica dos metais tende a zero, ou seja, comportam-se como condutores ideais, de resistência elétrica nula.

Em pesquisas mais recentes, chegou-se à obtenção de uma pastilha composta de ítrio, bário, cobre e oxigênio que na temperatura de aproximadamente -38°C possui as características de um supercondutor, ou seja, condução ideal de corrente elétrica, sem perda de energia, apresentando porém o problema de ser muito instável.

Na prática, a obtenção do supercondutor é bastante difícil, porque o ideal seria que tal fenômeno pudesse ocorrer na temperatura ambiente mais comum, em torno de 20°C. Da mesma forma, não existe o isolante perfeito, pois, por maior que seja a resistência elétrica da substância, sempre alguns poucos elétrons podem vencer a barreira (resistência) e atravessá-la.

Resumo

- **isolante ideal:** $R = (\infty)$ (infinito)
- **supercondutor:** $R = 0$ (zero, nula)

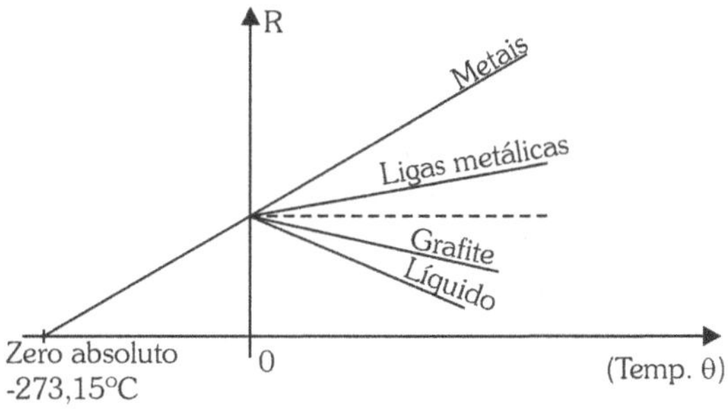

Figura 2.10

2.6.1 Condutores sólidos

Conhecida a resistividade do material em uma determinada temperatura, podemos determinar o novo valor de um condutor sólido em uma nova temperatura por meio da expressão:

$$\rho = \rho_0 \left(1 + \alpha\Delta\theta\right)$$

Em que:

- ρ – resistividade do material na temperatura final (θ_f) [$\Omega \cdot$ m].
- ρ_0 – resistividade do material na temperatura inicial (θ_i) [$\Omega \cdot$ m].
- α – coeficiente de temperatura do material (°C^{-1}), que corresponde à variação de resistência elétrica que o condutor do referido material com resistência 1Ω sofre quando a temperatura variar de 1°C.
- $\Delta\theta$ – variação de temperatura (°C).
- $\Delta\theta = (\theta_f - \theta_i)$ = (temperatura final – temperatura inicial).

Tabela

Material	α(°C^{-1})
Cobre	$3{,}9 \cdot 10^{-3}$
Alumínio	$3{,}2 \cdot 10^{-3}$
Tungstênio	$4{,}5 \cdot 10^{-3}$
Ferro	$5{,}0 \cdot 10^{-3}$
Prata	$4{,}0 \cdot 10^{-3}$
Platina	$3{,}0 \cdot 10^{-3}$
Nicromo	$0{,}2 \cdot 10^{-3}$
Constantan	$0{,}1 \cdot 10^{-4}$

Exemplo

Determine a resistividade do cobre na temperatura de 50°C, sabendo-se que na temperatura de 20°C sua resistividade vale $1{,}7 \cdot 10^{-8}\Omega$.m.

$$\rho = \rho_0 \left(1 + \alpha\Delta\theta\right)$$

$$\rho = 1{,}7 \cdot 10^{-8} \cdot \left[1 + 3{,}9 \cdot 10^{-3}\left(50°C - 20°C\right)\right]$$

$$\rho \left(\cong\right) 1{,}9 \cdot 10^{-8}\Omega \cdot m$$

De forma análoga, podemos determinar o valor da nova resistência elétrica de um condutor em uma nova temperatura por meio da expressão:

$$R = R_0 \left(1 + \alpha\Delta\theta\right)$$

Em que:

- R – resistência elétrica na temperatura final (θ_f).
- R_0 – resistência elétrica na temperatura inicial (θ_0).

Exemplo

Um condutor de alumínio na temperatura ambiente de 20°C possui resistência elétrica de 100Ω. Qual sua resistência quando sua temperatura passar a ser:

a) $\theta_1 = 25°C$

b) $\theta_2 = 10°C$

c) $\theta_3 = 120°C$

d) $\theta_4 = 2020°C$

Solução:

a) $R_1 = R_0 \left(1 + \alpha\Delta\theta_1\right)$

$R_1 = 100 \cdot \left[1 + 3{,}2 \cdot 10^{-3} \left(25 - 20\right)\right] = 101{,}6\Omega$

b) $R_2 = R_0 \left(1 + \alpha\Delta\theta_2\right)$

$R_2 = 100 \cdot \left[1 + 3{,}2 \cdot 10^{-3} \left(10 - 20\right)\right] = 96{,}8\Omega$

c) $R_3 = R_0 \left(1 + \alpha\Delta\theta_3\right)$

$R_3 = 100 \cdot \left[1 + 3{,}2 \cdot 10^{-3} \left(120 - 20\right)\right] = 132\Omega$

d) $R_4 = R_0 \left(1 + \alpha\Delta\theta_4\right)$

$R_4 = 100 \cdot \left[1 + 3{,}2 \cdot 10^{-3} \left(2020 - 20\right)\right] = 740\Omega$

Observação

Pelo exemplo, verifica-se que, para o valor da resistência elétrica do condutor sofrer alteração significativa com a variação da temperatura, essa variação deve ser elevada (condutores metálicos); portanto, exceto em aplicações muito particulares, vamos desprezar a influência da variação da temperatura sobre a resistência elétrica.

2.6.2 Condutância elétrica (G)

Trata-se da facilidade que um certo condutor oferece à passagem da corrente elétrica. É o inverso da resistência elétrica.

$$G = \frac{1}{R}$$

Unidade

℧ (mho) ou S (siemens)

2.6.3 Condutividade elétrica (σ)

É a facilidade que um certo condutor, com um metro de comprimento e $1mm^2$ de área de seção transversal, na temperatura ambiente, oferece à passagem da corrente elétrica. É o inverso da resistividade elétrica.

$$\sigma = \frac{1}{\rho}$$

Unidade

$$\frac{1}{\Omega \cdot m} = \frac{1S}{m} = 1\frac{℧}{m}$$

2.7 Associação de resistências

Consiste na determinação de um único valor de resistência elétrica, que **numericamente** equivale à ligação de um grupo de resistências.

Tem como aplicação prática, por exemplo, a obtenção de valores de resistências (resistores) não existentes comercialmente e a simplificação de circuitos para facilitar sua solução.

A resistência resultante da associação é comumente denominada resistência equivalente (R_{eq}) ou resistência total (R_T). É aquela "vista" pela fonte do circuito.

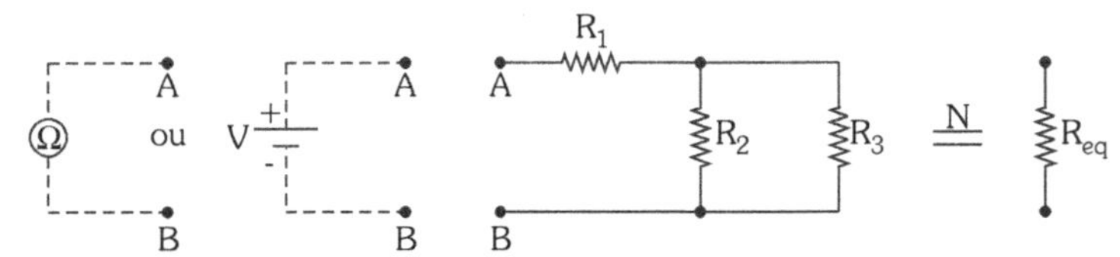

Figura 2.11

Para a determinação da resistência equivalente do circuito devemos imaginar que entre os pontos A e B ligaremos o ohmímetro e/ou a fonte do circuito.

2.7.1 Associação série

Caracteriza-se pela ligação por apenas um ponto entre cada resistência. Esse ponto não pode ser um nó elétrico, isto é, ponto de onde partem ou ao qual chegam três ou mais ramos ou, ainda, partem ou chegam duas ou mais correntes.

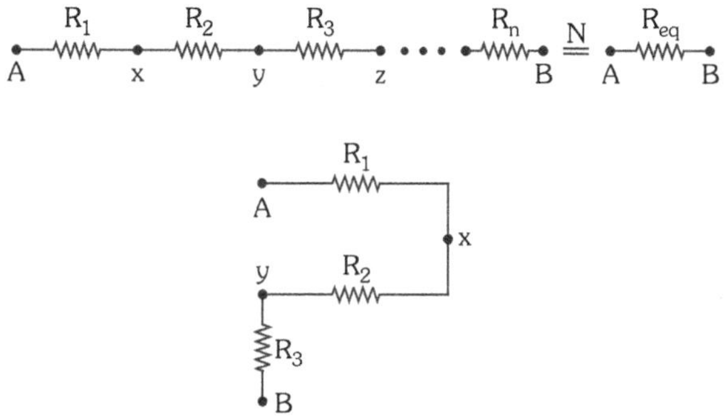

Figura 2.12

Nas duas figuras, entre as resistências R_1 e R_2, o único ponto de ligação é o X, e entre as resistências R_2 e R_3, o ponto Y.

$$R_{eqAB} = \sum_{i=1}^{n} R_i$$

$$R_{eqAB} = R_1 + R_2 + \ldots + R_n$$

"Em uma associação série, a resistência equivalente à associação é igual à soma das resistências existentes nela".

Exemplo

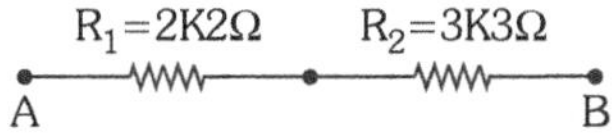

Figura 2.13

A resistência equivalente entre os pontos A e B será:

$$R_{eqAB} = R_1 + R_2 \Rightarrow R_{eqAB} = 2K2 + 3K3 = 5K5\Omega$$

2.7.2 Associação paralela

Caracteriza-se pela ligação por dois pontos entre cada resistência. Neste caso, os pontos necessariamente serão nós elétricos.

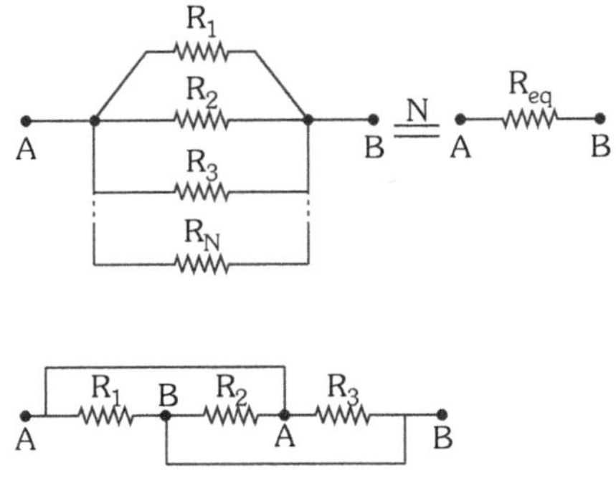

Figura 2.14

Nas duas figuras, entre cada duas resistências, R_1 e R_2, R_2 e R_3, R_1 e R_3, existem dois pontos de ligação, no caso os próprios pontos A e B.

$$\frac{1}{R_{eqAB}} = \sum_{i=1}^{n} \frac{1}{R_i}$$

$$\frac{1}{R_{eqAB}} = \frac{1}{R_1} + \frac{1}{R_2} + \ldots + \frac{1}{R_n}$$

"Em uma associação em paralelo, o inverso da resistência equivalente à associação é igual à **soma dos inversos** das resistências existentes na associação".

Exemplo

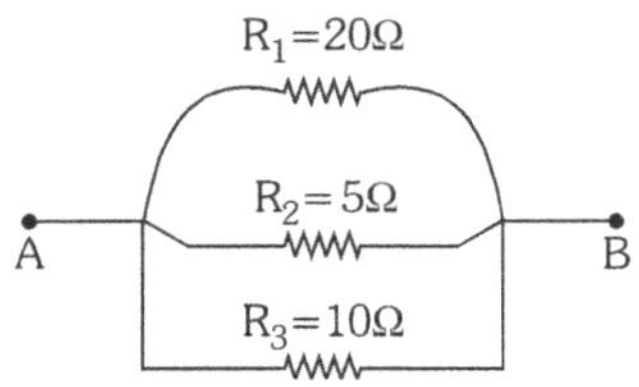

Figura 2.15

A resistência equivalente entre os pontos A e B será:

$$\frac{1}{R_{eqAB}} = \frac{1}{R_1} + \frac{1}{R_2} + \ldots + \frac{1}{R_n}$$

$$\frac{1}{R_{eqAB}} = \frac{1}{20} + \frac{1}{5} + \frac{1}{10} = \frac{1+4+2}{20} = \frac{7}{20}$$

$$R_{eqAB} = \frac{20}{7} (\cong) 2{,}86\Omega$$

Observação

Note que, nesse tipo de associação, a resistência equivalente será **sempre** menor do que a menor resistência do circuito. No exemplo: $2{,}86\Omega < 5\Omega$.

Casos particulares

- Duas resistências diferentes em paralelo

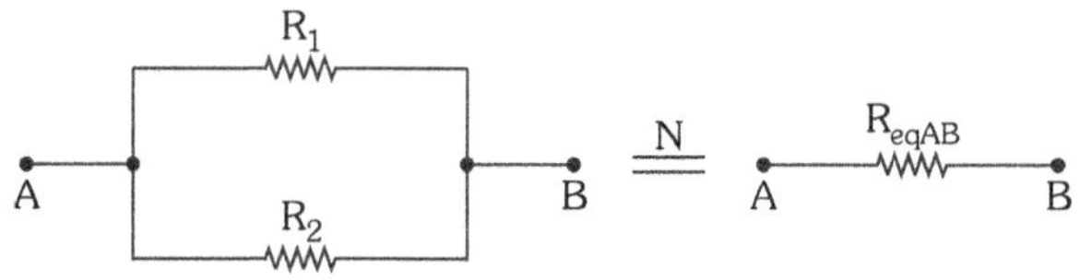

Figura 2.16

$$\frac{1}{R_{eqAB}} = \frac{1}{R_1} + \frac{1}{R_2} \Rightarrow \frac{1}{R_{eqAB}} = \frac{R_2 + R_1}{R_1 \cdot R_2} \Rightarrow R_{eqAB} = \frac{R_1 \cdot R_2}{R_1 + R_2}$$

Exemplo

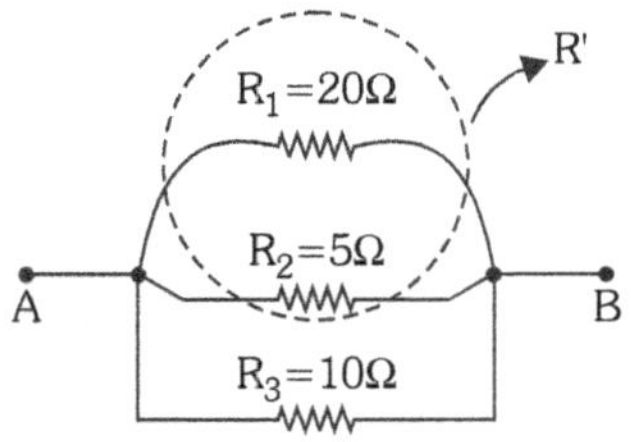

$$R' = \frac{R_1 \cdot R_2}{R_1 + R_2} = \frac{20 \cdot 5}{20 + 5} = 4\Omega$$

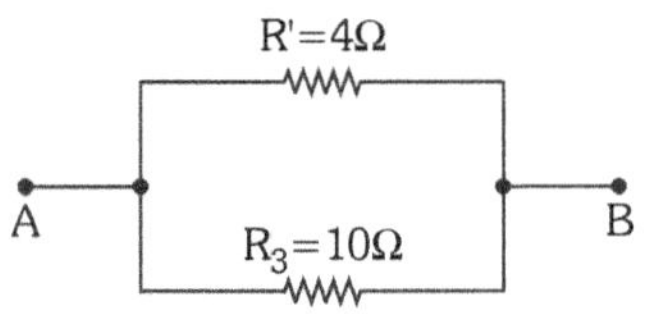

$$R_{eqAB} = \frac{R' \cdot R_3}{R' + R_3} = \frac{4 \cdot 10}{4 + 10} \simeq 2{,}86\ \Omega$$

Figura 2.17

Observação

Este é o método de resolução mais utilizado na prática.

- n resistências iguais em paralelo ≅

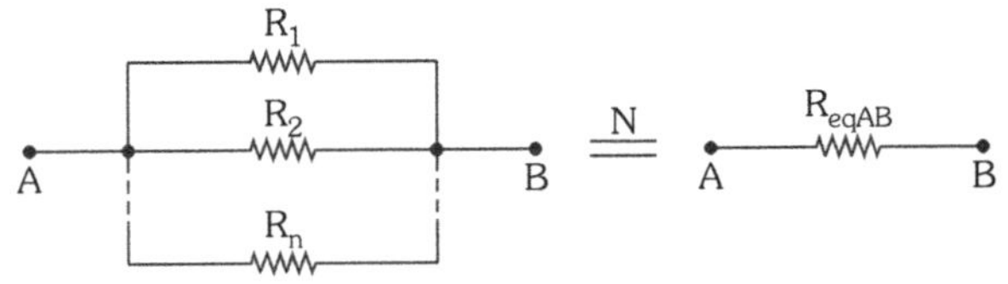

Figura 2.18

$$R_1 = R_2 = \ldots = R_n = R$$

$$\frac{1}{R_{eqAB}} = \frac{1}{R_1} + \frac{1}{R_2} + \ldots + \frac{1}{R_n}$$

$$\frac{1}{R_{eqAB}} = \underbrace{\frac{1}{R} + \frac{1}{R} + \ldots + \frac{1}{R}}_{\text{n vezes}} = \frac{\overbrace{1 + 1 + \ldots + 1}^{\text{n vezes}}}{R} = \frac{n}{R}$$

$$R_{eqAB} = \frac{R}{n}$$

Exemplo

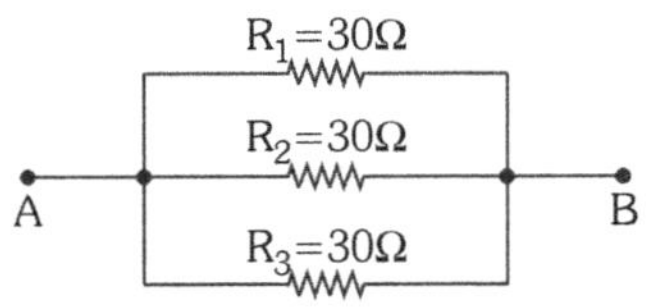

Figura 2.19

A R_{eq} será:

$$R_{eqAB} = \frac{R}{n} = \frac{30}{3} = 10\Omega$$

2.7.3 Associação mista

É uma combinação das associações série e paralelo. Existem dois tipos básicos de associação mista. A associação mista não possui uma fórmula específica e sim uma sequência de solução.

Exemplo 1

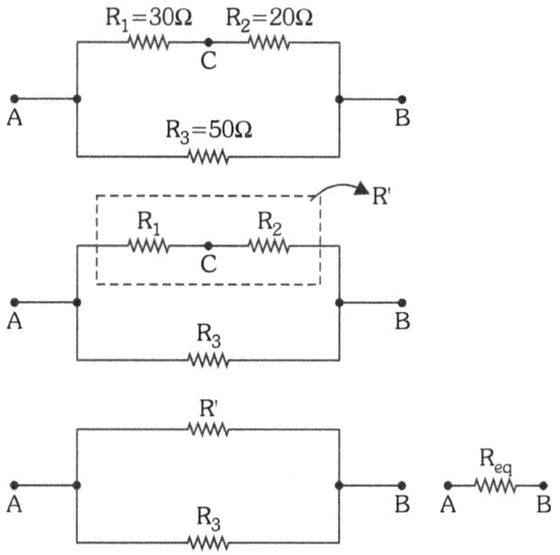

$$R' = R_1 + R_2$$

$$R' = 30 + 20 = 50\Omega$$

$$R_{eqAB} = \frac{R'}{n} = \frac{R_3}{n} \Rightarrow R_{eqAB} \frac{50}{2} = 25\Omega$$

Figura 2.20

Exemplo 2

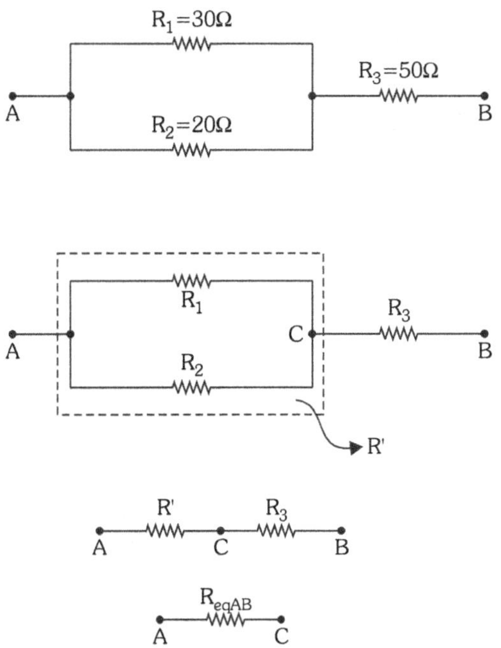

$$R' = \frac{R_1 \cdot R_2}{R_1 + R_2}$$

$$R' = \frac{20 \cdot 30}{20 + 30} = 12\Omega$$

$$R_{eqAB} = R' + R_3$$

$$R_{eqAB} = 12 + 50 \Rightarrow R_{eqAB} = 62\Omega$$

Figura 2.21

Os demais circuitos são "ampliações" desses dois tipos que acabamos de analisar, porém existem determinadas situações em que não é possível a aplicação direta das associações já vistas. É o caso das ligações em estrela ou Y e triângulo ou Δ (delta).

Nesses casos, uma das possíveis soluções é a transformação de estrela em triângulo ou de triângulo em estrela, em que passaríamos a obter ligações em paralelo e série, respectivamente, facilitando a solução do circuito. Nota-se que a resistência equivalente do circuito, com a transformação, será a mesma do circuito original.

2.7.4 Transformação: triângulo - estrela (Δ → Y)

Considere conhecidas as resistências do triângulo (R_1, R_2 e R_3).

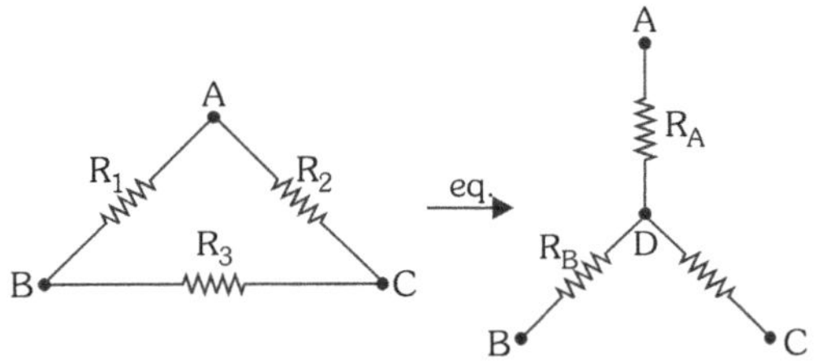

Figura 2.22

As resistências da estrela equivalente serão calculadas por:

$$R_A = \frac{R_1 \cdot R_2}{R_1 + R_2 + R_3}$$

$$R_B = \frac{R_1 \cdot R_3}{R_1 + R_2 + R_3}$$

$$R_C = \frac{R_2 \cdot R_3}{R_1 + R_2 + R_3}$$

Exemplo

Determine o equivalente em Y da associação:

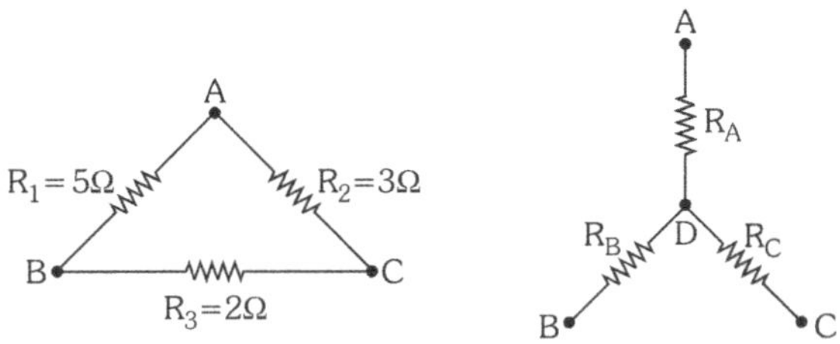

Figura 2.23

$$R_A = \frac{R_1 \cdot R_2}{R_1 + R_2 + R_3} = \frac{5 \cdot 3}{5 + 3 + 2} = \frac{15}{10} = 1{,}5\Omega$$

$$R_B = \frac{R_1 \cdot R_3}{R_1 + R_2 + R_3} = \frac{5 \cdot 3}{10} = \frac{10}{10} = 1\Omega$$

$$R_C = \frac{R_2 \cdot R_3}{R_1 + R_2 + R_3} = \frac{3 \cdot 2}{10} = \frac{6}{10} = 0{,}6\Omega$$

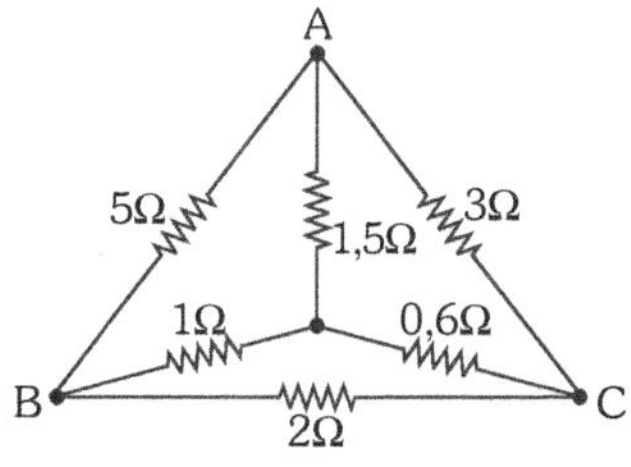

Figura 2.24

Observação

Nessa transformação, as resistências da estrela equivalente são menores do que as resistências do triângulo inicial.

2.7.5 Transformação: estrela - triângulo (Y → Δ)

Considere conhecidas as resistências da estrela (R_A, R_B e R_C).

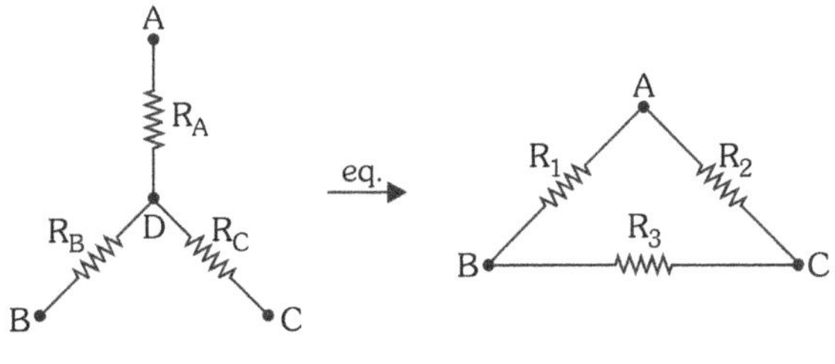

Figura 2.25

As resistências do triângulo equivalente serão calculadas por:

$$R_1 = \frac{R_A \cdot R_B + R_A \cdot R_C + R_B \cdot R_C}{R_C}$$

$$R_2 = \frac{R_A \cdot R_B + R_A \cdot R_C + R_B \cdot R_C}{R_B}$$

$$R_3 = \frac{R_A \cdot R_B + R_A \cdot R_C + R_B \cdot R_C}{R_A}$$

Exemplo

Determine o equivalente em Δ da associação:

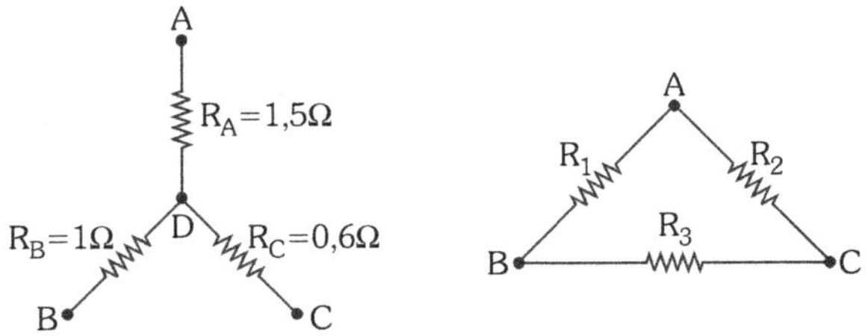

Figura 2.26

$$R_1 = \frac{R_A \cdot R_B + R_A \cdot R_C + R_B \cdot R_C}{R_C} = \frac{1,5 \cdot 1 + 1,5 \cdot 0,6 + 1 \cdot 0,6}{0,6} = \frac{3}{0,6} = 5\Omega$$

$$R_2 = \frac{R_A \cdot R_B + R_A \cdot R_C + R_B \cdot R_C}{R_B} = \frac{3}{1} = 3\Omega$$

$$R_3 = \frac{R_A \cdot R_B + R_A \cdot R_C + R_B \cdot R_C}{R_A} = \frac{3}{1,5} = 2\Omega$$

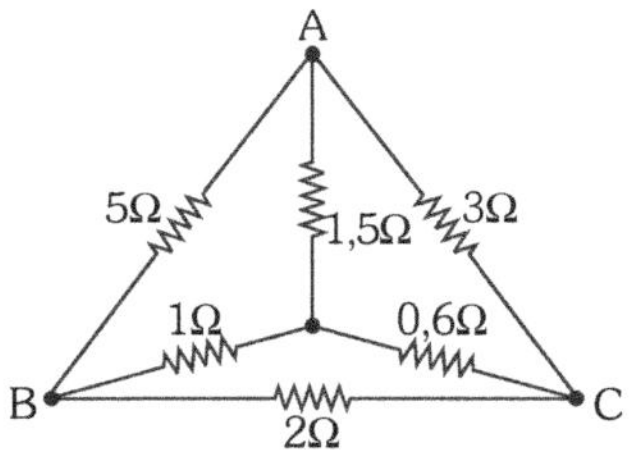

Figura 2.27

Observação

Neste caso, as resistências do triângulo equivalente são maiores do que as resistências da estrela de origem.

Vejamos um exemplo de aplicação: determine a resistência equivalente da associação entre os pontos A e B.

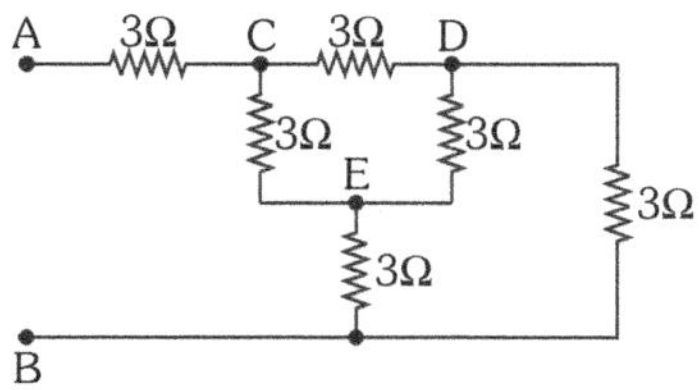

Figura 2.28

1º modo

Por exemplo, vamos optar pela transformação em uma estrela do triângulo constituído entre os pontos C, D, E.

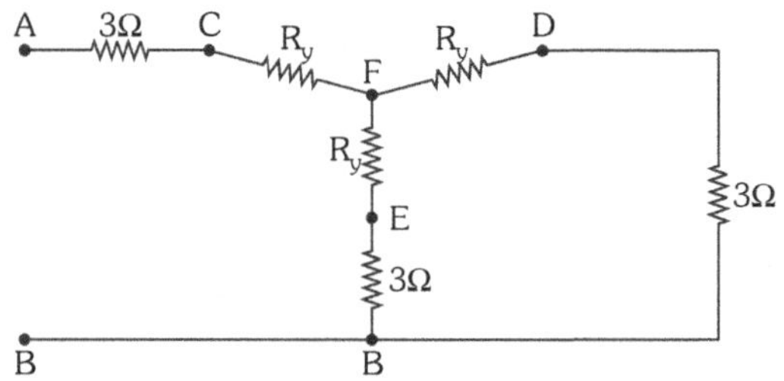

Figura 2.29

Como as resistências do triângulo CDE são iguais, as resistências da estrela equivalente também serão iguais e calculadas:

$$R_Y = \frac{R\Delta}{3} = \frac{3}{3} = 1\Omega$$

Observe ainda que as resistências da estrela equivalente passam a ser ligadas em **série** com as demais resistências do circuito já existentes, permitindo assim a solução.

Portanto:

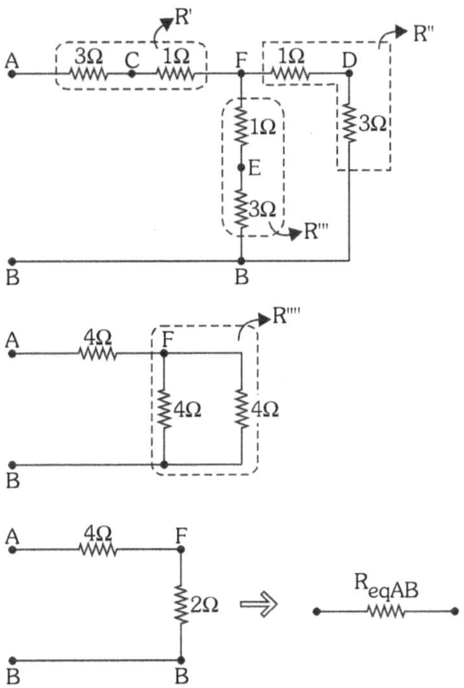

Neste caso:

$$R' = R'' = R''' = 1 + 3 = 4\Omega$$

$$R'''' = \frac{4}{2} = 2\Omega$$

$$R_{eqAB} = 4 + 2 = 6\Omega$$

Figura 2.30

2º modo

Vamos agora resolver a associação, transformando a estrela constituída entre os pontos CDB em um triângulo.

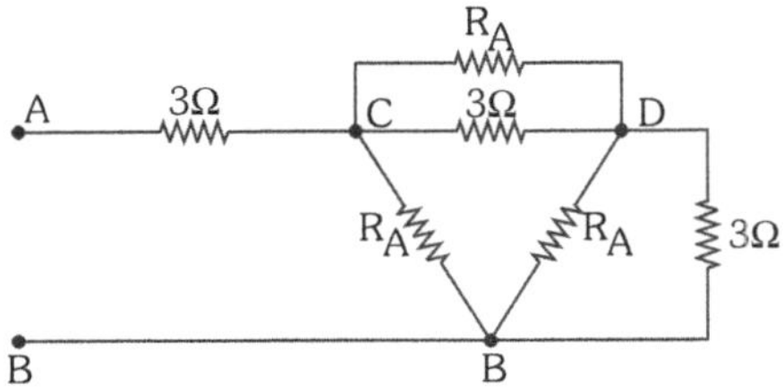

Figura 2.31

Da mesma forma que no primeiro modo de resolução, como as resistências da estrela são iguais, as resistências do triângulo equivalentes também serão iguais e calculadas:

$$R_\Delta = 3 \cdot R_Y = 3 \cdot 3 = 9\Omega$$

Neste caso, as resistências do triângulo equivalente passam a estar ligadas em paralelo com as demais resistências do circuito inicial.

Portanto:

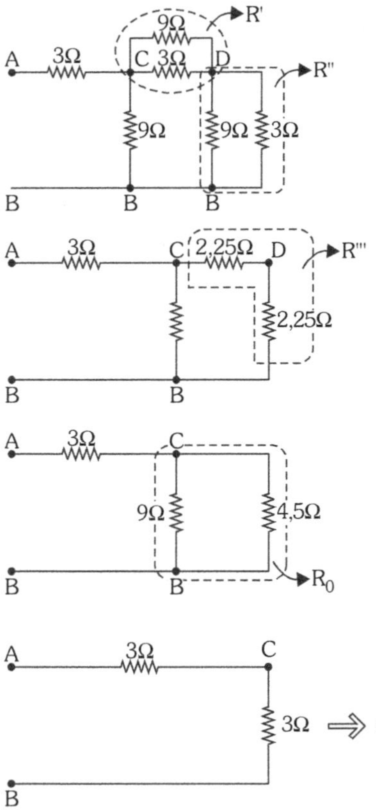

Figura 2.32

Neste caso:

$$R' = R'' = \frac{9 \cdot 3}{9 + 3} = \frac{27}{12} = 2{,}25\Omega$$

$$R''' = 2{,}25 + 2{,}25 = 4{,}5\Omega$$

$$R_0 = \frac{9 \cdot 4{,}5}{9 + 4{,}5} = \frac{40{,}5}{13{,}5} = 3\Omega$$

$$R_{eqAB} = 3 + 3 = 6\Omega$$

Importante

No exemplo, observam-se várias estrelas e triângulos, porém devemos fazer uma única transformação escolhida (estrela ou triângulo) e só após a análise do resultado da transformação efetuar uma nova transformação, caso seja necessário.

Exercícios propostos

1) No circuito apresentado em seguida, qual deve ser o valor da tensão da fonte para que a corrente I seja de 2A?

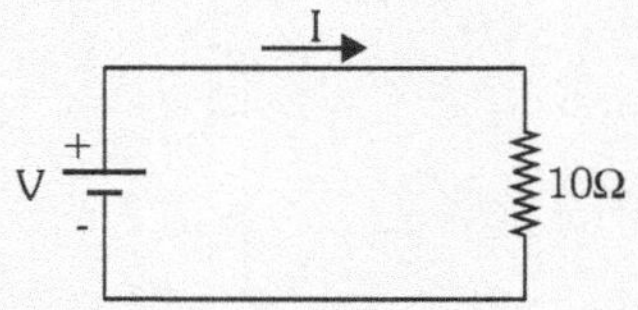

2) Determine a intensidade de corrente no circuito, bem como o seu sentido.

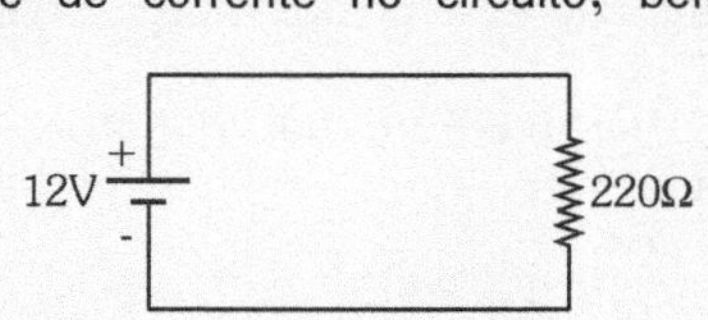

3) Qual deve ser a resistência elétrica de um circuito que, quando alimentado por uma tensão de 9V, é percorrido por uma corrente de 0,3A?

4) O gráfico seguinte representa a curva característica de um resistor. Determine o valor de sua resistência elétrica e complete os valores que faltam no gráfico.

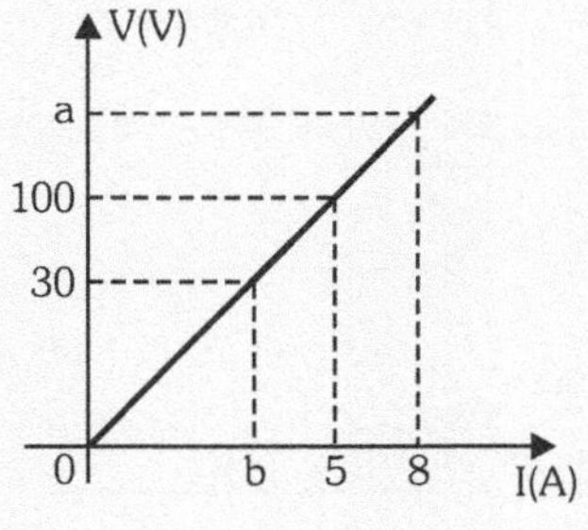

5) Sabendo que, ao aplicarmos a um resistor uma tensão de 24V, circula uma corrente igual a 20μA, determine a sua resistência e a sua respectiva condutância.

6) Um resistor de 2,2MΩ é percorrido por uma corrente igual a 10μA. Calcule a queda de tensão nesse resistor.

7) Determine o valor de I para o circuito seguinte:

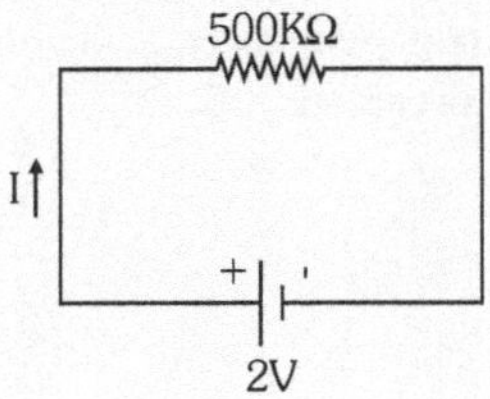

8) Determine o valor de V para o circuito seguinte:

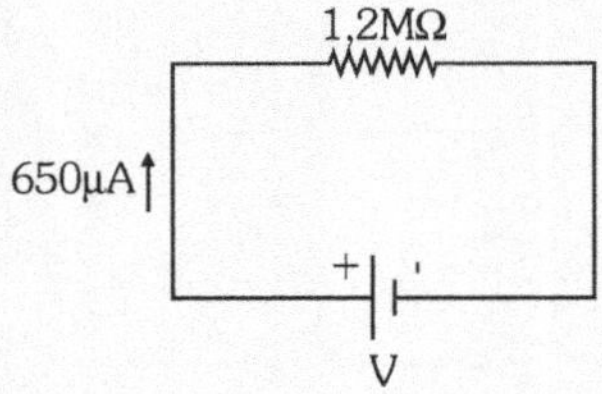

9) Que corrente passará por um resistor de 100KΩ ligado a uma bateria de 50V?

10) Qual a condutância de um resistor que, quando submetido a 300V, permite uma corrente de 1,5mA?

11) No circuito seguinte, coloque um amperímetro e um voltímetro para medir corrente e tensão, respectivamente, no resistor. Indique as polaridades de cada aparelho. Qual a leitura de cada aparelho?

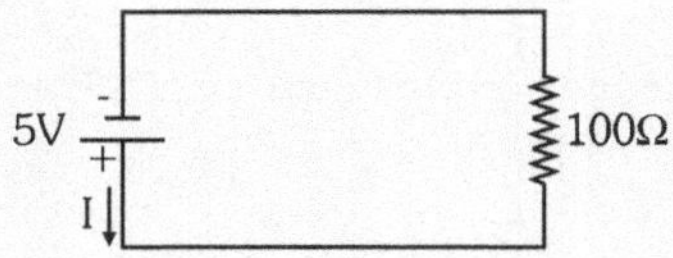

12) Qual resistor devemos colocar no circuito seguinte para que ele dissipe uma potência de 2mW?

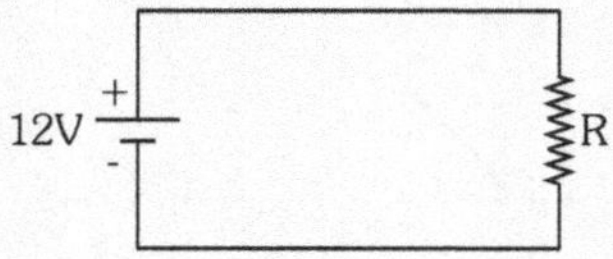

13) Um chuveiro elétrico tem os seguintes dados de chapa: 220V - 6.600W. Qual é a corrente que circula por esse chuveiro?

14) Qual a potência elétrica que o gerador seguinte está gerando?

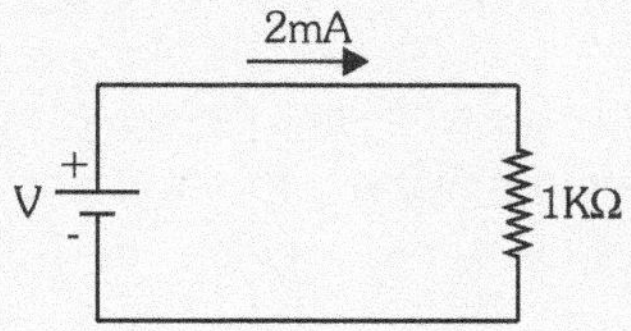

15) Um resistor de 2K2Ω está dissipando uma potência de 1W. Qual a corrente que está circulando pelo resistor?

16) Um resistor de condutância 1mS está dissipando uma potência de 1mW. Qual a ddp entre os seus terminais?

17) No circuito seguinte a bateria está gerando 2,5W de potência. Qual a potência elétrica que o resistor está dissipando?

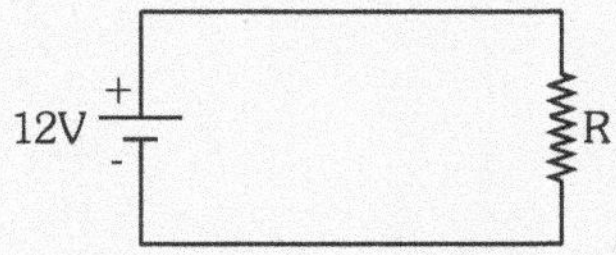

18)

a) Qual é a energia consumida em um mês, em KWh, por uma lâmpada de 60W - 120V, ligada em média oito horas por dia?

b) Qual é a sua resistência elétrica (supor constante).

c) Qual é a potência da lâmpada, se por ela circular uma corrente de 250mA?

19) Tem-se um condutor de cobre ($\rho_{cu} = 1,7 \cdot 10^{-8}\Omega m$) com $1,5mm^2$ de seção transversal na temperatura de 20°C. Determine sua resistência elétrica nos seguintes casos:

a) l = 2m;

b) l = 30km.

20) Uma torneira elétrica tem potência na posição morno de 3400W e na posição quente de 5500W. A torneira funciona em 220V, sua resistência é de níquel--cromo ($\rho_{NiCr} = 110 \cdot 10^{-8}\Omega m$), com diâmetro de 0,67mm. Para as duas posições, determine:

a) A corrente nominal.

b) A resistência elétrica.

c) O comprimento do fio utilizado na resistência.

21) Tem-se um condutor com resistência igual a 10Ω. Qual será sua nova resistência se o seu comprimento for duplicado e a sua área reduzida pela metade?

22) Qual deve ser o diâmetro de um fio de cobre ($\rho_{cu} = 1,7 \cdot 10^{-8}\Omega m$) que possui 10km de comprimento? Sabe-se ainda que, quando percorrido por uma corrente de 0,5A, ele dissipa uma potência de 1W.

23) Qual deve ser o comprimento do fio que constitui a resistência de um chuveiro, cujo material é nicromo ($\rho_{NiCr} = 110 \cdot 10^{-8}\Omega m$), de modo que, quando submetido a uma tensão de 220V, sua potência seja de 4800W?

Dado: $A_{fio} = 0,2mm^2$

24) Calcule a condutividade e a resistência de um fio de alumínio de 500m de comprimento e diâmetro igual a 2mm nas seguintes condições:

a) 20°C

b) 70°C

Dados: $\rho_{Al}(20°C) = 2,810^{-8}\Omega m$

$\alpha_{Al} = 0,004°C^{-1}$

25) Um fio de manganina possui um diâmetro de 1,5mm. Calcule o comprimento desse fio, sabendo que, ao aplicarmos uma tensão igual a 9V, circula uma corrente de 400mA.

Dados: $\rho_{manganina} = 43 \cdot 10^{-8}\Omega m$

26) Um condutor elétrico possui 900m de comprimento e resistência elétrica de $10,2\Omega$. Sabe-se ainda que a sua resistividade é de $1,7 \cdot 10^{-8}\Omega m$. Qual será a potência elétrica dissipada nesse condutor quando aplicarmos uma tensão de 51V aos seus terminais?

27) Qual a resistência de um fio de alumínio de 200km de comprimento, sabendo que ele possui forma anelar?

Dados: $d_{ext} = 4mm$

$d_{int} = 3mm$

$\rho_{Al} = 2,8 \cdot 10^{-8}\Omega m$

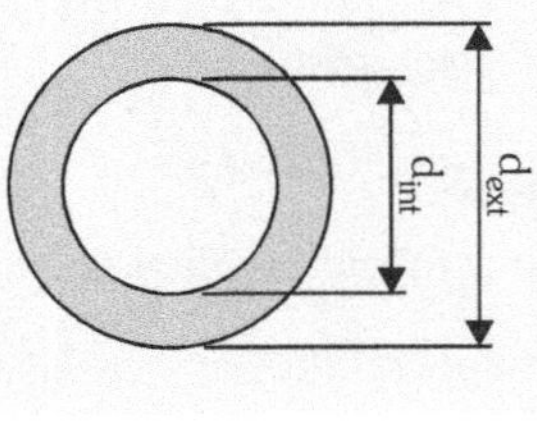

Enunciado para as questões 28 a 52:

Determine a resistência equivalente entre os pontos A e B dos circuitos seguintes.

28)

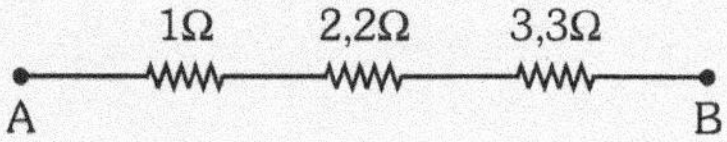

29)

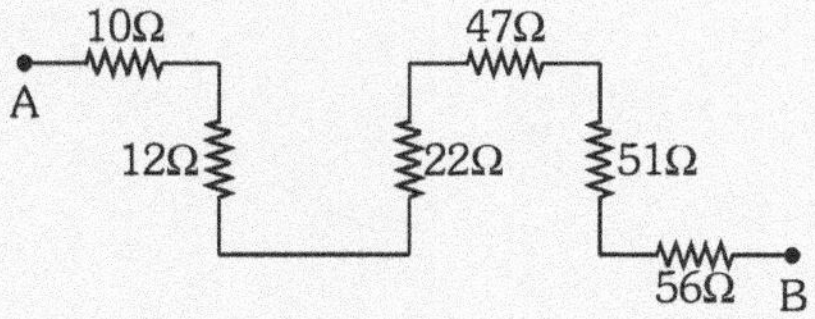

30)

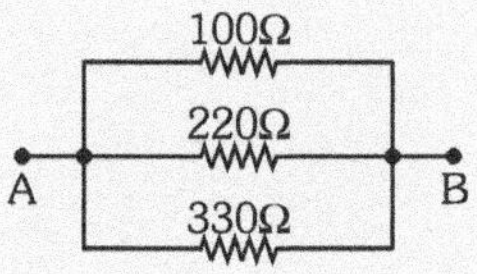

31)

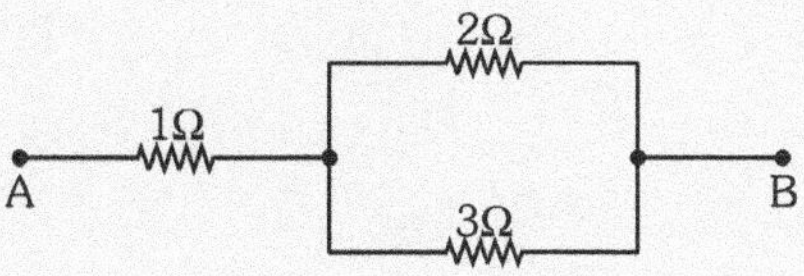

32)

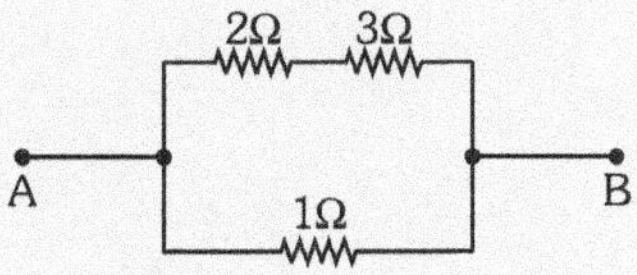

33)

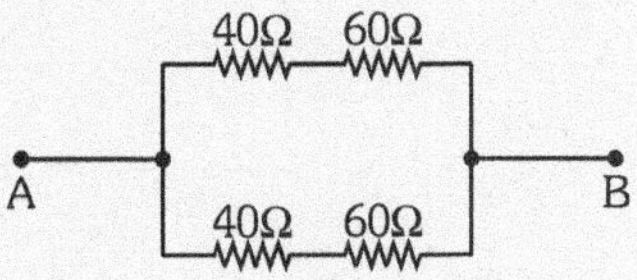

34)

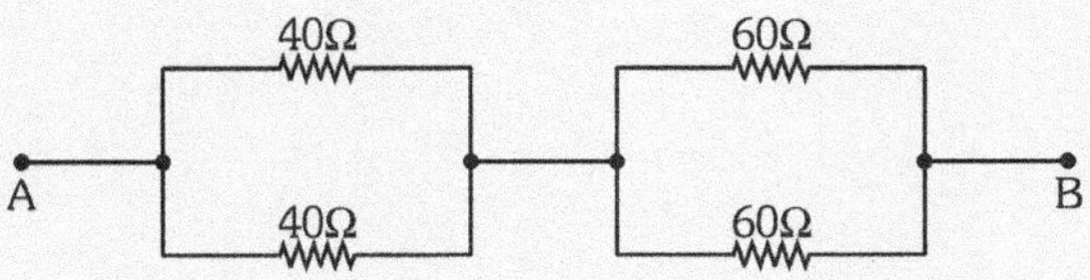

35)

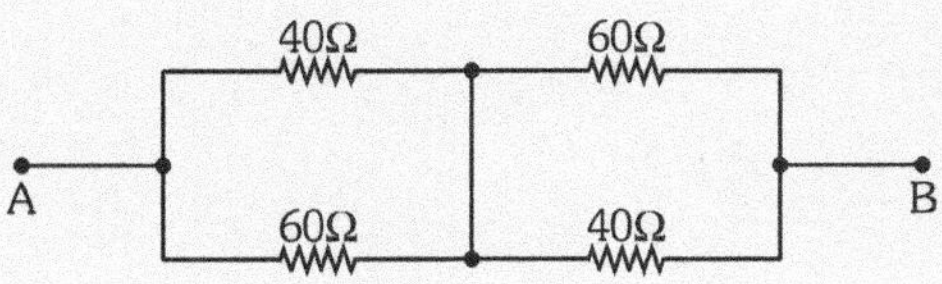

36)

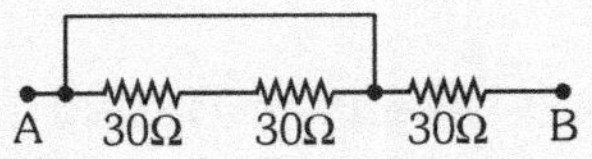

37)

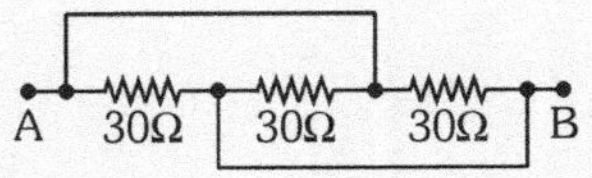

38)

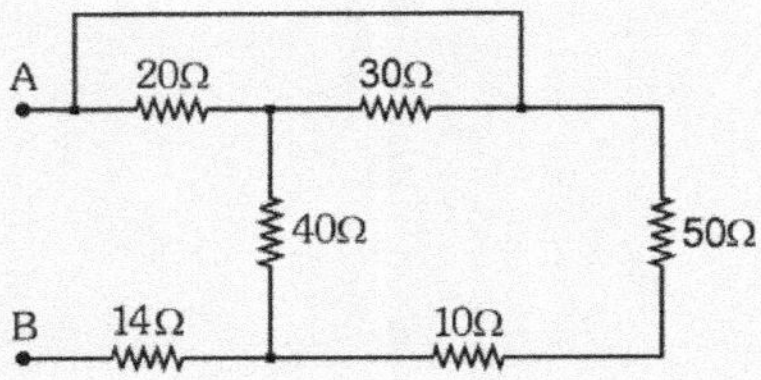

39)

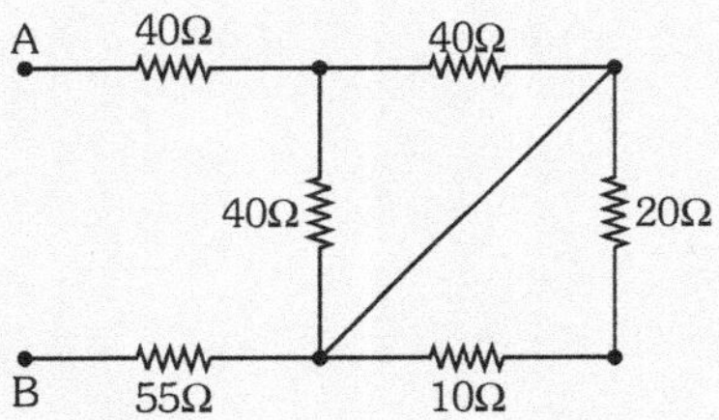

40)

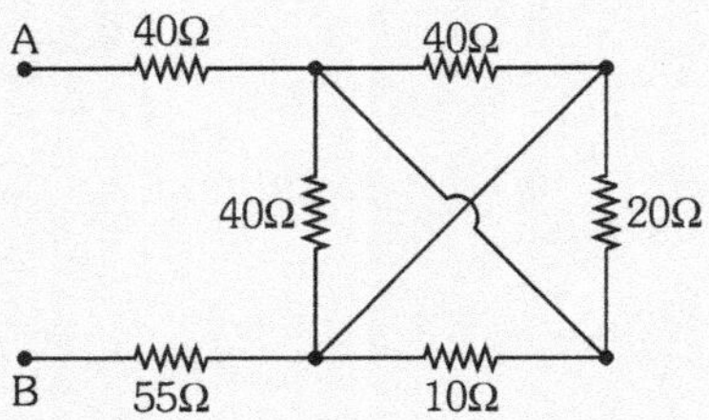

41)

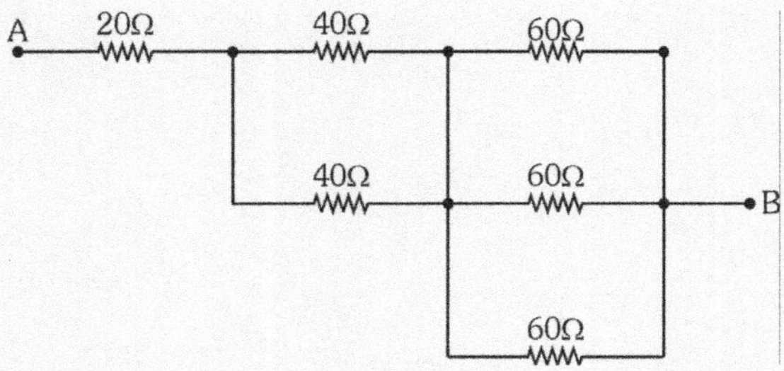

42)

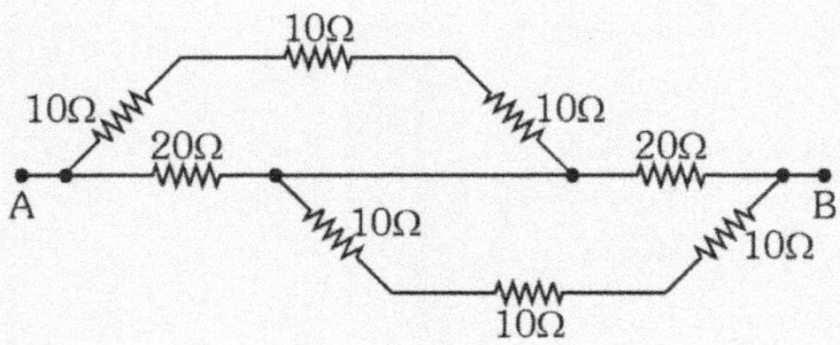

43)

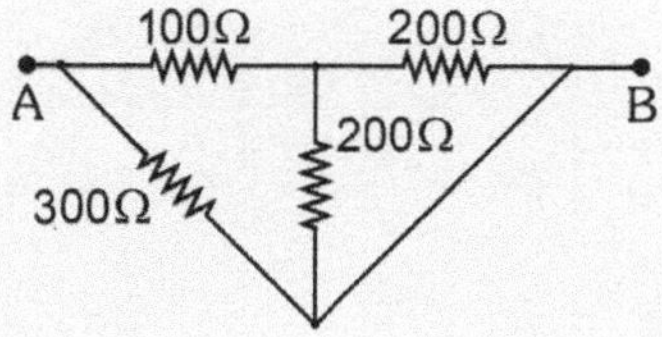
100Ω
200Ω
A
B
200Ω
300Ω

44)

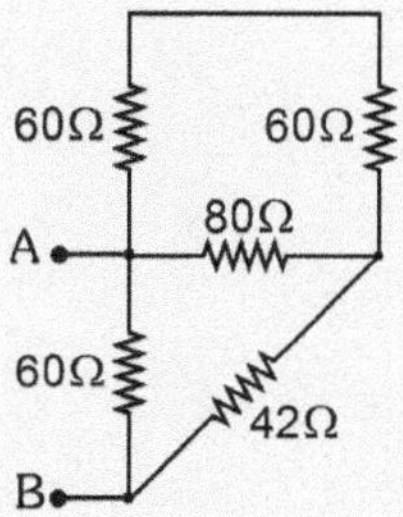
60Ω
60Ω
A
80Ω
60Ω
42Ω
B

45)

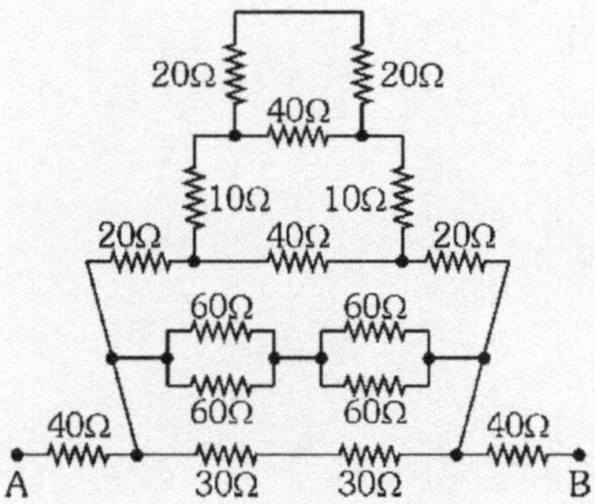
20Ω
20Ω
40Ω
10Ω
10Ω
20Ω
40Ω
20Ω
60Ω
60Ω
60Ω
60Ω
40Ω
40Ω
A
30Ω
30Ω
B

46)

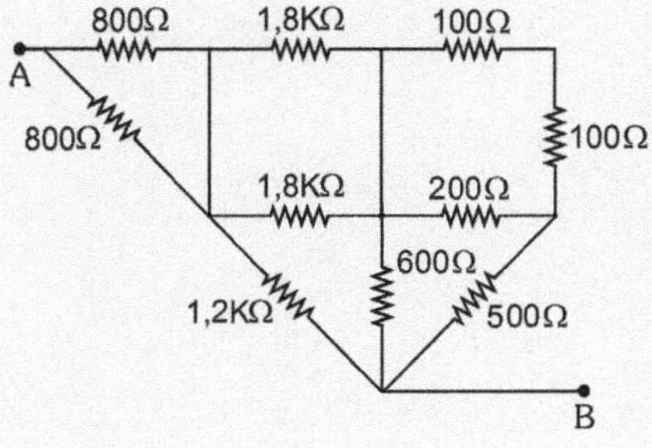
800Ω
1,8KΩ
100Ω
A
800Ω
100Ω
1,8KΩ
200Ω
600Ω
1,2KΩ
500Ω
B

47)

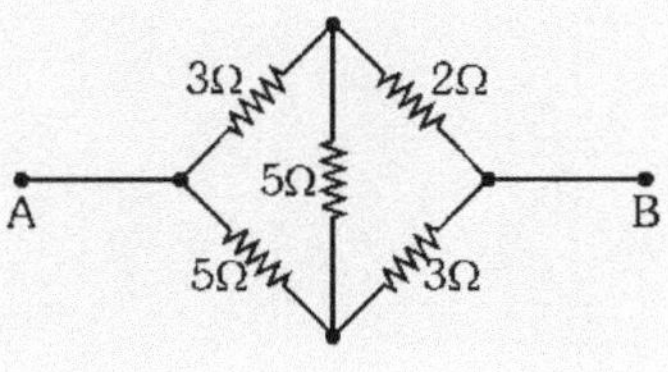
3Ω
2Ω
5Ω
A
B
5Ω
3Ω

48) 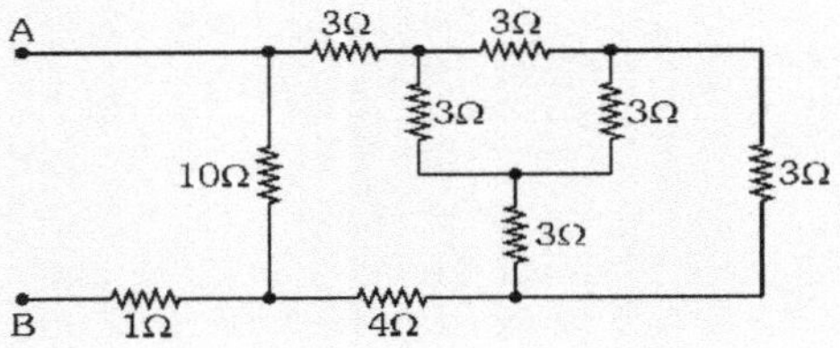
A
3Ω
3Ω
3Ω
3Ω
10Ω
3Ω
3Ω
B
1Ω
4Ω

49) 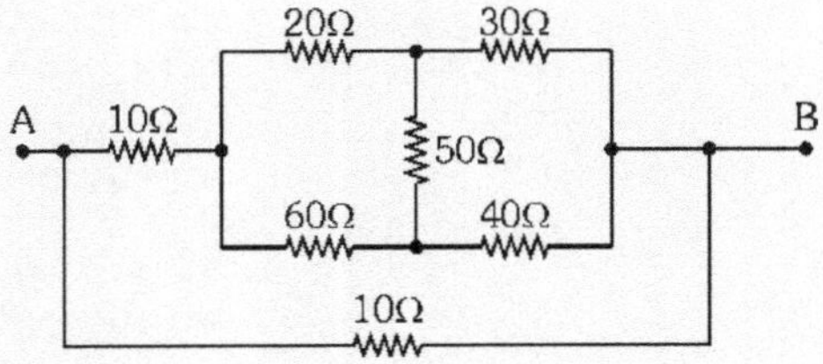
20Ω
30Ω
A
10Ω
50Ω
B
60Ω
40Ω
10Ω

50) 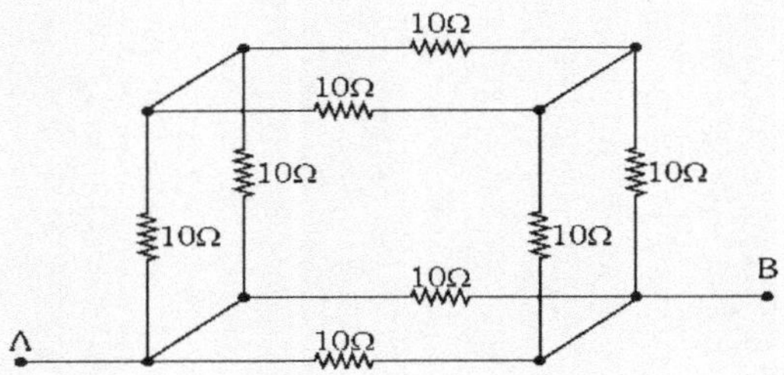
10Ω
10Ω
10Ω
10Ω
10Ω
10Ω
10Ω
B
A
10Ω

51) 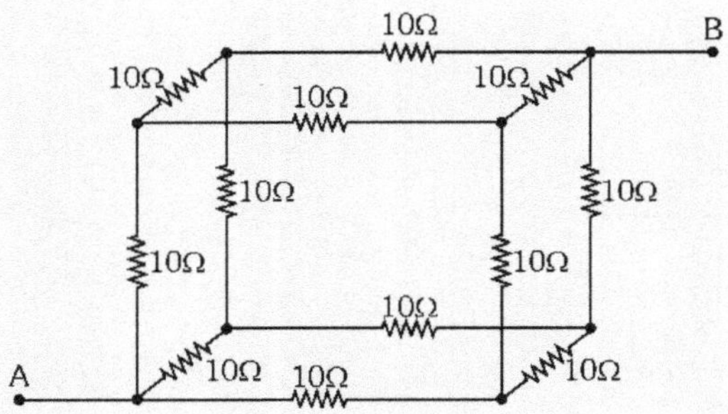
10Ω
B
10Ω
10Ω
10Ω
10Ω
10Ω
10Ω
10Ω
10Ω
A
10Ω
10Ω
10Ω

52) 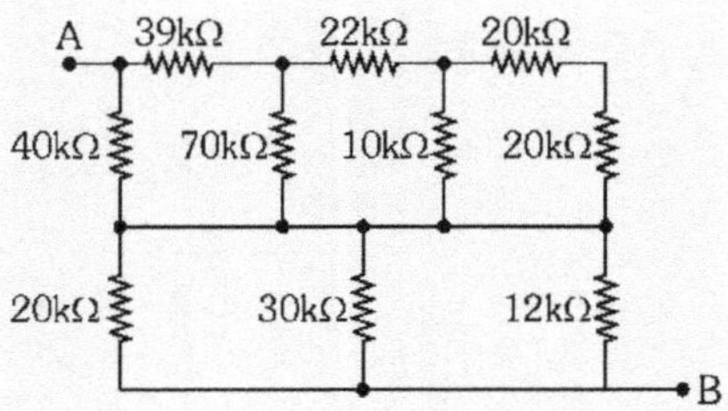
A
39kΩ
22kΩ
20kΩ
40kΩ
70kΩ
10kΩ
20kΩ
20kΩ
30kΩ
12kΩ
B

53) Determine a resistência equivalente da associação entre os pontos:

a) R_{AB}

b) R_{AC}

c) R_{BC}

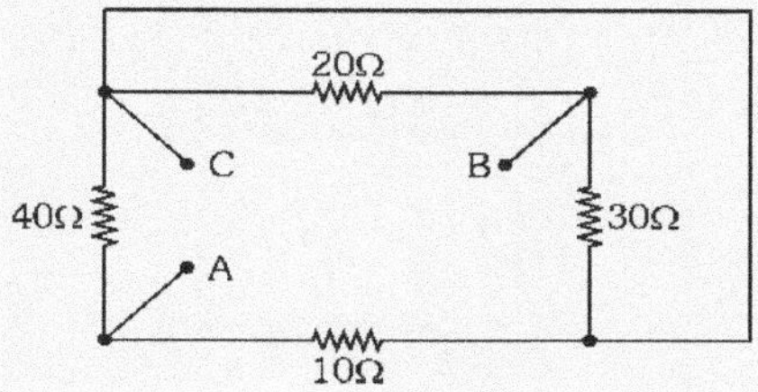

54) Determine o valor da resistência R de modo que a resistência equivalente entre os pontos A e B seja de 25Ω.

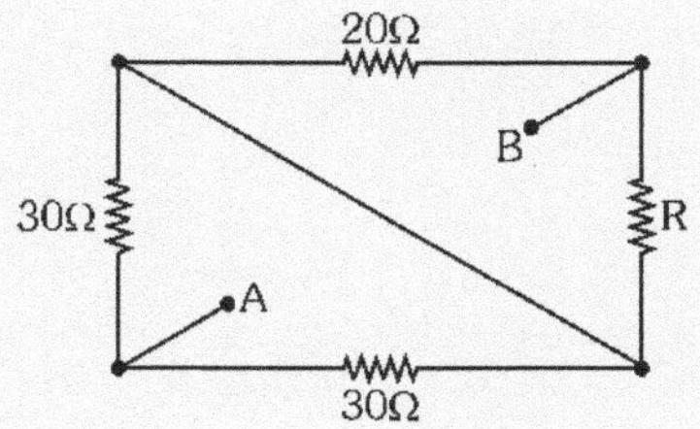

55) Determine a resistência equivalente da associação entre os pontos:

a) R_{AB}

b) R_{AC}

c) R_{AD}

d) R_{BC}

e) R_{BD}

f) R_{CD}

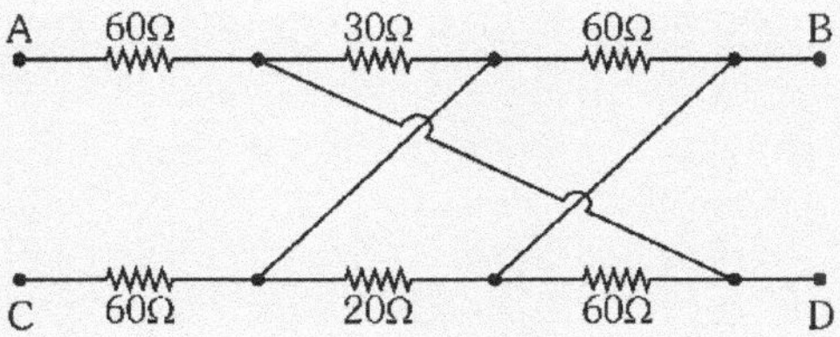

56) Determine o valor de R do circuito seguinte, sabendo que a resistência equivalente do circuito entre os pontos A e B vale 2R.

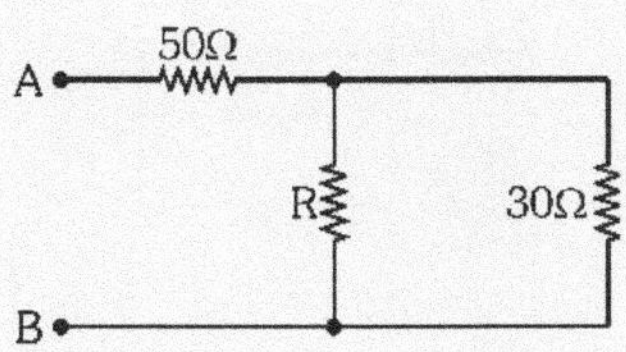

57) Determine R de modo que, quando V_{AB} = 16V, a potência total do circuito vale 6,4W.

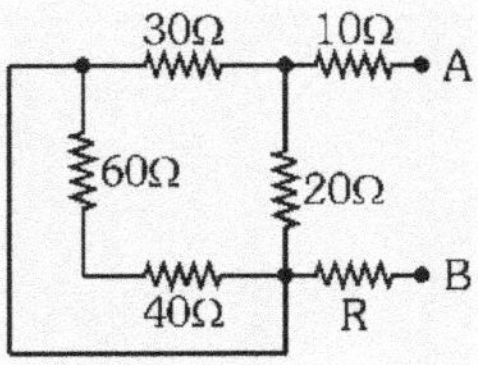

58) Determine a potência total dissipada entre os pontos A e B do circuito. Dado: U_{AB} = 10V.

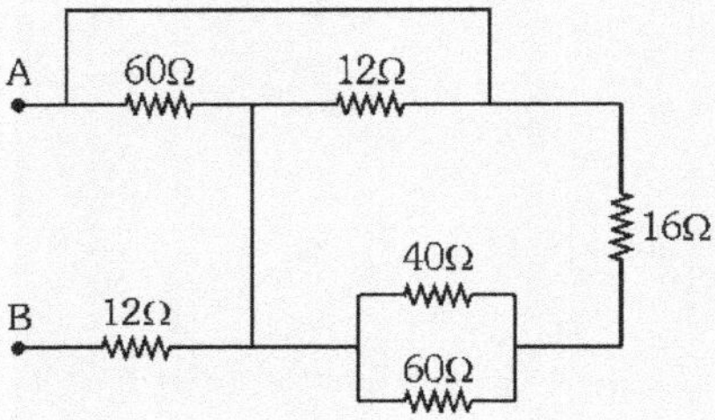

59) Dado Pt = 200mW, determine o valor de R.

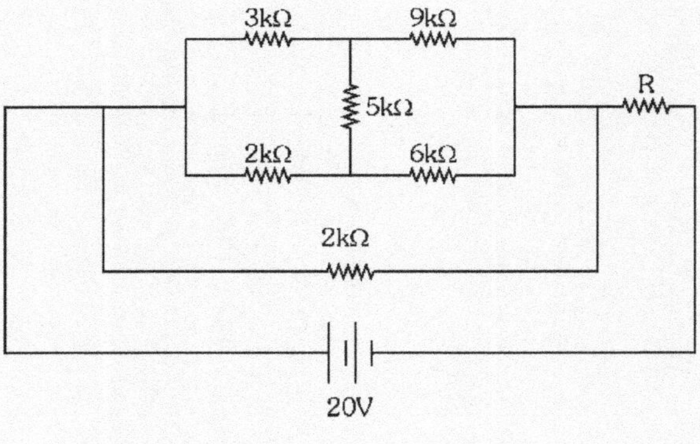

60) Determine a potência total dissipada no circuito, dado U_{AB} = 12V

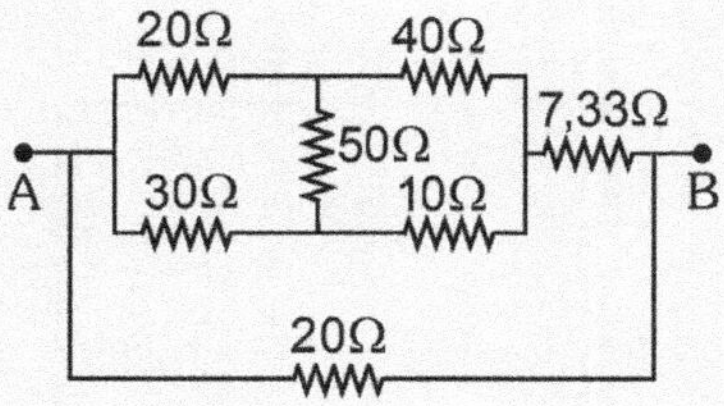

3

Circuitos elétricos

Quando um ou mais geradores são ligados a uma ou mais resistências, temos um circuito elétrico. Os circuitos elétricos básicos são circuito série, circuito paralelo e a combinação de ambos (circuito misto).

3.1 Características de tensão e corrente nos circuitos elétricos

3.1.1 Circuito série

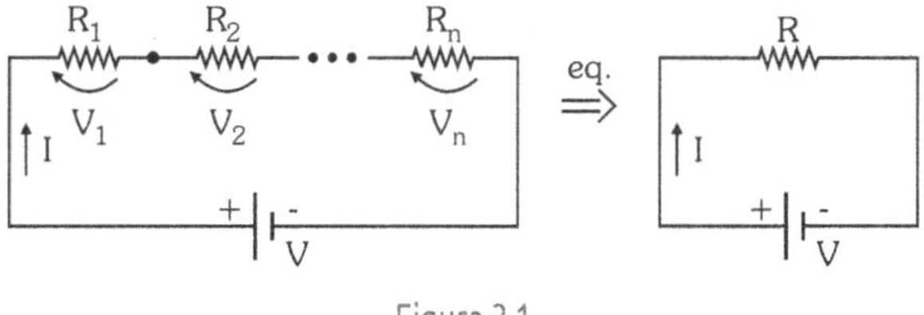

Figura 3.1

Em um circuito série, a corrente elétrica possui um único caminho a percorrer, sendo, portanto, a mesma corrente que circula em cada componente do circuito.

$$I = \text{cte.}$$

Pela 1ª lei de Ohm, a corrente elétrica que percorre uma resistência dá origem a uma tensão (ddp) entre os terminais dela, que também pode ser denominada "queda de tensão". Portanto, temos:

$$V_1 = R_1 \cdot I$$

$$V_2 = R_2 \cdot I$$

$$\vdots$$

$$V_n = R_n \cdot I$$

Nota-se que $V_1 + V_2 + \ldots + V_n = R_1 \cdot I + R_2 \cdot I + \ldots + R_n \cdot I$

Como I é constante, temos:

$$V_1 + V_2 + \ldots + V_n = I \cdot \left(R_1 + R_2 + \ldots + R_n\right)$$

$$V_1 + V_2 + \ldots + V_n = I \cdot R_{eq_{série}} = V$$

Portanto, pode-se escrever que, em um circuito série, a tensão total (da fonte) é igual à soma algébrica das tensões ou quedas de tensão nos elementos do circuito (2ª lei de Kirchhoff – lei das malhas, que será detalhada posteriormente).

$$V = V_1 + V_2 + \ldots + V_n$$

Nota-se ainda que a corrente que deve passar pela resistência equivalente é a mesma que passa por cada resistência do circuito.

Exemplo

Para o circuito abaixo, determine a corrente total e as tensões em cada uma das resistências (R_1 e R_2), bem como suas potências, a potência total e a resistência equivalente.

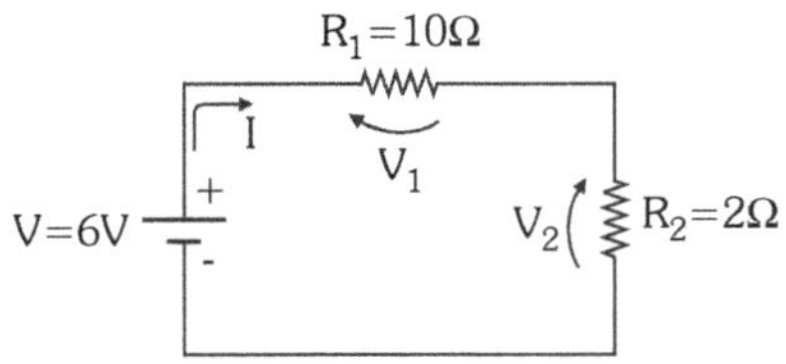

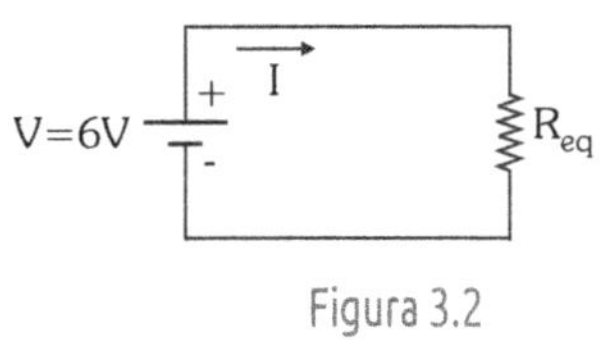

Figura 3.2

Solução:

$$R_{eq} = R_1 + R_2 \qquad R_{eq} = 10 + 2 = 12\Omega$$

$$I = \frac{V}{R_{eq}} = \frac{6}{12} = 0{,}5A$$

$$V_1 = R_1 \cdot I = 10 \cdot 0{,}5 = 5V$$

$$V_2 = R_2 \cdot I = 2 \cdot 0{,}5 = 1V \quad \text{ou} \quad V_2 = V - V_1 = 6 - 5 = 1V$$

$$P_{R1} = V_1 \cdot I = 5 \cdot 0{,}5 = 2{,}5V \quad \text{ou} \quad P_{R1} = \frac{V_1^2}{R_1} = \frac{5^2}{10} = 2{,}5W$$

$$\text{ou ainda } P_{R1} = I^2 \cdot R_1 = 0{,}5^2 \cdot 10 = 2{,}5W$$

Da mesma forma:

$$P_{R2} = V_2 \cdot I = 1 \cdot 0{,}5 = 0{,}5V$$

Nota-se que:

$$P_t = V \cdot I = 6 \cdot 0{,}5 = 3W$$

$$P_{R1} + P_{R2} = 2{,}5 + 0{,}5 = 3W$$

Logo, podemos escrever:

$$P_t = P_{R1} + P_{R2} + \ldots + P_{Rn}$$

3.1.2 Circuito paralelo

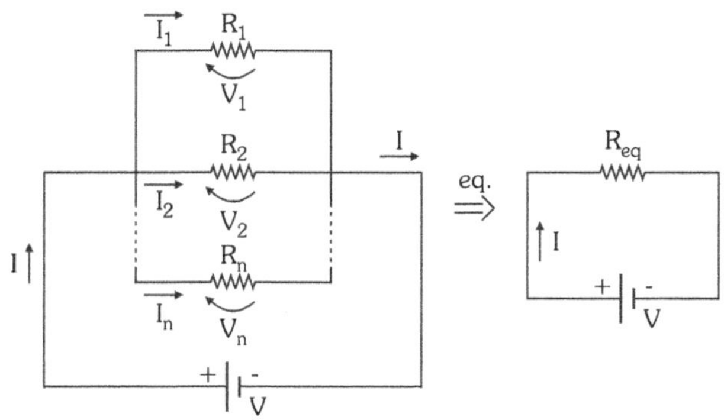

Figura 3.3

Em um circuito paralelo, todas as resistências estão ligadas aos mesmos dois pontos, no caso, os dois polos da fonte de tensão; logo, a tensão em cada elemento é a mesma e igual à tensão da fonte do circuito.

$$V = \text{cte} \Rightarrow V = V_1 = V_2 = \ldots = V_n$$

Aplicada uma tensão a uma resistência, ela dará origem a uma corrente elétrica (1ª lei de Ohm). Portanto, temos:

$$I_1 = \frac{V}{R_1} \qquad I_2 = \frac{V}{R_2} \qquad I_n = \frac{V}{R_n}$$

Nota-se que:

$$I_1 + I_2 + \ldots + I_n = \frac{V}{R_1} + \frac{V}{R_2} + \ldots + \frac{V}{R_n}$$

Como V é constante, temos:

$$I_1 + I_2 + \ldots + I_n = V \cdot \left(\frac{1}{R_1} + \frac{1}{R_2} + \ldots + \frac{1}{R_n}\right)$$

$$I_1 + I_2 + \ldots + I_n = V \cdot \frac{1}{R_{eq_{\text{paralelo}}}} = I$$

Logo, pode-se escrever que, em um circuito paralelo, a corrente elétrica total do circuito é igual à soma algébrica das correntes em cada um dos elementos do circuito (1ª lei de Kirchhoff – lei dos nós, que será detalhada posteriormente).

$$I = I_1 + I_2 + \ldots + I_n$$

Exemplo

Determine as correntes indicadas para o circuito a seguir, bem como as potências em cada resistência, a potência total e a resistência equivalente.

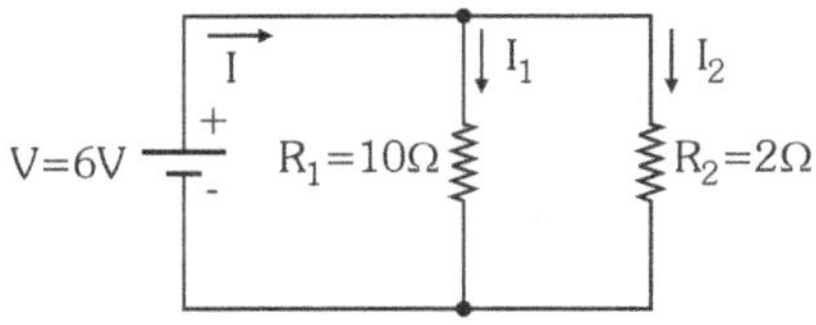

Figura 3.4

Solução:

$$I = \frac{V}{R_1} = \frac{6}{10} = 0,6A$$

$$I_2 = \frac{V}{R_2} = \frac{6}{2} = 3A$$

$$I = I_1 + I_2 = 0,6 + 3 = 3,6A$$

$$R_{eq} = \frac{V}{I} = \frac{6}{3,6} (\cong) 1,67\Omega \quad \text{ou} \quad R_{eq} = \frac{R_1 \cdot R_2}{R_1 + R_2} = \frac{10 \cdot 2}{10 + 2} = \frac{20}{12} = 1,67\Omega$$

$$P_{R1} = V \cdot I_1 = 6 \cdot 0,6 = 3,6W$$

$$P_{R2} = V \cdot I_2 = 6 \cdot 3 = 18W$$

Nota-se que:

$$P_t = V \cdot I = 6 \cdot 3,6 = 21,6W$$

$$P_{R1} + P_{R2} = 3,6 + 18 = 21,6W$$

Logo, podemos escrever:

$$P_t = P_{R1} + P_{R2} + \ldots + P_{Rn}$$

Portanto, a "potência total em qualquer circuito será sempre a soma das potências em cada dispositivo do circuito".

3.1.3 Circuito misto

Como o circuito misto engloba as associações série e paralela, em cada trecho do circuito devemos analisar sua ligação e utilizar as características específicas de cada caso.

Exemplo

Determine as tensões e correntes indicadas no circuito ao lado, bem como as potências em cada resistor e a potência fornecida pela fonte.

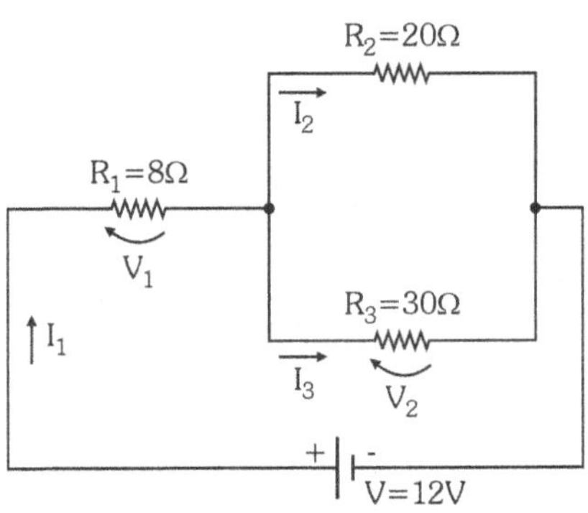

Figura 3.5

Solução:

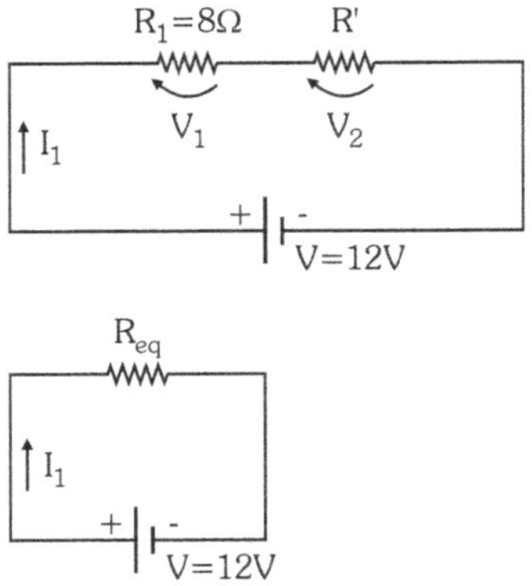

Figura 3.6

$$R' = \frac{R_2 \cdot R_3}{R_2 + R_3} = \frac{20 \cdot 30}{20 + 30} = 12\Omega$$

$$R_{eq} = R_1 + R' = 8 + 12 = 20\Omega$$

$$I_1 = \frac{V}{R_{eq}} = \frac{12}{20} = 0,6A$$

$$V_1 = R_1 \cdot I_1 = 8 \cdot 0,6 = 4,8V$$

$$V_2 = R' \cdot I_1 = 12 \cdot 0,6 = 7,2V$$

ou $$V_2 = V \cdot V_1 = 12 \cdot 4,8 = 7,2V$$

$$I_2 = \frac{V_2}{R_2} = \frac{7,2}{20} = 0,36A$$

$$I_3 = \frac{V_2}{R_2} = \frac{7,2}{30} = 0,24A \quad \text{ou} \quad I_3 = I_1 - I_2 = 0,6 - 0,36 = 0,24A$$

$$P_{R1} = V_1 \cdot I_1 = 4,8 \cdot 0,6 = 2,88W$$

$$P_{R2} = V_2 \cdot I_2 = 7,2 \cdot 0,36 = 2,592W$$

$$P_{R3} = V_3 \cdot I_3 = 7,2 \cdot 0,24 = 1,728W$$

$$P_t = V \cdot I = 12 \cdot 0,6 = 7,2W$$

ou $$P_t = P_{R1} + P_{R2} + P_{R3} = 2,88 + 2,592 + 1,728 = 7,2W$$

3.1.4 Curto-circuito

Ocorre quando se interligam dois pontos com potenciais elétricos diferentes por um condutor de resistência nula (zero). Nesse caso, ocorre uma diminuição na resistência elétrica total do circuito e, consequentemente, um aumento na corrente elétrica, que pode danificar alguns ou vários componentes, conforme suas características construtivas, devido ao aumento da potência produzida (efeito Joule).

Exemplo

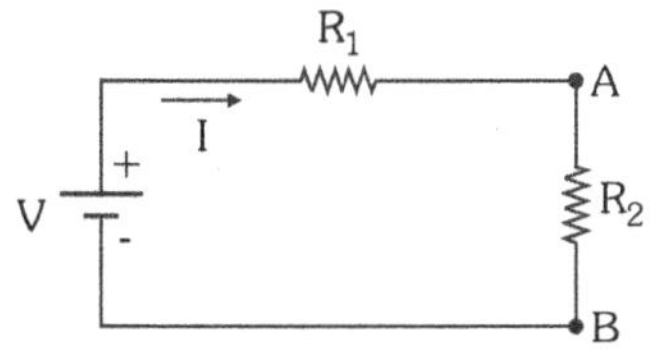

Figura 3.7

$$I = \frac{V}{R_t} = \frac{V}{R_1 + R_2}$$

Interligando-se os pontos A e B por um fio (R_{fio} = zero), note que não vai circular corrente por R_2 e a corrente em R_1 será maior (I_{CC}), pois no exemplo toda a tensão da fonte está aplicada em seus terminais.

Caso R não esteja preparado para suportar I_{CC}, ele será danificado. Já com R_2 nada ocorre, a não ser "não funcionar".

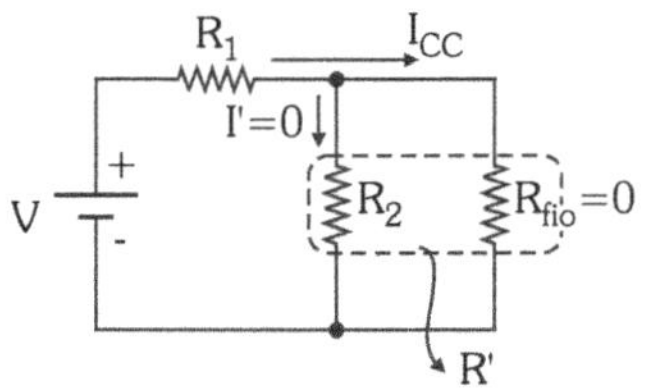

Figura 3.8

$$I_{CC} = \frac{V}{R_{tc}} = \frac{V}{R_1}$$

pois

$$R_{tc} = R_1 + R' \quad \text{e} \quad R' = \frac{R_2 \cdot R_{fio}}{R_2 + R_{fio}} = \frac{R_2 \cdot 0}{R_2 + 0} = 0$$

logo:

$$I_{CC} > I$$

Exercícios propostos

1) Do circuito apresentado, determine I, V_1, V_2, V_3, P_f e a potência dissipada por cada resistor.

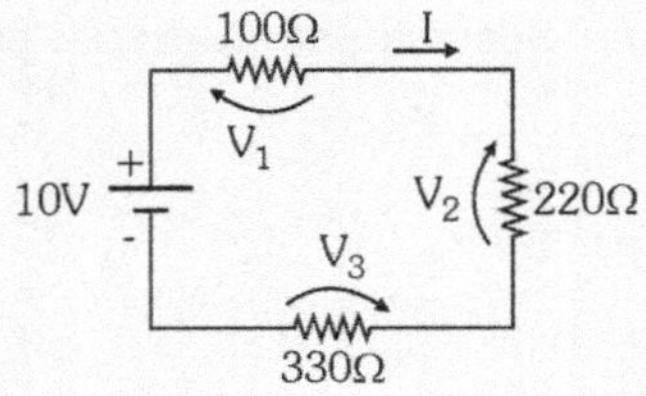

2) A potência dissipada pelo resistor de 20Ω vale 0,8W. Determine o valor de R.

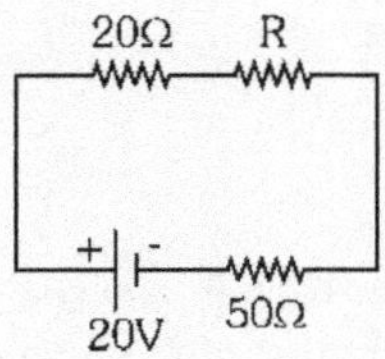

3) No circuito, a potência da fonte vale 80W e a potência no resistor de 2Ω é de 8W. Determine os valores de V, R_1 e R_2.

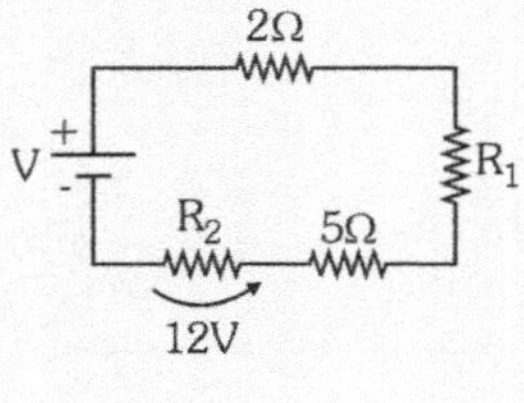

4) A potência dissipada total do circuito vale 18W. Determine V, I_T e a corrente em cada resistor.

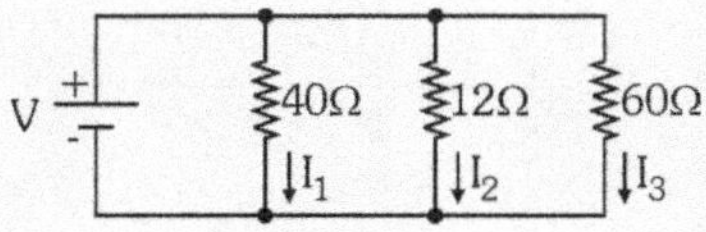

5) No circuito, qual a leitura dos instrumentos ideais?

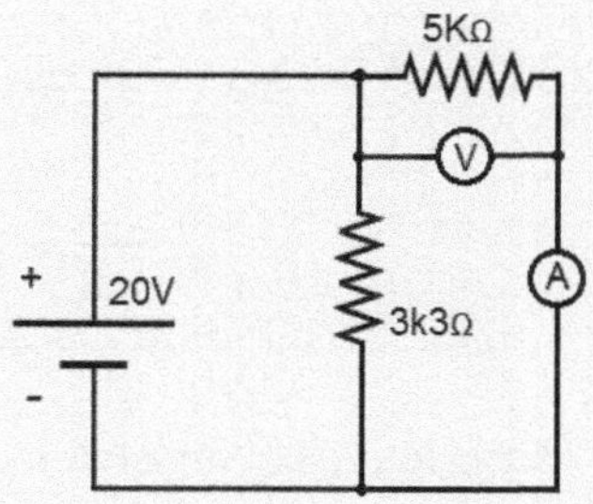

6) No circuito seguinte, determine I_T, I_1, I_2, V' e a potência no resistor de 1KΩ.

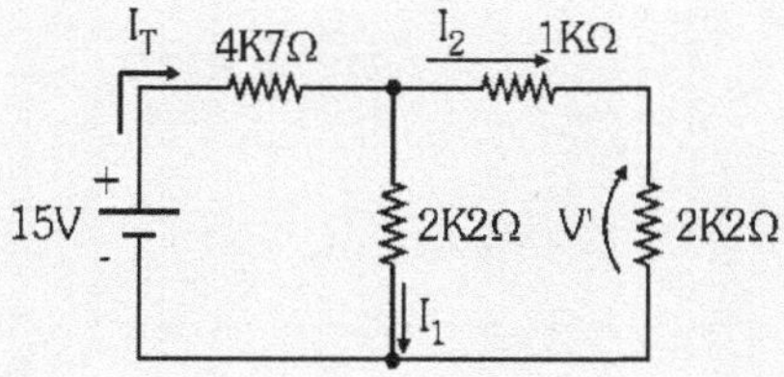

7) No circuito seguinte, determine V, V' e V''.

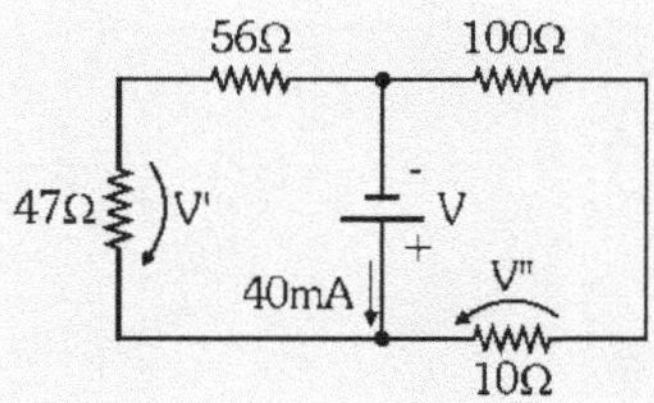

8) No circuito seguinte, determine V_S (tensão de saída).

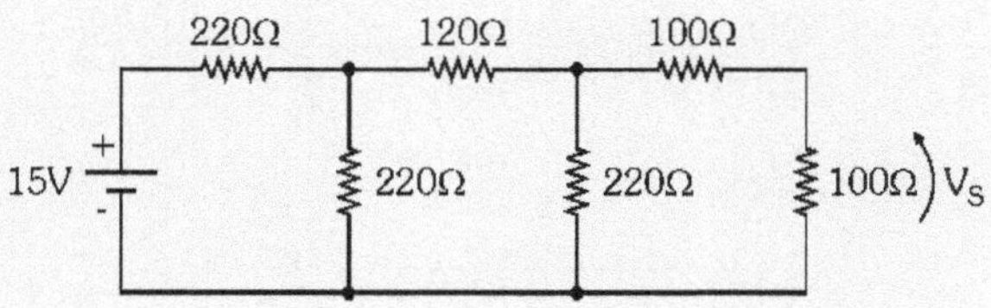

9) Determine o valor de V.

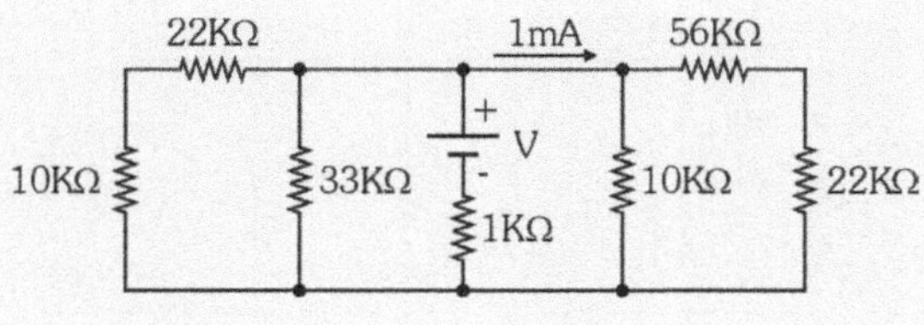

10) No circuito seguinte, determine a potência fornecida pelo gerador e as potências dissipadas por cada uma das resistências.

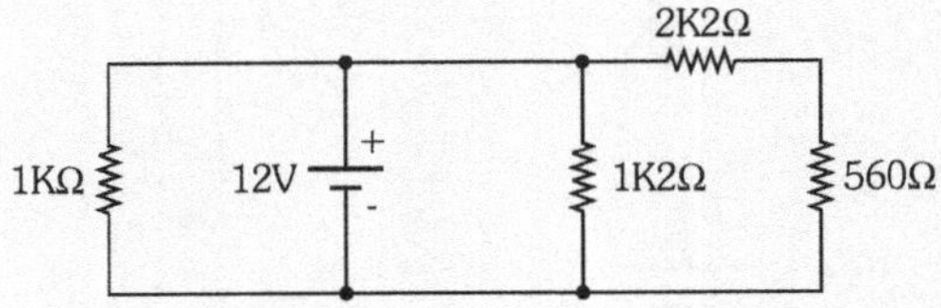

11) Sabendo que a potência dissipada pelo resistor indicado vale 0,1W, determine a tensão do gerador e a sua potência.

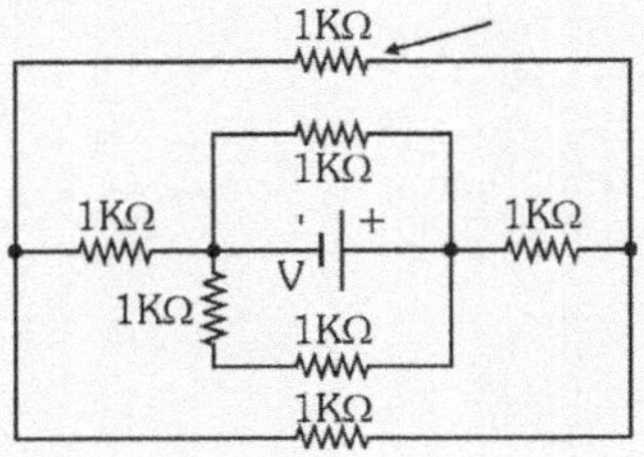

12) Determine o valor de R.

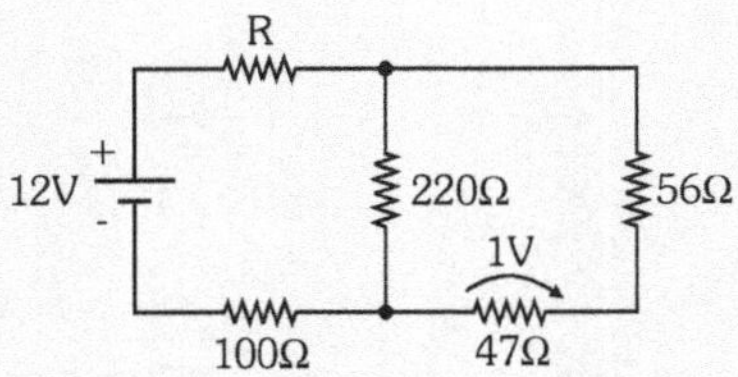

13) Determine o valor de R.

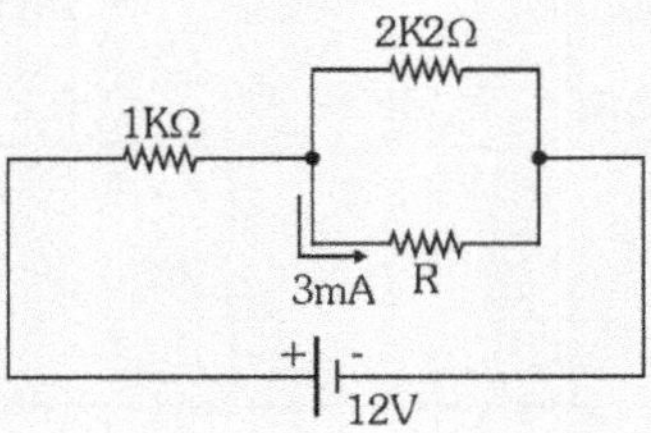

14) Calcule os valores de V e R.

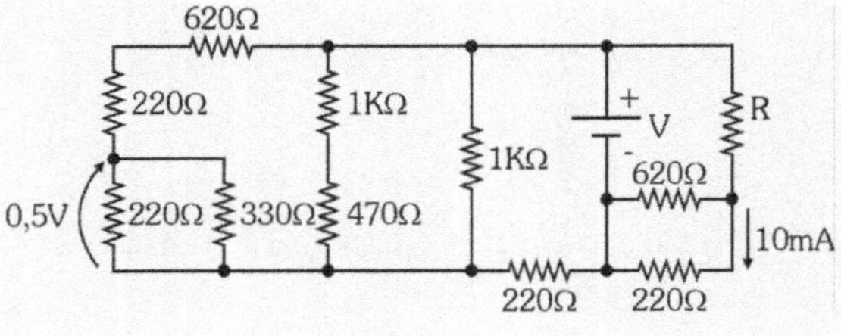

15) Calcule R, de modo que o resistor indicado dissipe 30mW.

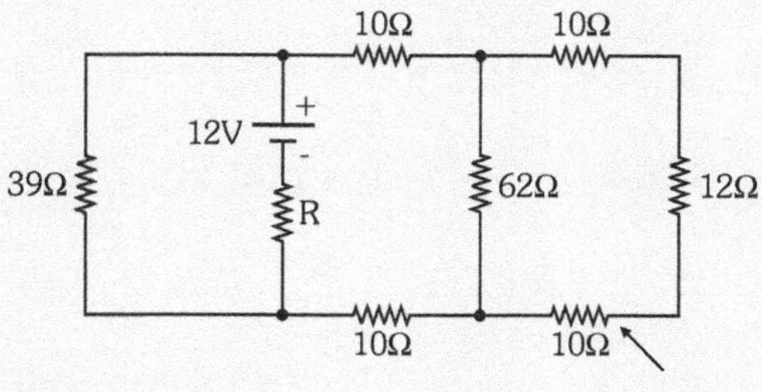

16) Sabendo que $R_2 = 3R_1$, determine R_1.

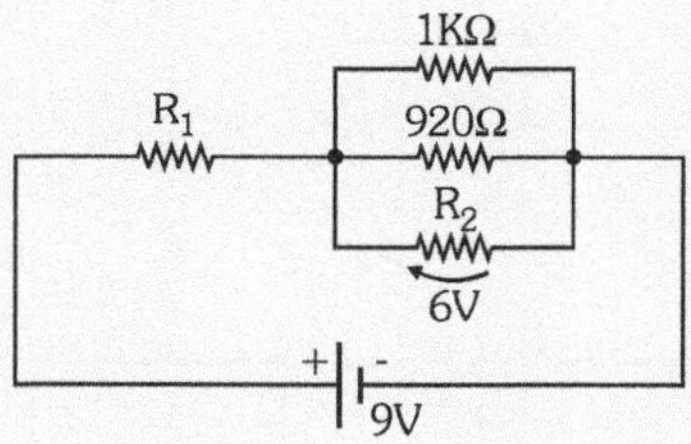

17) Calcule o valor de R para o resistor de 390Ω dissipar uma potência igual a 55mW.

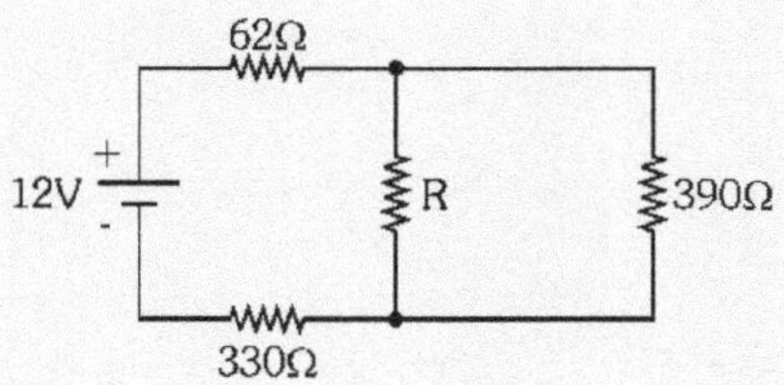

18) Qual deve ser o valor de R para ele dissipar uma potência de 675mW?

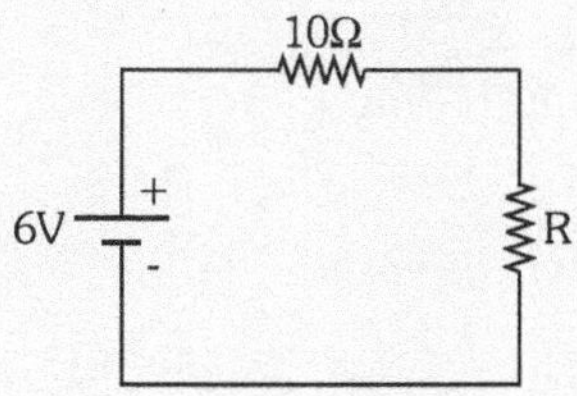

19) Determine o valor de R.

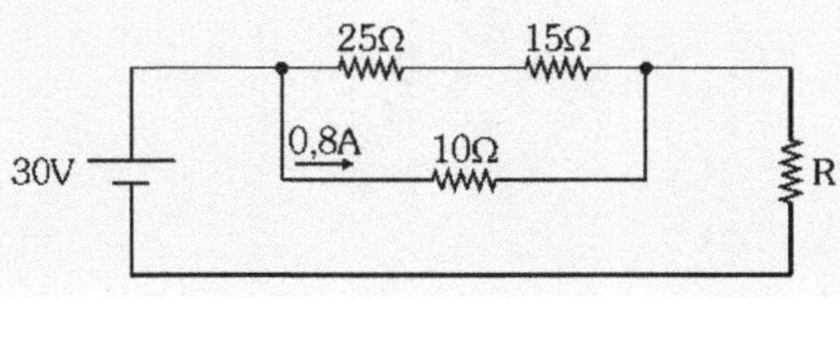

20) Sabendo que a tensão em cima do resistor de 1KΩ é de 10V, calcule V e R. Dado P_{fonte} = 1W.

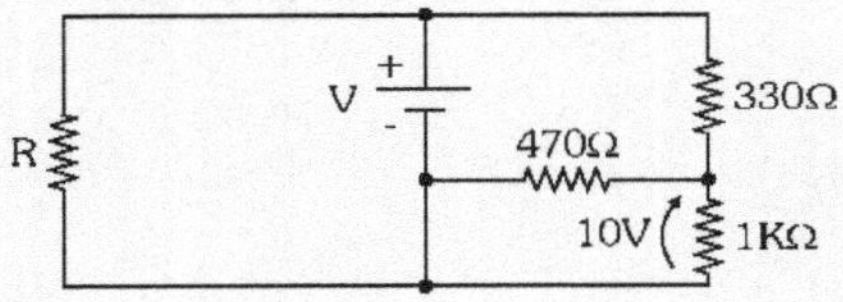

21) Determine V_S.

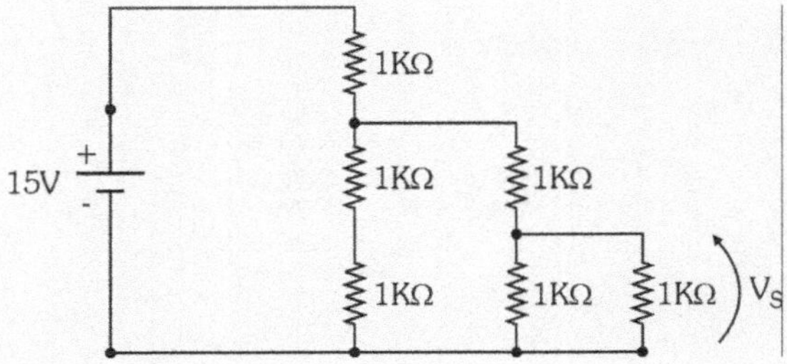

22) Determine R_2 e R_3. Dado P_{fonte} = 80W.

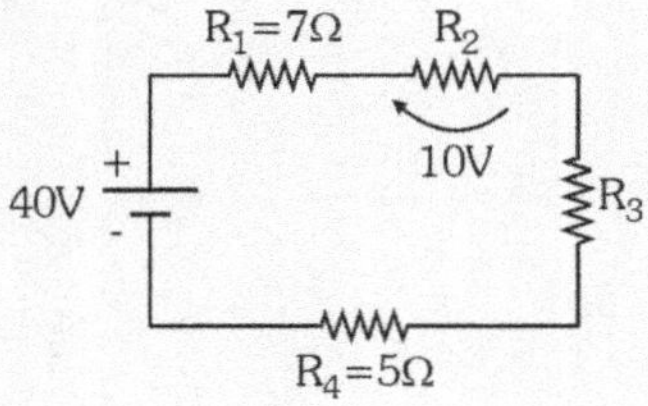

23) Determine o valor de R no circuito, de modo que a corrente no resistor de 20Ω seja igual a 0,8A.

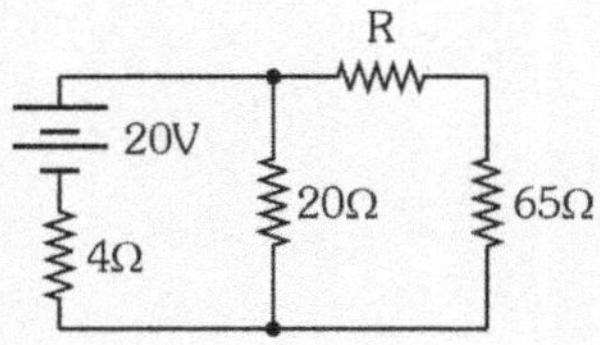

24) Determine a tensão entre os pontos C e D no circuito.

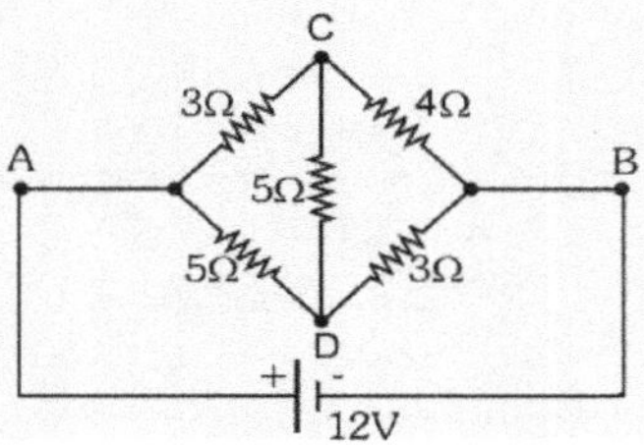

4

Divisor de tensão e de corrente

4.1 Circuito divisor de tensão

É um circuito utilizado quando necessitamos de valores de tensão que não podem ser obtidos por meio de simples associações de pilhas ou baterias comerciais ou, ainda, se a tensão da fonte que possuímos é superior ao valor de tensão desejado.

A tensão que se deseja obter por meio desse tipo de circuito é em geral denominada tensão de saída (V_S) e pode ser um valor fixo ou variável. À saída desse circuito podemos ou não acoplar um outro circuito e/ou simplesmente uma resistência, à qual denominamos carga. Dessa forma, os circuitos divisores de tensão podem ser fixos ou variáveis e com ou sem carga.

4.1.1 Divisor de tensão sem carga

É aquele em que a corrente de saída ou de carga é nula (zero), ou seja, não existe nada acoplado aos terminais de V_S.

4.1.1.1 Com tensão de saída fixa ou constante

Esse circuito nada mais é do que um circuito série de resistores. Por meio de cada resistor pode-se obter uma parcela de tensão total da fonte, conforme a Figura 4.1.

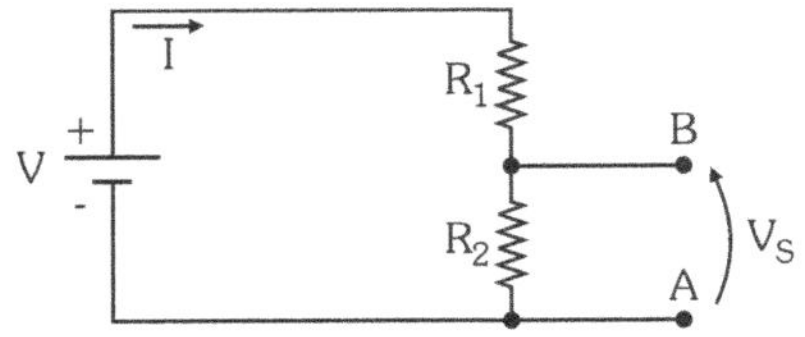

Figura 4.1

Ao analisar o circuito, temos:

$$R_{eq} = R_1 + R_2$$

A corrente no circuito será calculada pela expressão:

$$I = \frac{V}{R_{eq}} = \frac{V}{R_1 + R_2}$$

A tensão de saída V_S será a tensão na resistência R_2.

Pela lei de Ohm, temos:

$$V_S = R_2 \cdot I$$

Substituindo "I" pela expressão, temos:

$$V_S = \frac{R_2 \cdot V}{R_1 + R_2}$$

Ela pode ser denominada equação para o circuito divisor de tensão.

"A tensão de saída em um circuito divisor de tensão será igual ao produto da resistência em que se deseja obter essa tensão pela tensão da fonte, dividido pela soma da resistência do circuito".

Exemplo

Dimensione os valores das resistências do circuito, sabendo que a resistência vista pela fonte é de 3KΩ.

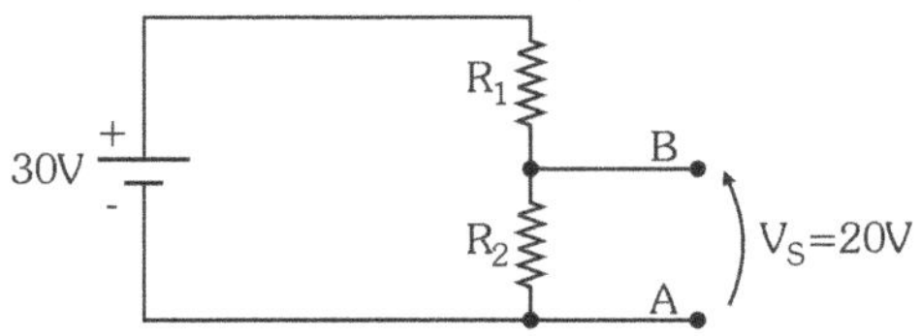

Figura 4.2

Lembrando que:

$$R_{eq} = R_1 + R_2 = 3K\Omega$$

Temos ainda:

$$V_S = \frac{R_2 \cdot V}{R_1 + R_2}$$

Substituindo os valores:

$$20 = \frac{R_2 \cdot 30}{3K} \Rightarrow R_2 = 2K\Omega$$

Logo,

$$R_1 = R_{eq} - R_2 = 3K - 2K = 1K\Omega$$

4.1.1.2 Com tensão de saída variável ou ajustável

Circuito seletor de tensões

No caso, a tensão de saída pode apresentar vários valores sem assumir todos; os valores são intermediários entre dois consecutivos, ou seja, ocorrem "saltos" de tensão. Esse circuito é uma variável do primeiro estudado e utiliza uma chave seletora e vários resistores fixos.

Tomemos o A da Figura 4.3 como um ponto comum para todas as tensões.

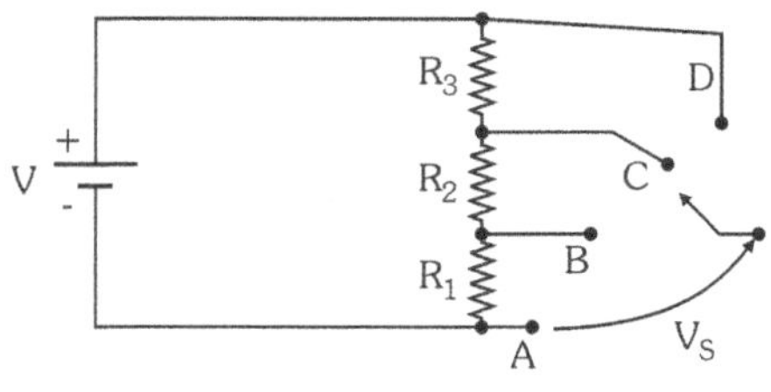

Figura 4.3

Com a chave na posição B, temos:

$$V_S = V_{BA} = V_{R_1}$$

Na posição C, temos:

$$V_S = V_{CA} = V_{(R_1 + R_2)}$$

Na posição D, temos:

$$V_S = V_{DA} = V_{(R_1+R_2+R_3)} \text{ ou ainda } V_S = V$$

Nota-se que a tensão pode assumir alguns valores entre 0 (zero) e o valor da fonte, mas não todos eles.

Exemplo

Para o circuito determinar os valores das tensões de saída em cada uma das posições da chave.

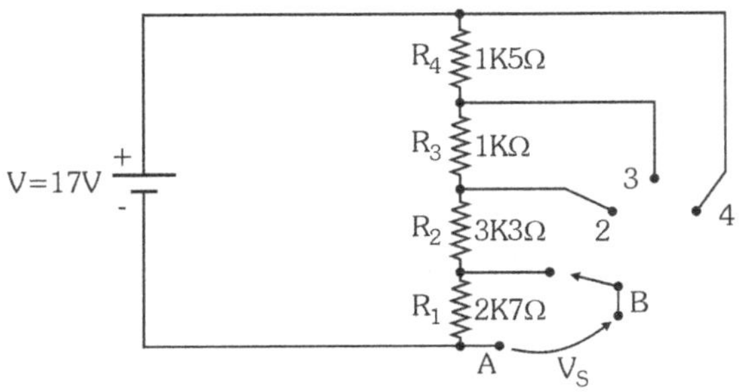

Figura 4.4

Posição 1

$$V_{S_1} = \frac{R_1 \cdot V}{R_1 + R_2 + R_3 + R_4} = \frac{2K7 \cdot 17}{2K7 + 3K3 + 1K + 1K5} = \frac{2K7 \cdot 17}{8K5} \Rightarrow V_{S_1} = 5{,}4V$$

Posição 2

$$V_{S_2} = \frac{(R_1 + R_2) \cdot V}{R_1 + R_2 + R_3 + R_4} = \frac{(2K7 + 3K3) \cdot 17}{8K5} \Rightarrow V_{S_2} = 12V$$

Posição 3

$$V_{S_3} = \frac{(R_1 + R_2 + R_3) \cdot V}{R_1 + R_2 + R_3 + R_4} = \frac{(2K7 + 3K3 + 1K) \cdot 17}{8K5} \Rightarrow V_{S_3} = 14V$$

ou

$$V_{S_3} = V - V_{R_4} = V - \frac{R_4 \cdot V}{R_1 + R_2 + R_3 + R_4} = 17 - \frac{1K5 \cdot 17}{8K5} \Rightarrow V_{S_3} = 14V$$

Posição 4

$$V_{S_4} = V = 17V$$

Tensão variável entre 0 e V ($0 \leq V_S \leq V$)

Neste caso, utilizamos apenas um potenciômetro ou resistor variável ligado diretamente aos terminais da fonte de tensão, conforme a figura apresentada a seguir.

A resistência equivalente ao circuito será a própria resistência nominal do potenciômetro (R_{pot}) e a tensão de saída V_S será obtida entre o ponto A de referência do circuito e o ponto C, contato móvel do potenciômetro.

Ao alterar a posição do contato móvel do potenciômetro, obtemos todos os valores possíveis de tensão V_S, entre zero e o valor da fonte, pois se o contato móvel estiver parado em uma posição qualquer que não as extremidades do potenciômetro, podemos imaginá-lo como dividido em duas resistências R_1 e R_2.

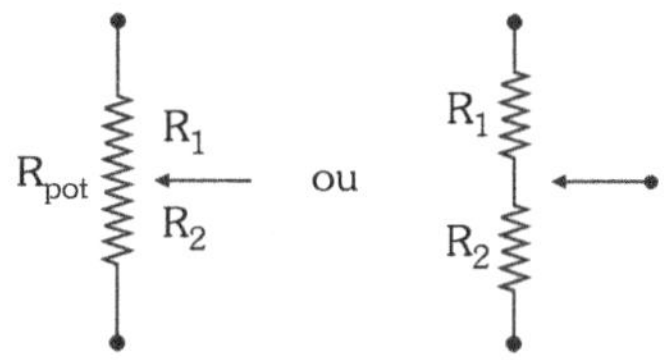

Figura 4.5

Em que:

$$R_{pot} = R_1 + R_2$$

Para a Figura 4.6 temos:

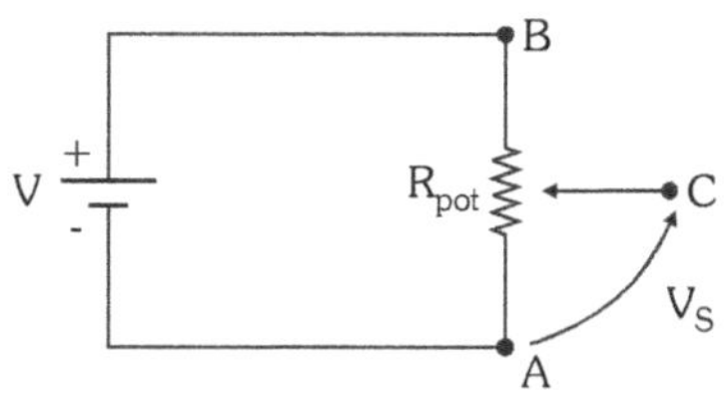

Figura 4.6

Observação

O valor nominal do potenciômetro é determinado imaginado-o como um resistor fixo.

- ponto C, coincidente com o ponto A: $V_S = 0$
- ponto C, coincidente com o ponto B: $V_S = V_{BA} = V = V_{R_{pot}}$
- para o ponto C, em uma posição qualquer, diferente de A e B: V_S pode assumir qualquer valor diferente de zero e V da fonte.

Esse tipo de divisor é bastante aplicado em circuitos de áudio, em controles de volume e balanço de canais estereofônicos etc.

Tensão variável com limite inferior ($V_{mín} < V_S \leq V$) ou limite superior ($0 \leq V_S < V_{máx}$)

Em um circuito, às vezes é necessário limitar a variação da tensão de saída. O circuito que permite limitar os valores a partir de um valor mínimo ou até um valor máximo é praticamente o mesmo, modificando-se apenas o ponto de referência da tensão (ponto A).

Exemplo 1

Neste caso, o limite será para um valor mínimo, pois quando o contato móvel do potenciômetro (ponto C) coincidir com o ponto B, V_S será a tensão sobre o resistor R_1.

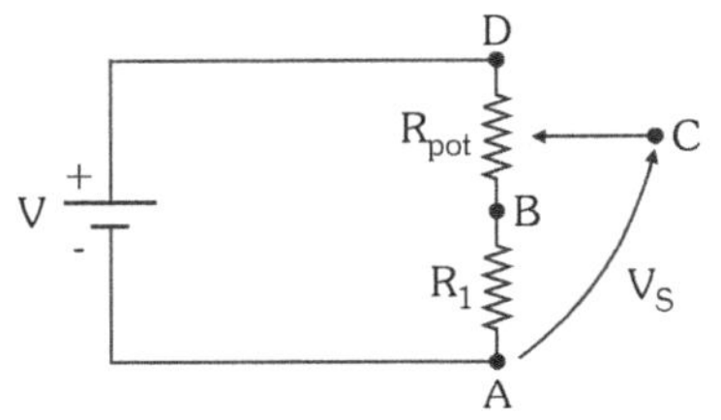

Figura 4.7

Para as demais posições do contato móvel, V_S será a tensão sobre R_1 mais um pedaço R do potenciômetro até atingir o valor máximo, quando forem coincidentes os pontos C e D; nesse caso, V_S = V (da fonte).

Exemplo 2

Neste caso, o limite será para um valor máximo. Note que, em relação ao exemplo anterior, ocorre basicamente a inversão entre os pontos A e D das figuras.

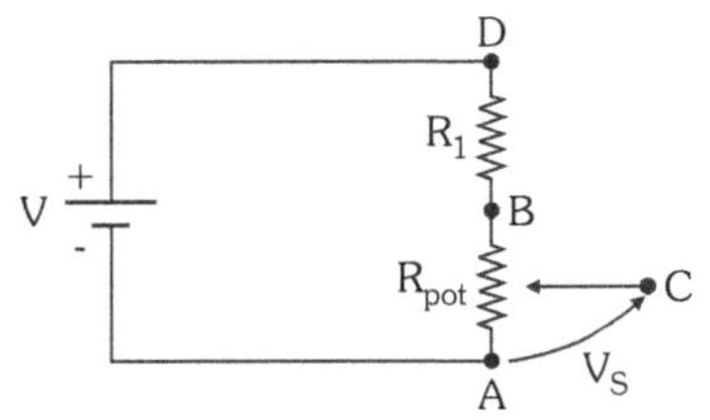

Figura 4.8

Quando o contato móvel do potenciômetro (ponto C) coincidir com o ponto B, V_S será a tensão sobre o potenciômetro, ou ainda, a tensão da fonte menos a tensão no resistor R_1.

Para as demais posições do contato móvel, a tensão V_S assume valores menores do que o da tensão da fonte, diminuindo até zero, quando o ponto C coincidir com o ponto A.

Existe ainda a possibilidade de se limitar a tensão a um valor mínimo e a máximo no mesmo circuito ($V_{mín} \leq V_S \leq V_{máx}$), o que pode ser obtido por meio da combinação dos dois circuitos anteriores, conforme a Figura 4.9:

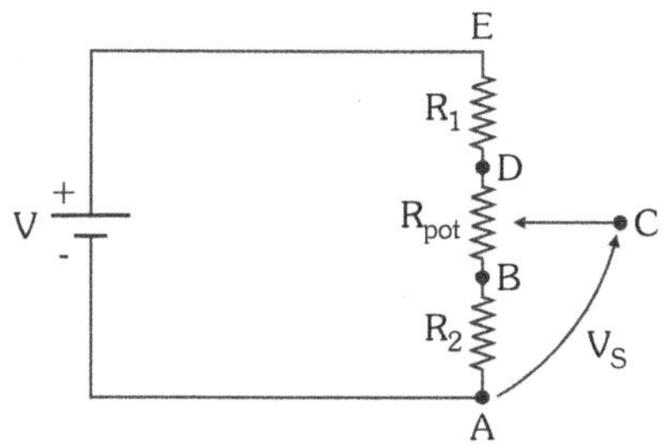

Figura 4.9

No caso, o limite inferior será o valor da tensão sobre o resistor R_2 (ponto C coincidente com o ponto B) e o limite superior, a tensão da fonte menos a tensão sobre o resistor R_1 (ponto C coincidente com o ponto D).

Portanto, a tensão de saída V_S assumirá valores entre V_{R_2} e ($V - V_{R_1}$).

$$V_{R_2} \leq V_S \leq V - V_{R_1}$$

Exemplo

Vamos projetar um circuito divisor de tensão, sem carga, de modo que $88V \leq V_S \leq 140V$. Dispomos de uma fonte de 200V, que pode fornecer uma potência de 800mW.

Da fonte, temos que:

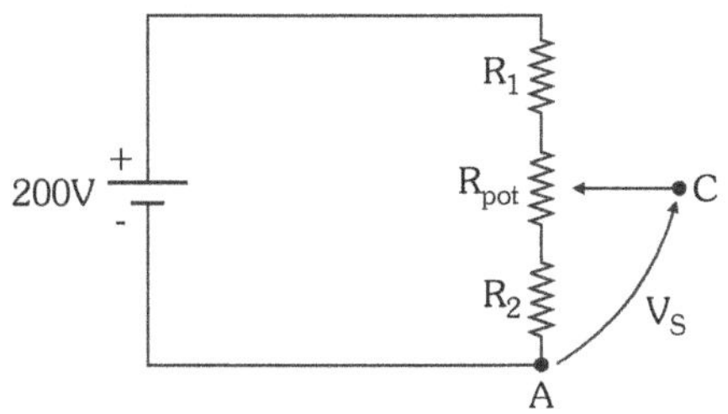

Figura 4.10

$$P_f = \frac{V^2}{R_{eq}} \Rightarrow R_{eq} = \frac{200^2}{800 \cdot 10^{-3}} \Rightarrow R_{eq} = 50K\Omega$$

Portanto, para o circuito:

$$R_{eq} = R_1 + R_{pot} + R_2 = 50K\Omega$$

Para o valor mínimo, podemos escrever:

$$V_{S_{min}} = V_{R_2} = \frac{V \cdot R_2}{R_{eq}} \Rightarrow 88 = \frac{200 \cdot R_2}{50K} \Rightarrow R_2 = 22K\Omega$$

Para o valor máximo, temos:

$$V_{S_{máx}} = V_{(R_2 + R_{pot})} = \frac{V \cdot (R_2 + R_{pot})}{R_{eq}} \Rightarrow 140 = \frac{200 \cdot (22K + R_{pot})}{50K} \Rightarrow R_{pot} = 13K\Omega$$

Portanto:

$$R_1 = R_{eq} - (R_{pot} + R_2) \Rightarrow R_1 = 50K - (13K + 22K) \Rightarrow R_1 = 15K\Omega$$

4.1.2 Divisor de tensão com carga

No caso, basta acrescentar a qualquer um dos circuitos anteriores uma carga R_L entre os terminais de saída. Na saída ocorre uma divisão na corrente do circuito. A corrente que percorre a carga será denominada I_L e a corrente no resistor de saída do circuito será denominada corrente de dreno (I_d).

Tome o circuito como exemplo:

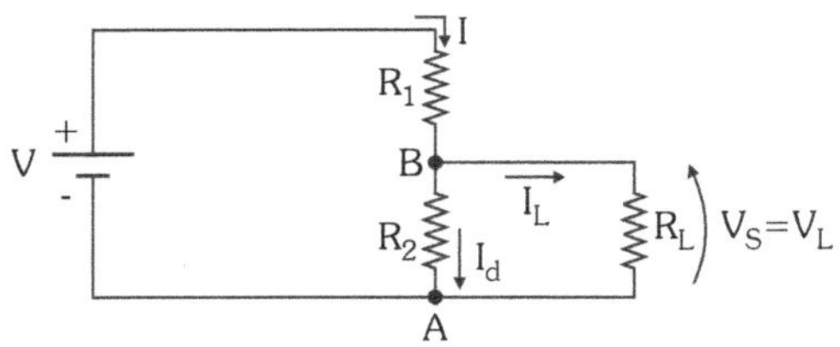

Figura 4.11

A resistência equivalente do circuito será o resultado da associação em paralelo das resistências entre os pontos A e B, em série com R_1.

$$R_{eq} = R_1 + \left(\frac{R_2 \cdot R_L}{R_2 + R_L}\right)$$

A tensão de saída será calculada pela equação:

$$V_S = \frac{\left(\frac{R_2 \cdot R_L}{R_2 + R_L}\right) \cdot V}{R_1 + \left(\frac{R_2 \cdot R_L}{R_2 + R_L}\right)}$$

Simplificando, temos:

$$V_S = V_L = \frac{V \cdot R_2 \cdot R_L}{R_1 \cdot R_2 + R_1 \cdot R_L + R_2 \cdot R_L}$$

Exemplo

Determine o valor da tensão de saída do circuito em vazio (V_{SO}).

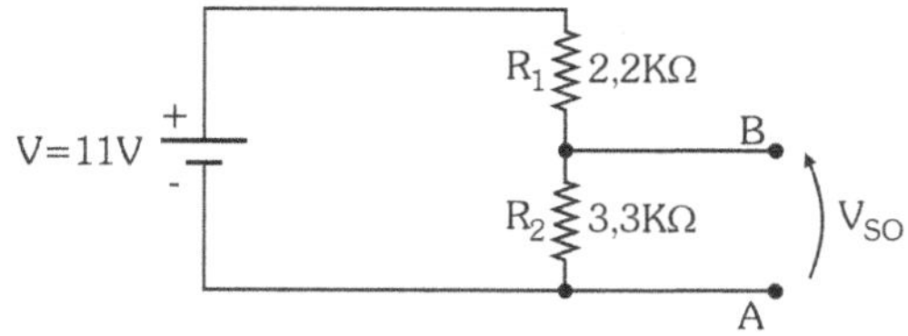

Figura 4.12

$$V_{SO} = \frac{V \cdot R_2}{R_1 + R_2} = \frac{11 \cdot 3{,}3K}{2{,}2K + 3{,}3K} \Rightarrow V_{SO} = 6{,}6V$$

Determine para o circuito o novo valor da tensão de saída ao se ligar entre os pontos A e B uma carga de 1KΩ.

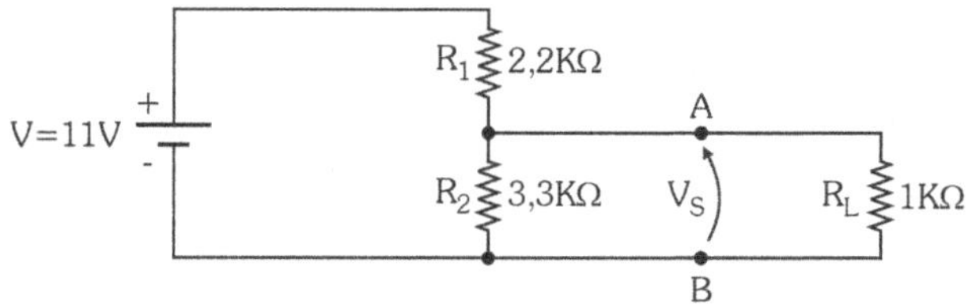

Figura 4.13

$$V_S = \frac{V \cdot R_2 \cdot R_L}{R_1 \cdot R_L + R_1 \cdot R_2 + R_2 \cdot R_L}$$

$$V_S = \frac{11 \cdot 3{,}3K \cdot 1K}{2{,}2K \cdot 1K + 2{,}2K \cdot 3{,}3K + 3{,}3K \cdot 1K} \Rightarrow V_S = 2{,}84V$$

ou

$$R' = R_{eqAB} = \frac{R_1 \cdot R_2}{R_L + R_2} = \frac{1K \cdot 3{,}3K}{1K + 3{,}3K} = 767{,}4\Omega$$

$$V_S = \frac{V \cdot R'}{R_1 + R'} = \frac{11 \cdot 767{,}4}{2{,}2K + 767{,}4} \Rightarrow V_S = 2{,}84V$$

Idem para uma carga de 25KΩ.

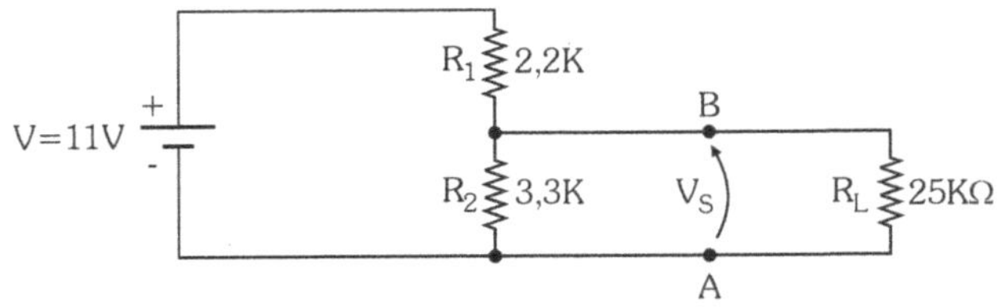

Figura 4.14

$$V_S = \frac{V \cdot R_2 \cdot R_L}{R_1 \cdot R_L + R_1 \cdot R_2 + R_2 \cdot R_L}$$

$$V_S = \frac{11 \cdot 3{,}3K \cdot 25K}{2{,}2K \cdot 25K + 2{,}2K \cdot 3{,}3K + 3{,}3K \cdot 25K} \Rightarrow V_S = 6{,}27V$$

Ao analisar o exemplo, podemos afirmar que, conforme se aumenta o valor da resistência R_L, também se aumenta o valor da tensão de saída V_S, aproximando-se cada vez mais do valor da tensão de saída em vazio V_{SO}.

4.2 Circuito divisor de corrente

De forma análoga ao circuito divisor de tensão, às vezes é necessário limitar a corrente elétrica em um circuito ou em parte dele. Nesse caso, usamos o circuito divisor de corrente que, basicamente, nada mais é do que um circuito de resistências em paralelo cuja corrente total é dividida entre as suas várias resistências.

4.2.1 Divisor de corrente fixo ou constante

Tome como exemplo um circuito com dois resistores fixos em paralelo.

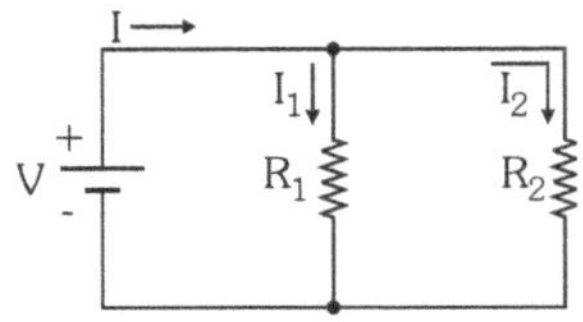

Figura 4.15

Utilizando a lei de Ohm, pode-se escrever:

$$I_1 = \frac{V}{R_1} \text{ e } I_2 = \frac{V}{R_2}$$

Como:

$$V = R_{eq} \cdot I$$

$$V = \frac{R_1 \cdot R_2}{R_1 + R_2} \cdot I$$

podemos ainda obter:

$$I_1 - \frac{R_{eq} \cdot I}{R_1} \Rightarrow I_1 = \frac{R_1 \cdot R_2}{R_1 + R_2} \cdot \frac{I}{R_1} \Rightarrow I_1 = \frac{R_2}{R_1 + R_2} \cdot I$$

e de forma análoga:

$$I_2 = \frac{R_1 \cdot I}{R_1 + R_2}$$

Desse modo, pode-se afirmar que:

"Conhecida a corrente total do circuito paralelo, as correntes em cada resistor do circuito serão calculadas multiplicando-se essa corrente pelo resistor em que não se deseja determinar a corrente, dividido pela soma das resistências do circuito".

Exemplo

Determine as correntes I_1 e I_2 do circuito.

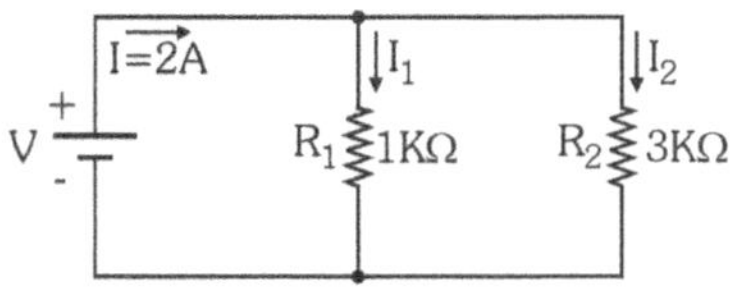

Figura 4.16

$$I_1 = \frac{I \cdot R_2}{R_1 + R_2} = \frac{2 \cdot 3K}{1K + 3K} \Rightarrow I_1 = 1,5A$$

$$I_2 = \frac{I \cdot R_1}{R_1 + R_2} = \frac{2 \cdot 1K}{1K + 3K} \Rightarrow I_2 = 0,5A$$

4.2.2 Divisor variável de corrente

No caso, vamos utilizar um potenciômetro com resistência nominal R_{pot}. A ligação será efetuada de modo que a ligação em paralelo necessária ocorra entre as duas frações de resistências que constituem o potenciômetro. Adicionalmente, ela será variável, pois alterando-se o posicionamento do cursor móvel do potenciômetro (C) alteram-se os valores das frações correspondentes a cada trecho do potenciômetro. É preciso lembrar que a soma das resistências do circuito permanece constante e igual a R_{pot}.

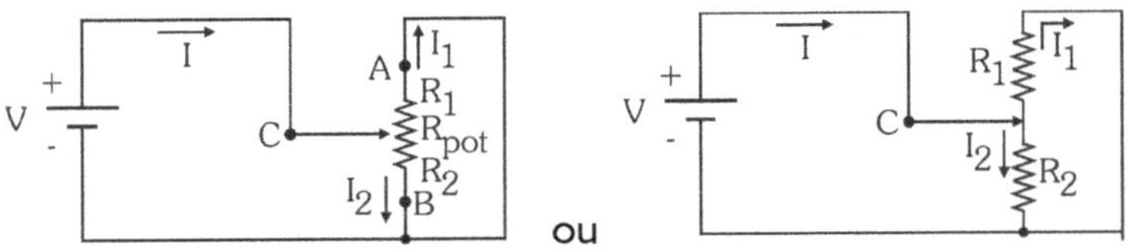

Figura 4.17

em que: $R_{pot} = R_1 + R_2$

Desse modo, podemos escrever:

$$I_1 = \frac{R_2 \cdot I}{R_{pot}} \text{ e } I_2 = \frac{R_1 \cdot I}{R_{pot}}$$

Variando a posição do cursor móvel do potenciômetro (C), variamos as intensidades das correntes I_1 e I_2, de modo que:

- quando o ponto C estiver coincidindo com o ponto A, teremos:

  $R_2 = R_{pot}$, logo $I_1 = I$ e $I_2 = 0$
- quando o ponto C estiver coincidindo com o ponto B, teremos:

  $R_1 = R_{pot}$, logo $I_2 = I$ e $I_1 = 0$

Assim, podemos concluir que ambas as correntes (I_1 e I_2) variam seus valores entre 0 (zero) e I, sendo I a corrente de curto-circuito do gerador (I = I cc).

4.2.3 Divisor de corrente com limites mínimo, máximo ou ambos

Em alguns circuitos, é necessário limitar a variação da corrente elétrica a um componente ou determinado trecho do circuito.

Para simplificar a análise, vamos considerar que a corrente I_1 corresponde à corrente de saída (I_S) do divisor.

A Figura 4.18 mostra um divisor com limite máximo de corrente I_S, pois com o contato móvel do potenciômetro no ponto A, R_2 será igual a R_{pot} e R_1 igual a R.

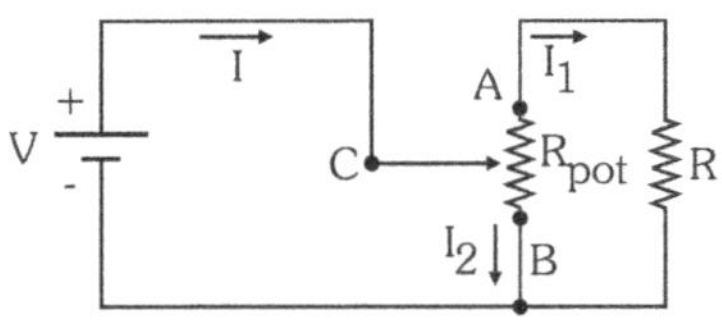

Figura 4.18

$$I_{1máx} = I_{Smáx} = \frac{R_{pot} \cdot I}{R_{pot} + R}$$

I_1 será igual a zero quando o contato móvel coincidir com o ponto B (gerador em curto), pois $R_2 = 0$ (zero) e $R_1 = R_{pot} + R$.

Portanto, I_1 será uma corrente que varia de zero a $I_{1máx}$.

Se alterarmos a posição da resistência R, passando-a para o ramo percorrido por I_2, conforme a figura, teremos um divisor de corrente com limite mínimo, pois quando o contato do potenciômetro estiver no ponto B, R_1 será igual a R_{pot} e R_2 igual a R. Quando o contato do potenciômetro estiver no ponto A, $R_1 = 0$ e R_2 igual a R mais R_{pot}, o que significa I_1 igual a I, com I = I cc (corrente de curto gerador).

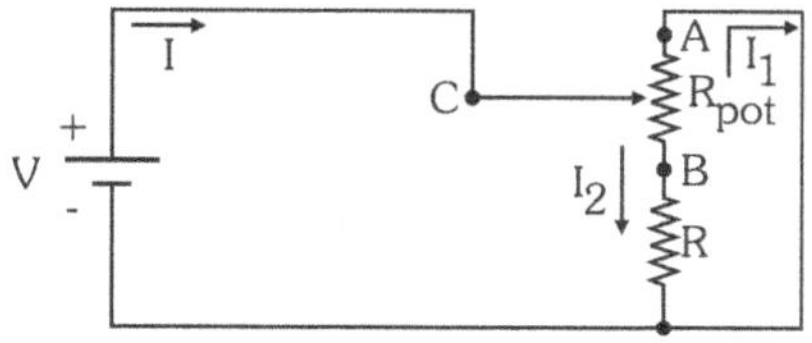

Figura 4.19

Portanto:

$$I_{Smín} = I_{1mín} = \frac{R \cdot I}{R + R_{pot}} \text{ e } I_{Smáx} = I_{1máx} - I$$

Ou seja, I_1 será uma corrente que varia de $I_{1mín}$ a I = I cc do gerador.

Para finalizar a análise do circuito divisor de corrente, basta efetuar a composição dos dois circuitos divisores com limites mínimo e máximo. Dessa forma teremos $I_{1mín} \leq I_S \leq I_{máx}$.

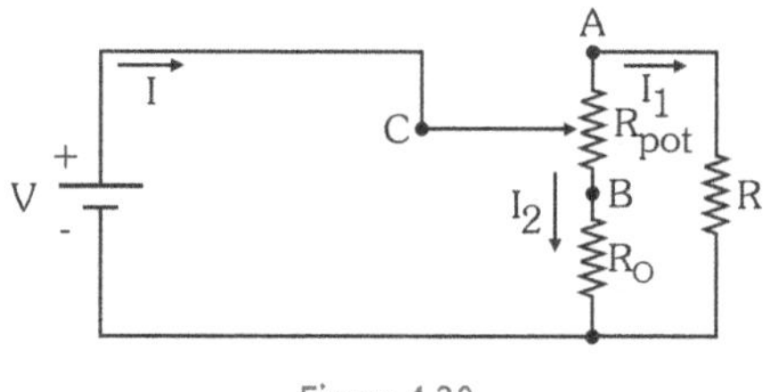

Figura 4.20

- Quando o contato móvel coincidir com o ponto A, teremos:

$$I_{Smáx} = I_{1máx} = \frac{R_o + R_{pot}}{R_o + R_{pot} + R} \cdot I$$

- Quando o contato móvel coincidir com o ponto B, teremos:

$$I_{Smín} = I_{1mín} = \frac{R_o}{R_o + R_{pot} + R} \cdot I$$

Observação

1. Em vez de trabalhar com geradores de tensão, podemos substituí-los por geradores de corrente (ideais), os quais mantêm a corrente do circuito constante para qualquer tensão aplicada.

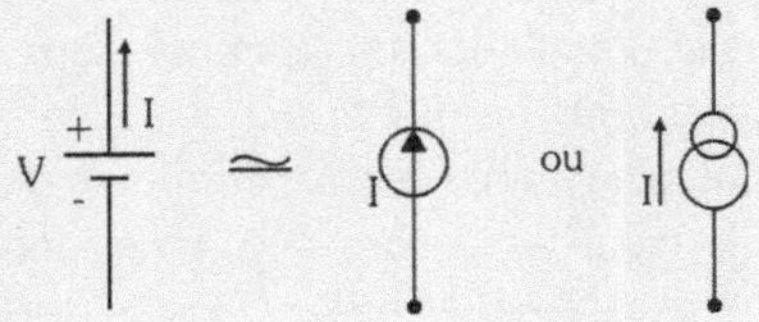

Figura 4.21

2. Nos casos a serem analisados nos itens 4.2.2 e 4.2.3, quando a corrente de saída é a máxima e igual à corrente total, ela é a corrente de curto-circuito do gerador de tensão.

Exemplo

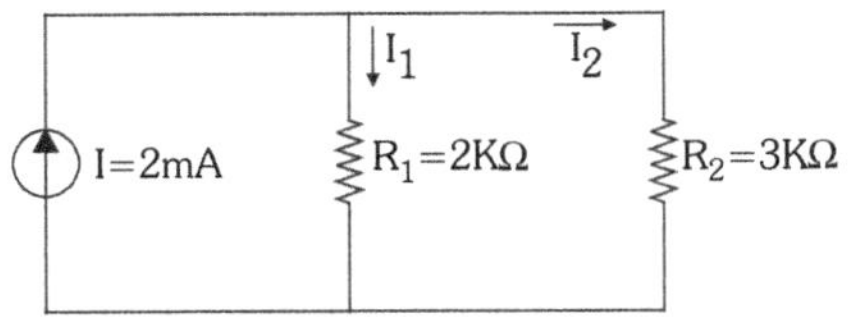

Figura 4.22

$$I_1 = \frac{I \cdot R_2}{R_1 + R_2} = \frac{2m \cdot 3K}{2K + 3K} \Rightarrow I_1 = 1{,}2mA$$

$$I_2 = \frac{I \cdot R_1}{R_1 + R_2} = \frac{2m \cdot 2K}{2K + 3K} \Rightarrow I_2 = 0{,}8mA$$

Dualidade

A partir de um gerador de tensão, podemos obter o gerador de corrente equivalente ou vice-versa.

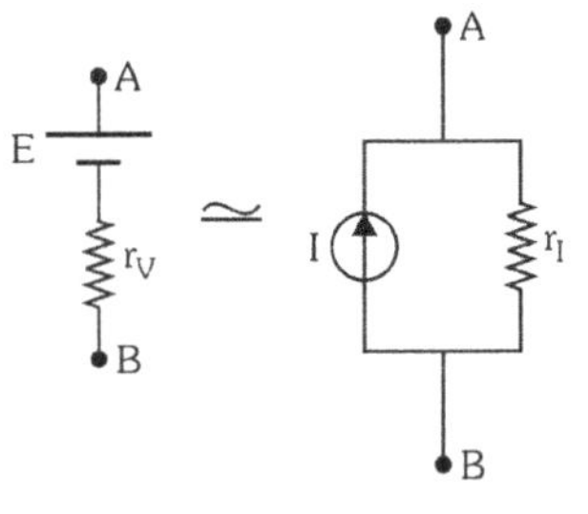

$$I = \frac{E}{r}$$

$$r = r_V = r_I$$

Figura 4.23

Exercícios propostos

1) Determine o valor das resistências do circuito, sabendo que a potência dissipada pela fonte é de 36mW.

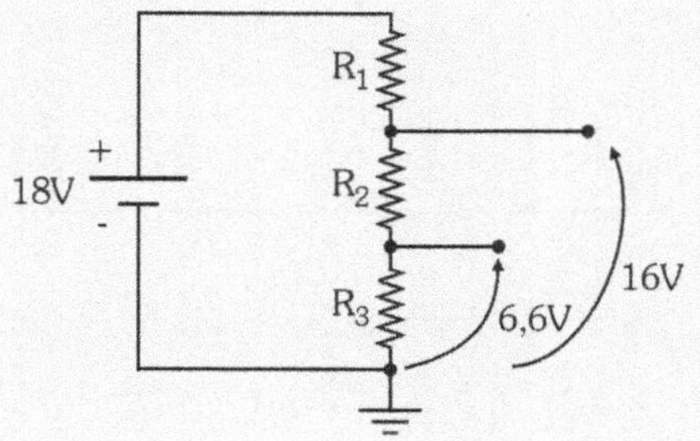

2) No circuito, qual a variação da tensão de saída V_S?

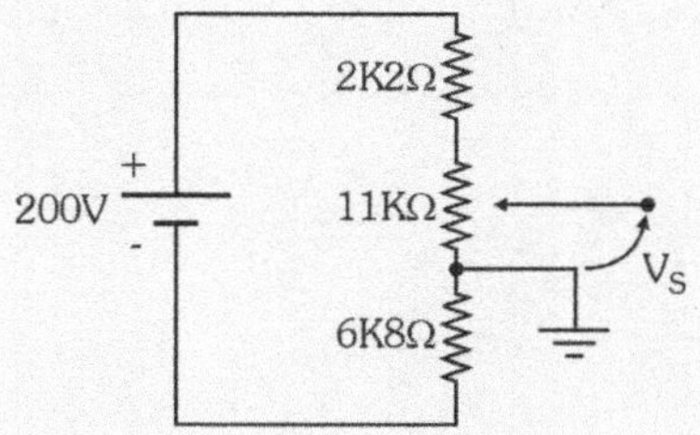

3) Ajustando o potenciômetro do circuito de modo a se obter uma tensão em vazio de 60V, determine:

a) O valor das frações de resistência do potenciômetro R_1 e R_2.

b) O valor da carga que deve ser ligada ao circuito, de modo que a nova tensão de saída seja de 20V.

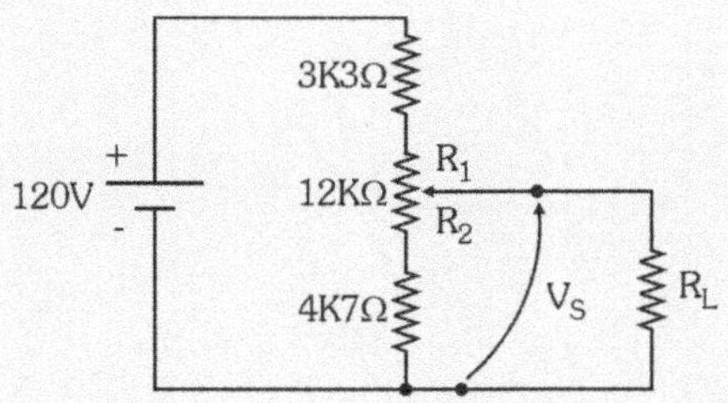

4) No circuito divisor de tensão a seguir, determine o valor de V_0 com a chave Ch:

a) Aberta (em vazio).

b) Fechada (com carga), considerando o potenciômetro (pontos 2 e 3) com 30% do seu valor total.

c) Para a situação do item b), qual a corrente (I_L) na carga?

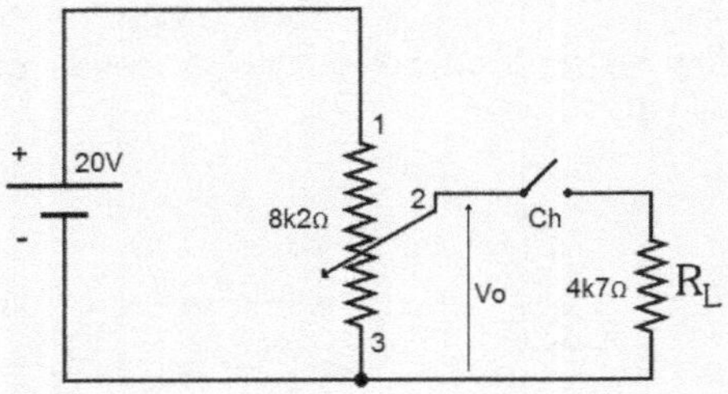

5) A partir de uma fonte de tensão de 80V-160mW, construa um divisor de tensão variável com limites de 11,4V e 66,4V.

6) Determine o valor das resistências do circuito atenuador decimal representado abaixo, ou seja, em cada passo a tensão da fonte é um múltiplo de 10 da tensão de saída (V_1 = 1V, V_2 = 10V, V_3 = 100V).

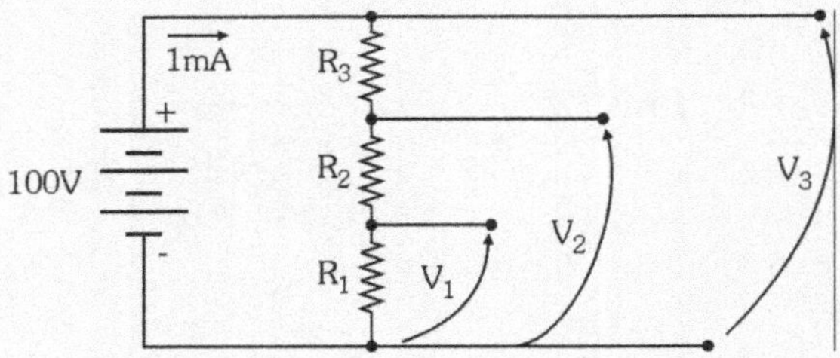

7) Determine os valores das resistências, bem como da fonte do circuito, de modo a obtermos V_1 = 5V, V_2 = 10V, V_3 = −5V e V_4 = −10V e a corrente no circuito igual a 2mA.

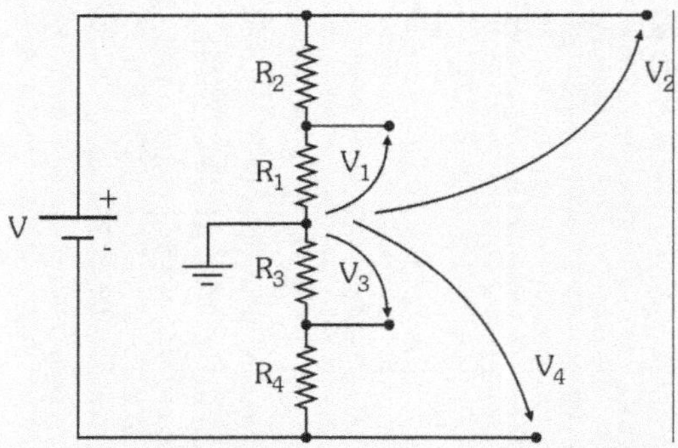

8) Qual deve ser o valor de R_L, de modo que a tensão sobre ela seja de 33V?

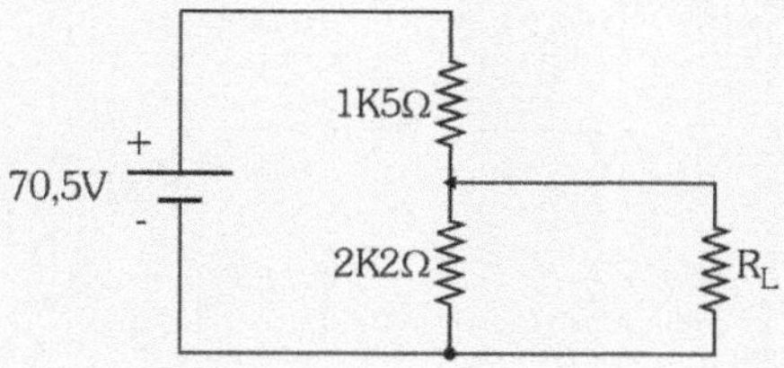

9)

a) Projete um circuito divisor de tensão variável, com limites de 9,4V e 63,4V, sabendo que a resistência equivalente do circuito é de 35KΩ e a fonte de tensão é de 70V.

b) Ajuste o potenciômetro para obter na saída uma tensão de 30V; ligue uma carga de 30KΩ e determine a potência dissipada na carga.

10) Determine os valores de R_1, R_2, R_3 e R_4 do circuito atenuador da figura, de modo a obter saída constante de 2V, qualquer que seja a posição da chave seletora. A fonte de tensão é variável e ajustada em 2V, 6V, 10V e 20V, com a chave seletora nas posições 4, 3, 2 e 1, respectivamente. A resistência equivalente do atenuador é de 20MΩ.

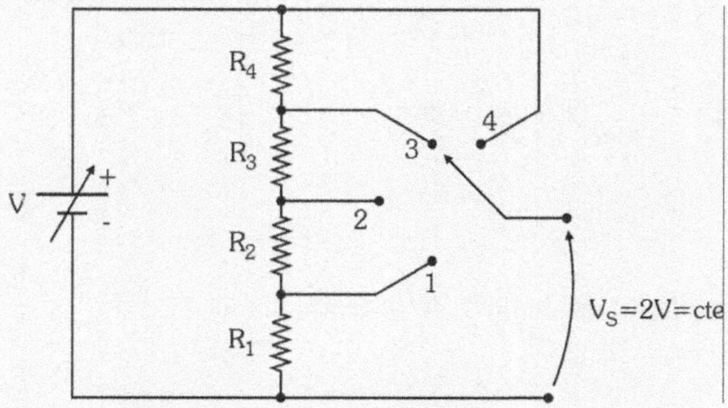

11) Determine os valores de R_1, R_2 e R_3 de modo a manter funcionando normalmente a lâmpada L de 60W-120V e o bipolo receptor com 108W-0,6A.

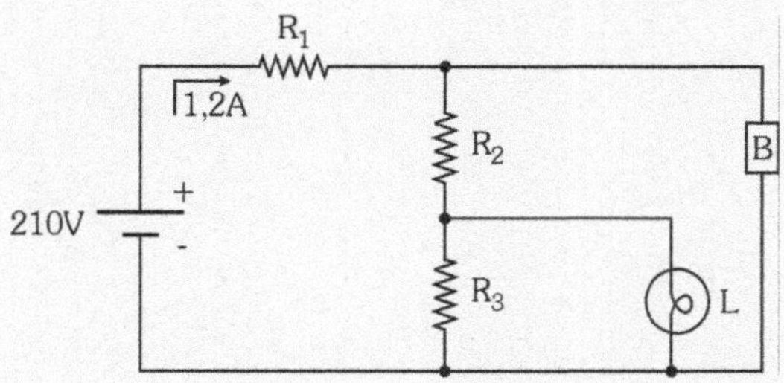

12) A qual valor deve ser ajustado o potenciômetro do circuito de modo a se obter a tensão V_1 igual a 21,6V?

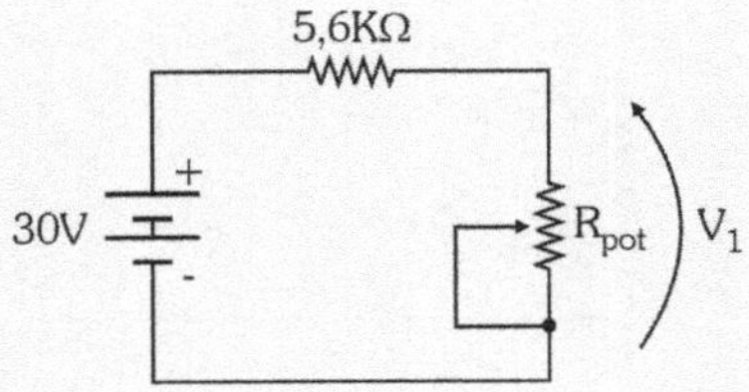

13) Qual o valor do reostato da figura, de modo que a tensão entre o ponto B e a terra seja de 17V? Qual a potência que dissipa?

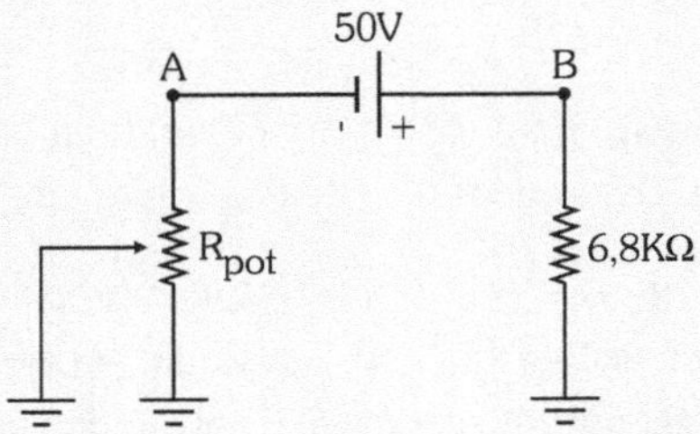

14) Qual a leitura do voltímetro ideal?

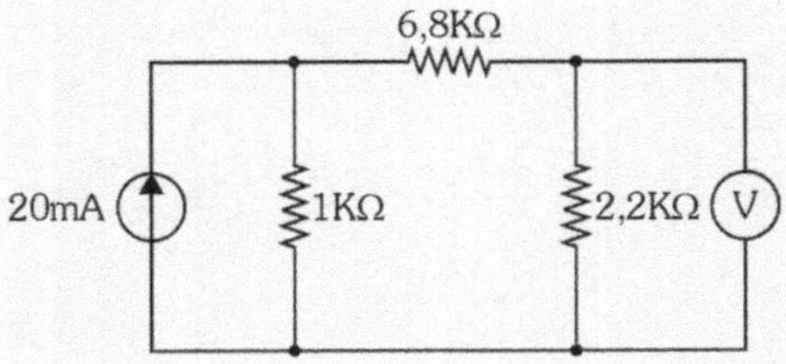

15) Qual a tensão entre os pontos A e B do circuito?

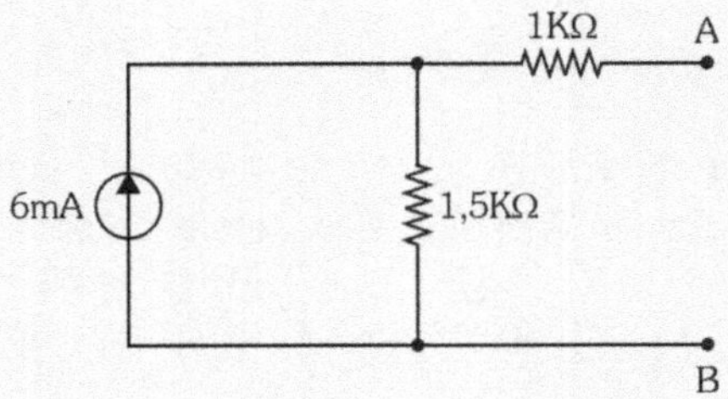

16) Determine a leitura dos amperímetros ideais.

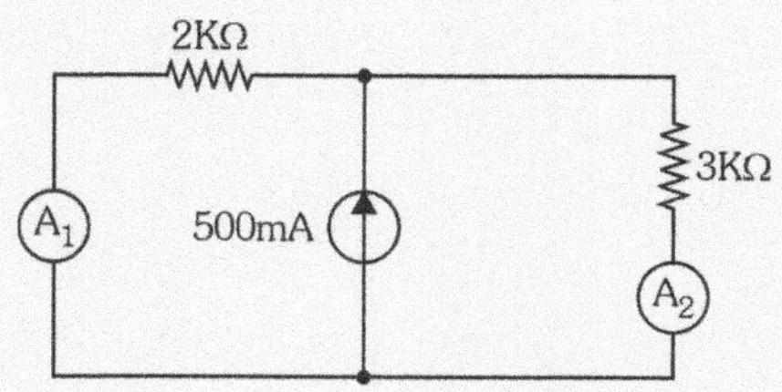

17) Determine os valores das frações R_1 e R_2 do potenciômetro, de modo a se obter I_o = 1,3mA.

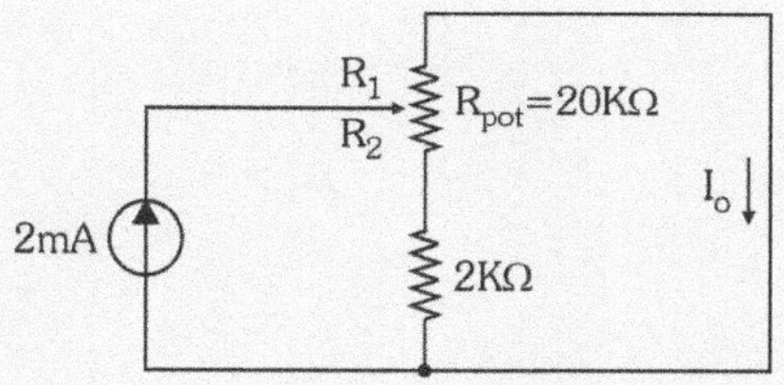

18) No circuito divisor de corrente apresentado em seguida, o valor de $I_{omáx}$ é 8,75A e de $I_{omín}$ é 2,5A. Determine as resistências R_a e R_b.

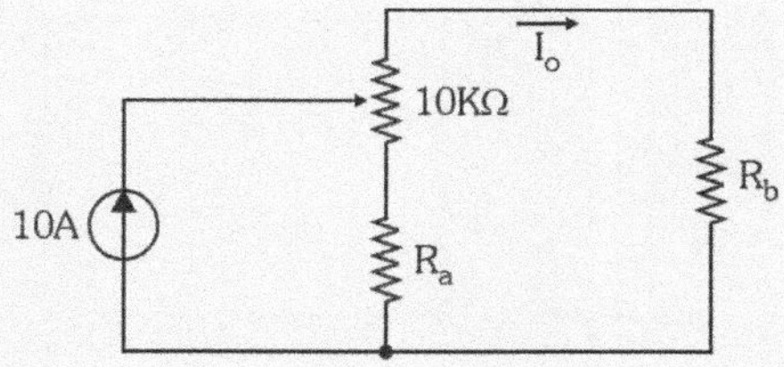

19) Em um circuito divisor de corrente com limite inferior igual a 22mA e limite superior igual a 90mA, usam-se R_a = 22KΩ e R_b = 10KΩ. Determine o valor da resistência do potenciômetro utilizado, bem como a corrente fornecida pelo gerador.

20) Os limites superior e inferior de um divisor de corrente são, respectivamente, 3,34A e 0,94A. Sabendo que no divisor utiliza-se um potenciômetro de 12KΩ e a resistência que limita a corrente mínima (R_a) é de 4K7Ω, determine a corrente fornecida pelo gerador e a resistência limitadora da corrente máxima (R_b). Dados: $P_{RB\ máx}$ = 36.813,48W.

21) Para o circuito, determine a tensão entre os pontos A e B.

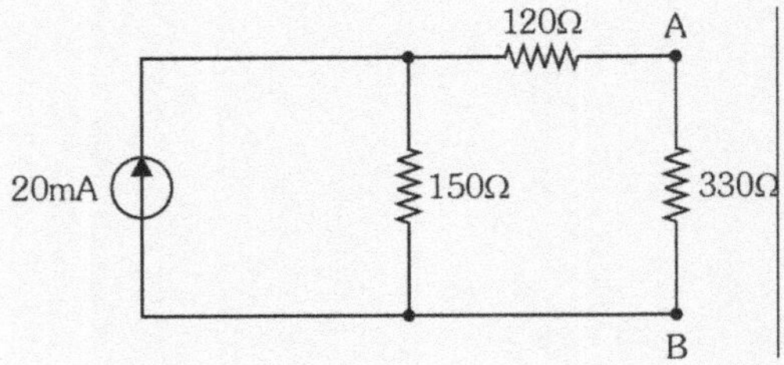

22) No circuito, determine a corrente fornecida pelo gerador, sabendo que as características nominais da lâmpada são 6W-12V.

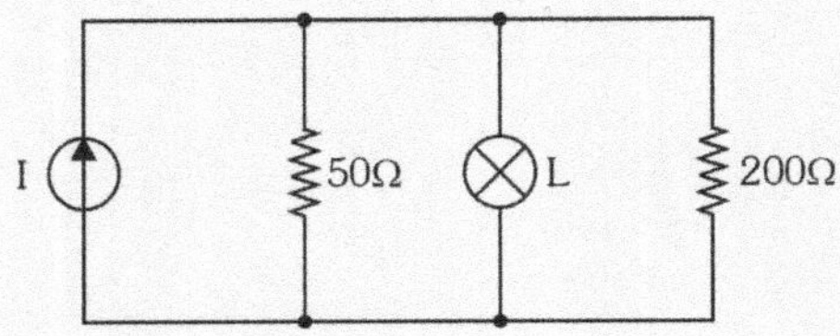

23) Determine o valor da resistência R, bem como a corrente que a percorre. Dado P_f = 0,4W.

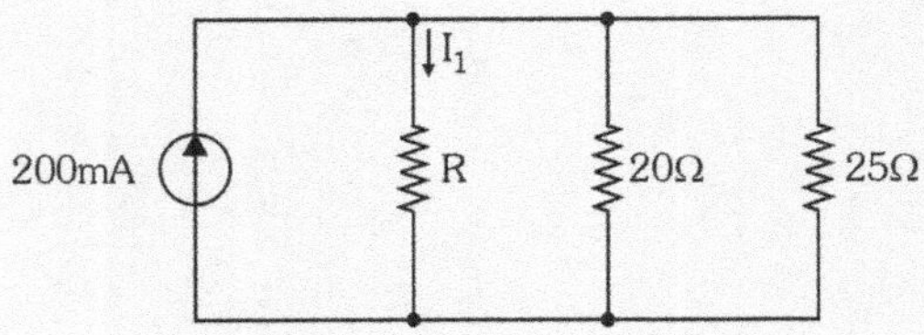

24) Quais são os valores das correntes I_1 e I_2 no circuito?

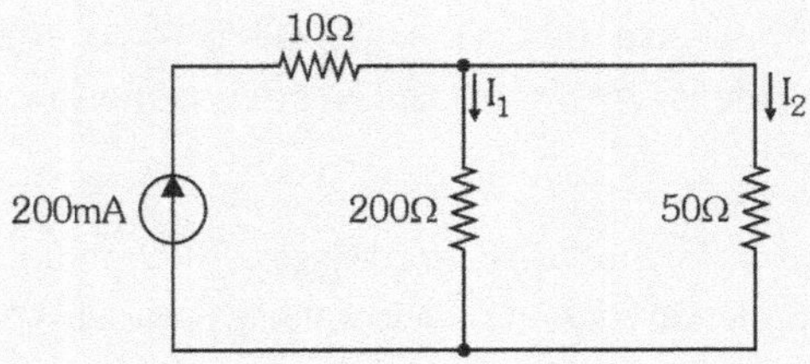

5 Geradores e receptores

5.1. Geradores

Para que exista corrente elétrica em um condutor, é necessário que a seus terminais seja aplicada uma diferença de potencial (ddp) ou tensão elétrica. O dispositivo que tem por finalidade produzir esta ddp é denominado gerador.

Existem várias maneiras de se obter a energia elétrica. Destacamos algumas:

- **Pela ação química:** é o caso dos geradores eletroquímicos, como pilhas, baterias e acumuladores, que aproveitam a energia proveniente das reações químicas em seu interior para dar origem à ddp.
- **Pela ação da luz:** é o caso dos geradores fotoelétricos. Exemplo: a incidência de luz sob uma camada de selênio, depositada sobre uma camada de ferro, dá origem à corrente elétrica, como em baterias solares.
- **Por indução eletromagnética:** é o caso da maior parte dos geradores de grande porte. A partir da ação de forças eletromagnéticas sob as cargas elétricas em um condutor, originam-se a ddp e consequente corrente elétrica.
- **Por aquecimento:** é o caso dos pares termoelétricos. Consiste no aquecimento de uma junção ou ponto de solda de dois metais diferentes, como ferro e constantan, o que dá origem à ddp.

- **Por pressão:** é o caso de certos cristais denominados piezoelétricos (quartzo e turmalina) que, quando submetidos a esforços de tração ou compressão, dão origem a uma ddp. São utilizados em microfones, agulhas de toca-discos etc. Transformam basicamente energia mecânica em elétrica.

No caso dos geradores por aquecimento e por pressão, a potência elétrica obtida é muito pequena, da ordem de miliwatts, e por essa razão são também citados como transdutores.

Podemos ainda definir geradores como dispositivos que transformam um tipo qualquer de energia em energia elétrica.

5.1.1 Geradores de tensão e de corrente

Os geradores são classificados de acordo com o elemento que os caracteriza. Por exemplo, denominamos gerador de tensão aquele que mantém constante a tensão em seus terminais, independentemente da corrente elétrica que o percorre. Gerador de corrente é o que mantém constante a corrente no circuito, independentemente da tensão em seus terminais.

5.1.2 Bipolo ativo

Os geradores são também denominados bipolos ativos, pois fornecem energia aos circuitos. Sua função pode ser comparada, em uma instalação hidráulica, à função de uma bomba de água.

Na prática, nem toda energia produzida por um gerador é utilizada efetivamente. Parte dessa energia é dissipada sob a forma de energia térmica, calor (efeito Joule), no próprio gerador, devido a um conjunto de resistências, que denominamos resistência interna do gerador.

Definimos um gerador ideal como aquele cuja resistência interna é nula, ou seja, toda energia produzida é efetivamente aproveitada.

Passamos agora a efetuar o balanço energético de um gerador real até obtermos uma equação de tensão para ele.

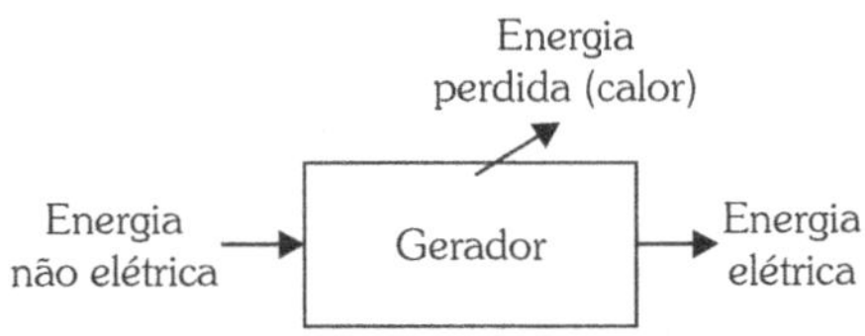

Figura 5.1

Como:

$$E_n = P \cdot \Delta t \text{ e } \Delta t = \text{cte.}$$

Podemos escrever a equação de potência do gerador:

$$P_{gerada\ ou\ total} = P_{útil} + P_{dissipada}$$

$$P_t = P_u + P_d$$

Se:

- I é a corrente elétrica que circula pelo gerador (A).
- V é a tensão nos terminais do gerador (V).
- E é a tensão gerada internamente no gerador, também denominada força eletromotriz (fem) · (V) = cte.
- r é a resistência interna do gerador (Ω) = cte.

Podemos escrever a equação de potências do gerador:

$$E \cdot I = V \cdot I + r \cdot I^2$$

Como I é constante, simplificando temos:

$E = V + r \cdot I$ ou $V = E - r \cdot I \rightarrow$ equação característica do gerador

No caso particular, quando $I = 0$, teremos $V = E$.

Portanto, a representação gráfica genérica de um gerador será:

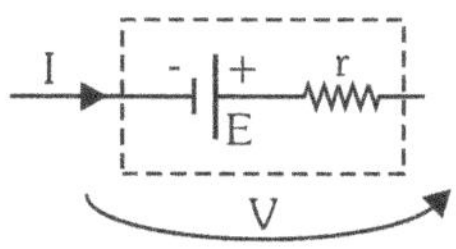

Figura 5.2

Note que a corrente no gerador é representada saindo pelo seu polo positivo, o que corresponde ao sentido "convencional" da corrente. A orientação da tensão V é coincidente com o sentido da corrente elétrica.

Analisando a equação característica do gerador:

$$V = E - r \cdot I$$

Como E e r são valores constantes, pois são características internas do gerador, temos que $V = f(I)$ é uma equação do 1º grau, portanto possui como curva característica um gráfico que é uma reta e, para tanto, é necessário determinar dois pontos:

- Para $I = 0$, temos $V = E$, o que corresponde a um circuito aberto.
- Para $V = 0$, temos $I = \frac{E}{r}$, o que corresponde a um curto-circuito, portanto $I = I_{CC}$.

Graficamente, temos:

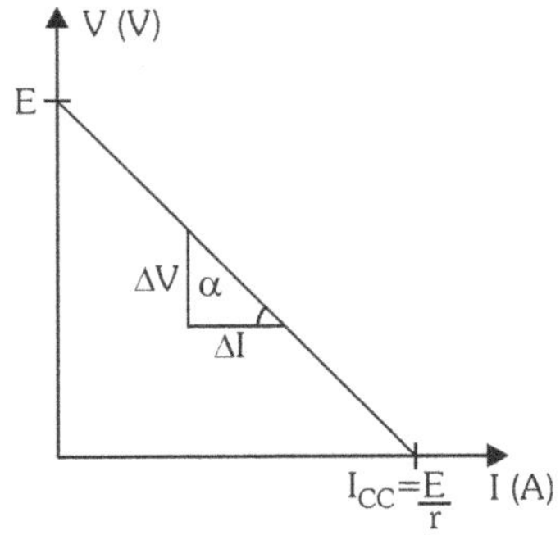

Figura 5.3

A resistência interna do gerador pode ser determinada por:

$$r = tg\alpha = \frac{\Delta V}{\Delta I} = cte$$

5.1.3 Rendimento (η)

O rendimento de um dispositivo elétrico é calculado pelo quociente entre sua energia útil e sua energia total.

$$\eta = \frac{E_{\eta útil}}{E_{\eta total}} \left(\text{adimensional}\right) \; 0 \leq \eta \leq 1$$

ou

$$\eta = \frac{E_{\eta útil}}{E_{\eta total}} \cdot 100\% \left(\text{porcentagem}\right) \; 0 \leq \eta \leq 100\%$$

Quanto maior o rendimento de um dispositivo elétrico, melhor ele é e maior sua eficiência, ou seja, menos energia se perde sob a forma de calor (efeito Joule).

Podemos ainda escrever:

$$\eta = \frac{P_{útil}}{P_{total}}$$

Para o gerador, temos:

$$\eta = \frac{V \cdot I}{E \cdot I} \rightarrow \eta = \frac{V}{E}$$

Lembrando que $V = E - r \cdot I$, podemos também escrever:

$$\eta = \frac{E - r \cdot I}{E} \rightarrow \eta = 1 - \frac{r \cdot I}{E}$$

5.1.4 Máxima transferência de potência (potência útil máxima)

Considere o circuito:

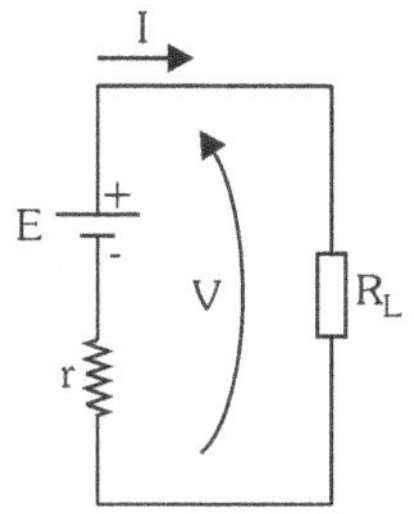

Figura 5.4

Não é correto pensar que a maior potência que pode ser fornecida pelo gerador vai ocorrer com a máxima corrente do gerador (I_{CC}), pois nessa situação a tensão V será nula.

$$V = 0 \rightarrow P_u = 0$$

A potência fornecida pelo gerador à carga R_L corresponde à potência útil do gerador. Portanto, da equação de potências do gerador podemos escrever:

$$P_u = P_t - P_d \qquad P_u = E \cdot I = r \cdot I^2$$

Como E e r são constantes, temos $P_u = f(I^2)$, cujo gráfico é uma parábola, conforme mostra a Figura 5.5.

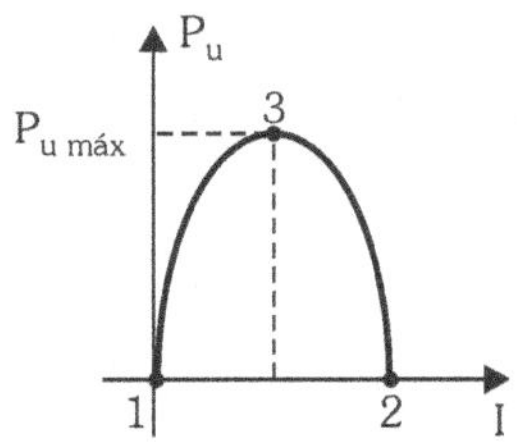

Figura 5.5

Para análise, devemos determinar os pontos 1, 2 e 3 do gráfico a partir da sua equação característica.

Ponto 1. $I = 0 \rightarrow P_u = 0$

Ponto 2. $P_u = 0 \rightarrow V = 0 \rightarrow I = I_{CC} = \frac{E}{r}$

Ponto 3. $P_u = P_{u\ máx} \rightarrow I = \frac{I_{CC}}{2} = \frac{E}{2 \cdot r}$

Portanto, substituindo I na equação, temos:

$$P_{u\ máx} = E \cdot \frac{I_{CC}}{2} - r\left(\frac{I_{CC}}{2}\right)^2 \rightarrow P_{u\ máx} = E \cdot \frac{E}{2 \cdot r} - \left(\frac{E}{2 \cdot r}\right)^2$$

$$\rightarrow P_{u\ máx} = \frac{E^2}{2 \cdot r} - \frac{E^2}{4 \cdot r} \rightarrow P_{u\ máx} = \frac{E^2}{4 \cdot r}$$

A tensão do gerador para a qual ocorre a máxima transferência de potência será:

$$V = E - r \cdot \frac{I_{CC}}{2} \rightarrow V = E - r \cdot \frac{E}{2 \cdot r} \rightarrow V = \frac{E}{2}$$

O valor da resistência R_L para esta situação será:

$$V = R_L \cdot \frac{I_{CC}}{2} \rightarrow R_L = \frac{E}{2} \cdot \frac{2 \cdot r}{E} \rightarrow R_L = r$$

Ou seja, a resistência de carga para a máxima transferência de potência será igual à resistência interna do gerador.

5.1.5 Rendimento para potência útil máxima

$$\eta = \frac{V}{E} \rightarrow \eta = \frac{\frac{E}{2}}{E} = \frac{1}{E} \rightarrow \eta = 0{,}5 \quad \text{ou} \quad \eta = 50\%$$

Portanto:

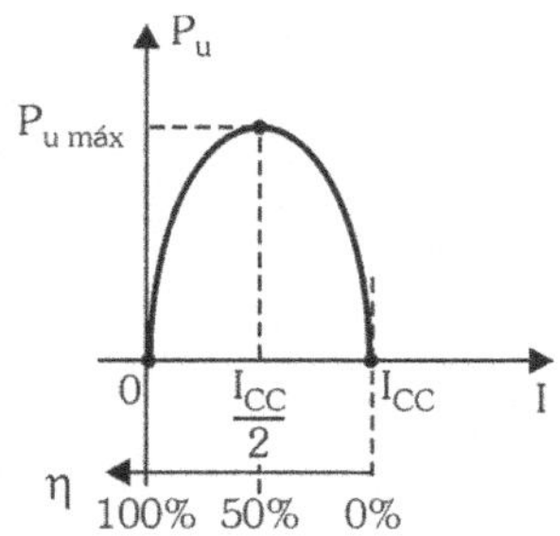

Figura 5.6

Observação

Apesar de nesta condição termos a maior potência útil fornecida ao circuito, a perda por efeito Joule é elevada, e isso provoca um superaquecimento do gerador que pode danificá-lo. Abaixo dos 50%, isso torna-se mais grave. Por outro lado, quando nos aproximamos do gerador ideal (100%), a potência fornecida à carga é muito pequena. Logo, na prática, o ideal é operar o gerador em torno de 80% a 86% de rendimento, para sua melhor eficiência.

Exemplo

Tem-se um gerador com força eletromotriz igual a 12V e resistência interna 2Ω. Pede-se determinar o rendimento, bem como todas as potências do gerador, quando ele é percorrido por uma corrente de 4A.

$$V = E - r \cdot I$$

$$V = 12 - 2 \cdot 4 = 4V$$

$$\eta = \frac{V}{E} = \frac{4}{12} = 0,33 \text{ ou } 33\%$$

$$P_u = V \cdot I = 4 \cdot 4 = 16W$$

$$P_t = E \cdot I = 12 \cdot 4 = 48W$$

$$P_d = r \cdot I^2 = 2 \cdot 4^2 = 32W \text{ ou } P_d = P_t - P_u = 48 \Rightarrow P_d = 32W$$

$$P_{u\ máx} = \frac{E^2}{4r} = \frac{12^2}{4 \cdot 2} \Rightarrow P_{u\ máx} = 18W$$

5.2 Receptores

Também denominados bipolos passivos, são dispositivos que retiram energia elétrica do circuito. Eles transformam energia elétrica em um outro tipo qualquer de energia, não exclusivamente térmica.

Exemplos de receptores:

- **Lâmpadas:** transformam energia elétrica em luminosa.
- **Acumuladores:** transformam energia elétrica em química.
- **Motores elétricos:** transformam energia elétrica em mecânica.

Para facilitar o entendimento dos receptores, tomemos como exemplo o motor elétrico.

Nem toda a energia elétrica recebida, ou consumida pelo motor, será transformada em rotação (energia mecânica). Uma parcela dessa energia é dissipada sob a forma de calor nos enrolamentos do motor.

Portanto, efetuando o balanço energético de um receptor, temos:

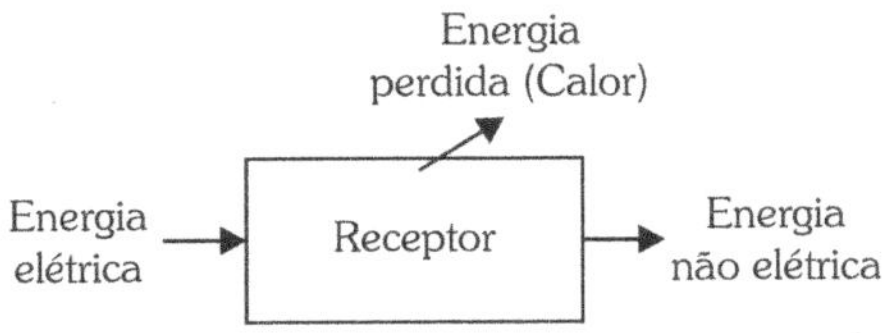

Figura 5.7

Para um mesmo intervalo de tempo Δt podemos escrever:

$$P_{\text{recebida ou total}} = P_{\text{útil}} + P_{\text{dissipada}}$$

$$P_t = P_u + P_d$$

Sendo:

- I a corrente elétrica que circula pelo receptor (A).
- V a tensão aplicada aos terminais do receptor (V).
- r' a resistência interna do receptor (Ω) = cte.

É a força contraeletromotriz (fcem) que se opõe à corrente elétrica, e a tensão desenvolvida no processo elétrico de transformação (V) = cte.

Podemos escrever a equação de potências para o receptor:

$$P_t = P_u + P_d$$

$$V \cdot I = E' \cdot I + r' \cdot I^2$$

Como I é constante, temos:

$$V = E' + r' \cdot I \text{ - equação característica do receptor}$$

Portanto, a representação gráfica de um receptor será:

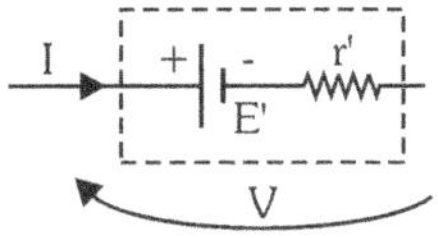

Figura 5.8

Para I = 0, temos V = E'.

Nesse caso, a corrente elétrica orienta-se com entrada pelo polo positivo do receptor (contrário ao gerador).

Analisando a equação:

$$V = E' + r' \cdot I$$

Como E' e r' são constantes (características internas próprias do receptor), temos de forma análoga ao gerador que V = f(I) será representado graficamente:

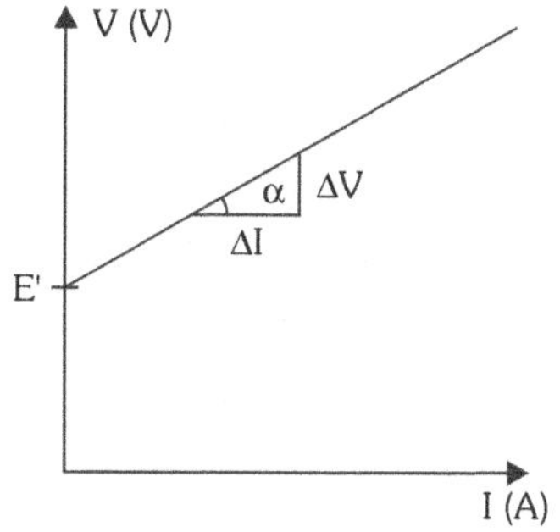

Figura 5.9

A resistência interna do receptor pode ser determinada por:

$$r' = tg\alpha = \frac{\Delta V}{\Delta I} = cte$$

Com apenas a análise do gráfico característico do receptor, poderíamos imaginar que os valores de tensão e corrente do receptor tendem ao infinito, porém, na prática, são limitados pelas características dos materiais que constituem o receptor.

Rendimento para o receptor:

$$\eta = \frac{P_u}{P_t} \Rightarrow \eta = \frac{E' \cdot I}{V \cdot I} \Rightarrow \eta = \frac{E'}{V}$$

Exemplo

Sabendo que o gráfico seguinte é a curva característica de um receptor, determine sua equação característica, bem como suas potências e o rendimento, quando submetido a uma ddp de 22V.

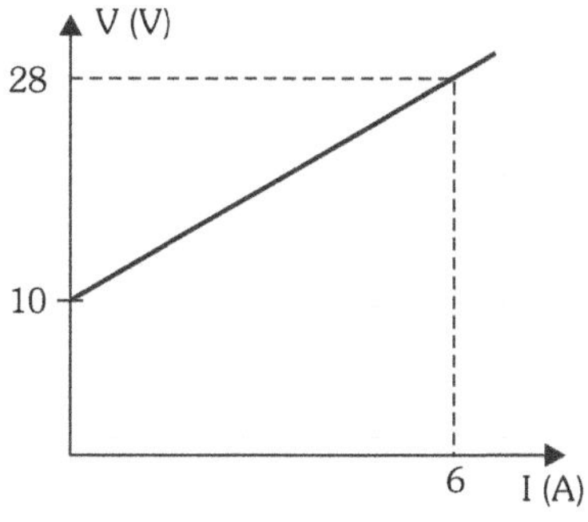

Figura 5.10

Do gráfico:

$$I = 0 \rightarrow V = E' = 10V$$
$$I = 6A \rightarrow V = 28V$$

Como $V = E' + r'I$, temos:

$$28 = 10 + r'6 \rightarrow r' = 3\Omega$$

Logo:

$$V = E' + r'I \rightarrow \boxed{V = 10 + 3 \cdot I}$$

Para $V = 22V$, temos:

$$22 = 10 + 3 \cdot I \rightarrow I = 4A$$

Portanto:

$$P_u = E' \cdot I = 10 \cdot 4 = 40W$$
$$P_t = V \cdot I = 22 \cdot 4 = 88W$$
$$P_d = r' \cdot I^2 = 3 \cdot 4^2 = 48W \quad \text{ou} \quad P_d = P_t - P_u = 88 - 40 = 48W$$
$$\eta = \frac{P_u}{P_t} = \frac{40}{88} = 0{,}45 \text{ ou } 45\%$$

5.3 Circuito com gerador e receptor juntos

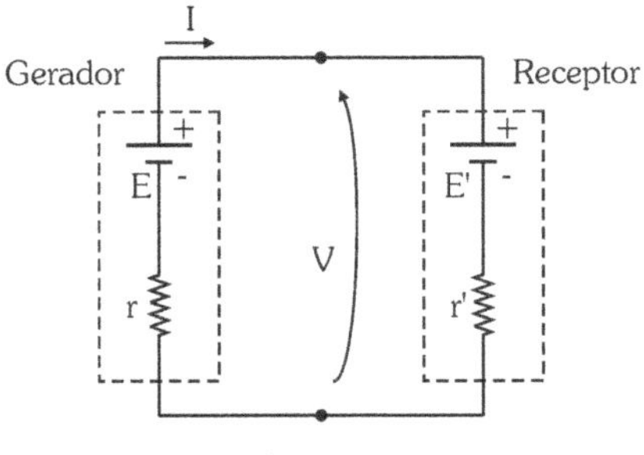

Figura 5.11

Neste caso, a força eletromotriz do gerador deve ser maior do que a força contraeletromotriz do receptor. A corrente que percorre o receptor é a mesma que percorre o gerador e a tensão em seus terminais é a mesma; logo, só existe um único ponto possível para funcionamento desse circuito, denominado ponto de trabalho ou ponto quiescente (Q).

Graficamente, temos:

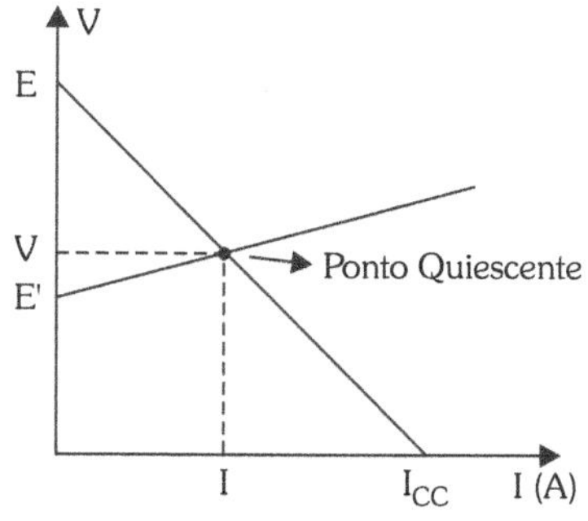

Figura 5.12

Algebricamente, ao considerar conhecidas as características internas dos bipolos, temos:

$$V_g = V_r = V$$
$$E - r \cdot I = E' + r' \cdot I$$
$$E - E' = I(r + r')$$
$$I = \frac{E - E'}{r - r'}$$

Ao substituir o valor de I na equação do gerador ou do receptor, obtemos o valor de V.

Exemplo

Dadas as curvas características de um motor e de um gerador, determine:

a) a força eletromotriz e a resistência interna do gerador;

b) a potência útil máxima e a corrente de curto-circuito do gerador;

c) a força contraeletromotriz e a resistência interna do motor;

d) o rendimento e as potências útil, total e dissipada do motor e do gerador, supondo que o gerador fornece energia somente ao motor.

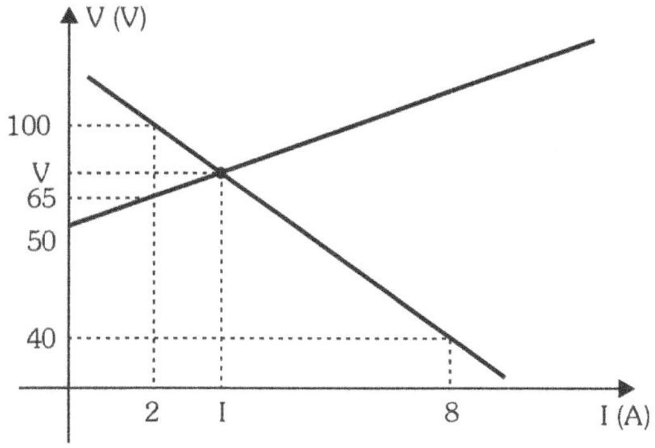

Figura 5.13

a) Gerador

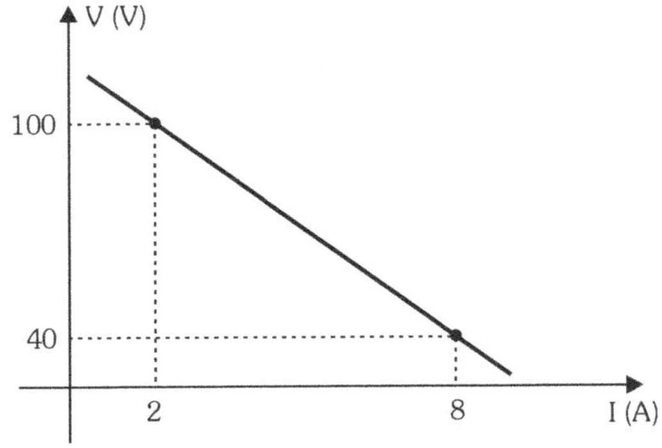

Figura 5.14

$$E = V + rI$$

Do gráfico:

$$E = 100 + 2 \cdot r \rightarrow E = 40 + 8 \cdot r$$
$$100 + 2 \cdot r = 40 + 8 \cdot r$$
$$6 \cdot r = 60 \rightarrow r = 10\Omega$$

Substituindo o valor de r, temos:

$$E = 100 + 2 \cdot 10 \rightarrow E = 120V$$

b) $P_{u\ máx} = \dfrac{E^2}{4 \cdot r} \rightarrow P_{u\ máx} = \dfrac{120^2}{4 \cdot 10} = 360W$

$I_{CC} = \dfrac{E}{r} \rightarrow I_{CC} = \dfrac{120}{10} = 12A$

c) Motor

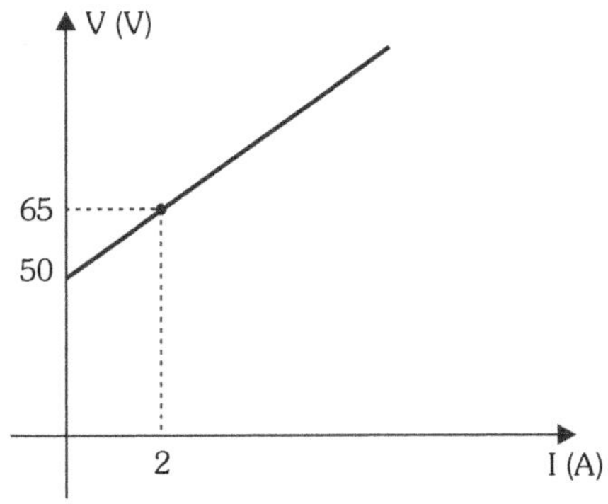

Figura 5.15

Do gráfico:

$$E' = 50V$$

$$V = E' + r' \cdot I$$

$$65 = 50 + r' \cdot 2$$

$$r' = 7,5\Omega$$

d) Para o gerador, temos: $V = 120 - 10 \cdot I$

Para o motor, temos: $V = 50 + 7{,}5 \cdot I$

Supondo o gerador alimentando somente o motor, então:

$$120 - 10 \cdot I = 50 + 7{,}5 \cdot I$$

$$120 - 50 = 10 \cdot I + 7{,}5 \cdot I$$

$$I = 4A$$

Substituindo o valor de I, por exemplo, na equação do gerador, temos:

$$V = 120 - 10 \cdot 4 \rightarrow V = 80V$$

Portanto, o ponto quiescente ou de trabalho será:

$$I = 4A \text{ e } V = 80V$$

Para o gerador:

$$P_u = V \cdot I = 80 \cdot 4 = 320W$$

$$P_t = E \cdot I = 120 \cdot 4 = 480W$$

$$P_d = r \cdot I^2 = 10 \cdot 4^2 = 160W$$

$$\eta = \frac{P_u}{P_t} = \frac{320}{480} = 0{,}667 \text{ ou } 66{,}7\%$$

Para o motor:

$$P_u = E' \cdot I = 50 \cdot 4 = 200W$$

$$P_t = V \cdot I = 80 \cdot 4 = 320W$$

$$P_d = r' \cdot I^2 = 7{,}5 \cdot 4^2 = 120W$$

$$\eta = \frac{P_u}{P_t} = \frac{200}{320} = 0{,}625 \text{ ou } 62{,}5\%$$

Note que a potência total do motor é igual à potência útil do gerador.

5.4 Circuito simples

O circuito elétrico mais simples que pode ser observado é aquele constituído por um bipolo ativo (gerador) e um bipolo passivo (receptor).

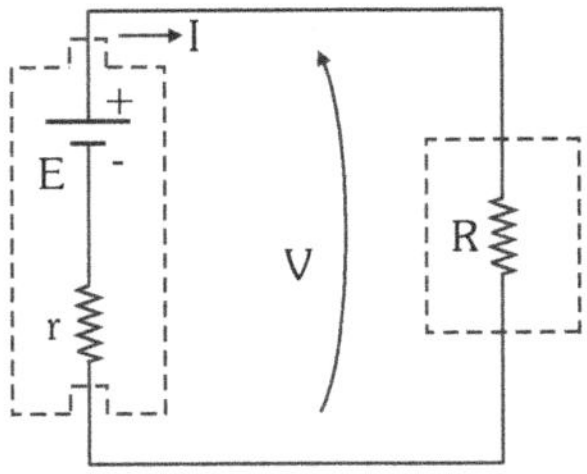

Figura 5.16

Nesse caso, a tensão sobre a resistência será a mesma sobre os terminais do gerador e a corrente que circula pela resistência será a mesma que percorre o gerador. Assim:

$$V_g = Vr \quad e \quad I = cte$$

logo:

$$E - r \cdot I = R \cdot I$$

$$E = R \cdot I + r \cdot I$$

$$E = I \cdot (R + r)$$

Essa expressão é conhecida como lei de Pouillet, segundo a qual em um circuito a força eletromotriz de um gerador é igual à soma das tensões nas resistências do circuito, inclusive na resistência interna do próprio gerador.

Exemplo

Um gerador com força eletromotriz 12V e resistência interna 1Ω é ligado diretamente a uma resistência de 5Ω. Qual a corrente que percorre o circuito?

Solução:

$$E = I \cdot (R + r)$$

$$I = \frac{E}{(R + r)} = \frac{12}{(5 + 1)} = 2A$$

5.5 Associação de geradores

Consiste na determinação da força eletromotriz e da resistência interna de um gerador equivalente à ligação de um grupo gerador, a fim de simplificar a resolução de circuitos.

5.5.1 Geradores em série

Neste caso, o polo positivo de um gerador é ligado ao polo negativo do outro.

$$V = V_1 + V_2 + \ldots + V_n$$

$$R \cdot I = (E_1 - r_1 \cdot I) + (E_2 - r_2 \cdot I) + \ldots + (E_n - r_n \cdot I)$$

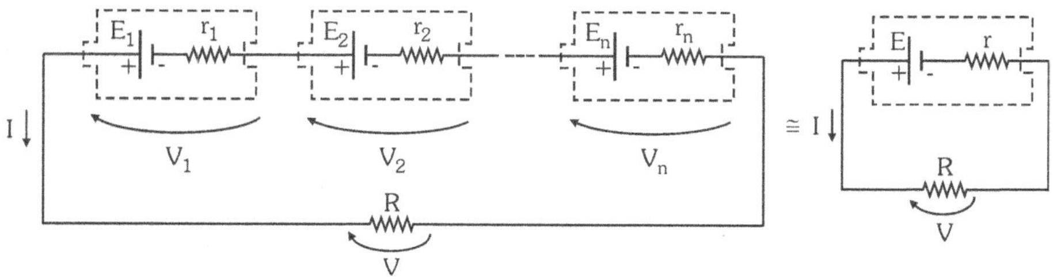

Figura 5.17

Como I = cte, temos:

$$E_1 + E_2 + \ldots + E_n = I\ (r_1 + r_2 + \ldots + r_n + R) \qquad (1)$$

Aplicando a lei de Pouillet para o circuito equivalente, temos:

$$E = I\ (r + R) \qquad (2)$$

Comparando as equações (1) e (2), temos:

$$E = E_1 + E_2 + \ldots + E_n$$

$$r = r_1 + r_2 + \ldots + r_n$$

Portanto, podemos afirmar que, "em uma associação de geradores em série, a força eletromotriz do gerador equivalente é igual à soma (algébrica) das forças eletromotrizes de cada gerador, e a resistência interna do gerador equivalente também será a soma das resistências internas de cada gerador".

Essa ligação é utilizada quando se deseja obter maior tensão para o circuito.

Exemplo

Têm-se três pilhas, de força eletromotriz 1,5V e resistência interna de 0,5Ω cada, ligadas em série, alimentando uma pequena lâmpada de 3Ω de resistência. Determine a corrente que percorre a lâmpada.

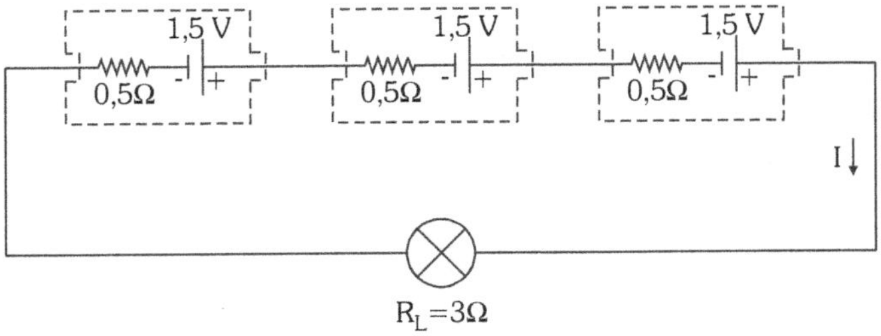

Figura 5.18

$$E = E_1 + E_2 + E_3 \qquad r = r_1 + r_2 + r_3$$

$$E = 3 \cdot 1{,}5 = 45V \qquad E = 3 \cdot 1{,}5 = 1{,}5\Omega$$

Portanto:

$$E = I\ (r + R_L)$$

$$4{,}5 = I\ (1{,}5 + 3) \rightarrow I = 1A$$

5.5.2 Dois geradores em oposição

No caso, o polo positivo de um gerador é ligado diretamente ao positivo do outro ou, ainda, o polo negativo de um é interligado ao negativo do outro.

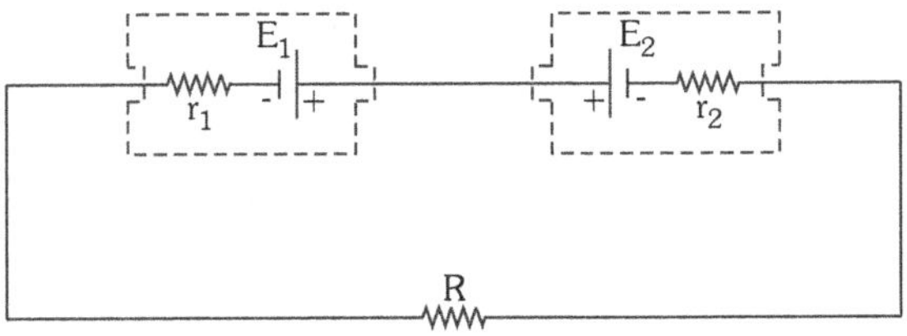

Figura 5.19

Se $E_1 > E_2$, E_1 prevalece no circuito. A corrente elétrica no circuito terá sentido anti-horário, pois a força eletromotriz resultante terá a mesma orientação de E_1, conforme indica a Figura 5.20.

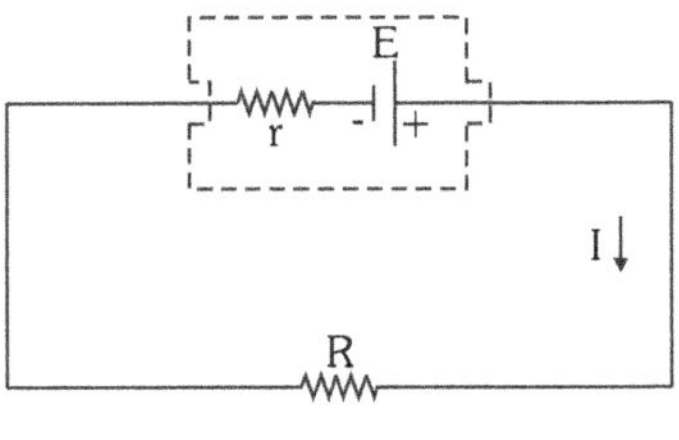

Figura 5.20

Em que:

$$E = E_1 + E_2 \qquad\qquad r = r_1 + r_2$$

Genericamente, podemos escrever:

$E = |E_1 - E_2|$ - orientado no sentido da maior força eletromotriz.

$$r = r_1 + r_2$$

Ainda podemos afirmar que o gerador de menor força eletromotriz comporta-se como um receptor, pois a corrente elétrica do circuito entrará pelo seu terminal positivo, o que corresponde à convenção da representação de um receptor.

Observação

Este caso não é utilizado na prática.

Exemplo

Determine para o circuito a corrente elétrica e as tensões entre os pontos AB, BC e AC, bem como suas orientações.

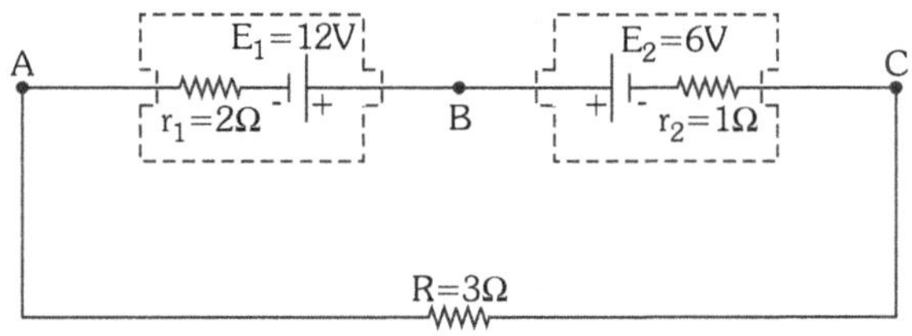

Figura 5.21

Solução:

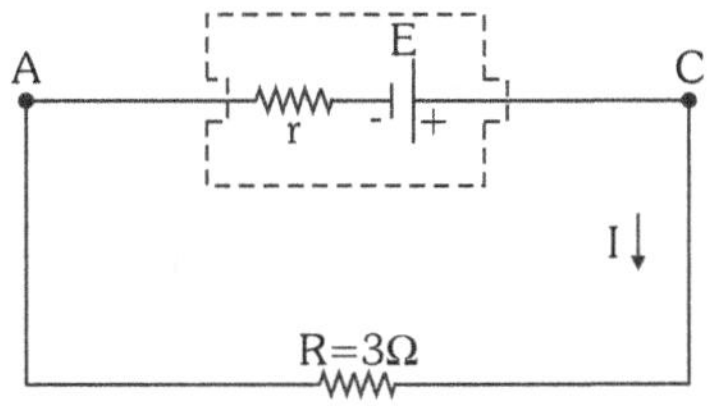

Figura 5.22

A corrente elétrica terá sentido horário, pois o gerador 1 prevalece no circuito. Logo, as tensões serão V_{CA}, V_{BA} e V_{BC}.

$$E = E_1 - E_2 \qquad E = 12 - 6 = 6V$$

$$r = r_1 + r_2 \qquad r = 2 + 1 = 3\Omega$$

$$I = \frac{E}{(r + R)} = \frac{6}{(3 + 3)} = 1A$$

Portanto:

$$V_{CA} = R \cdot I = 3 \cdot 1 = 3V \quad \text{ou} \quad V_{CA} = E - r \cdot I = 6 - 3 \cdot 1 = 3V$$

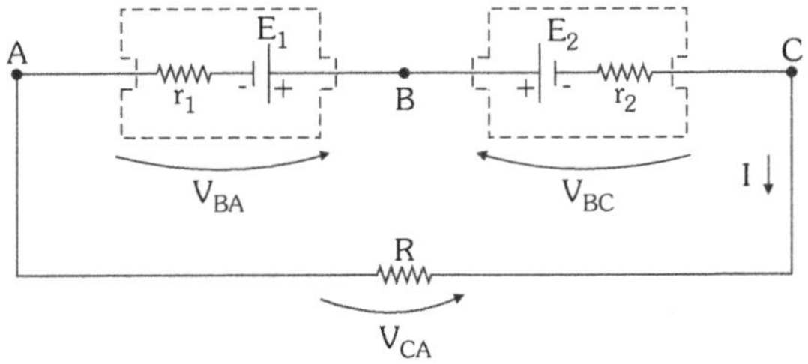

Figura 5.23

Para o gerador 1, temos:

$$V_{BA} = E_1 - r_1 \cdot I = 12 - 2 \cdot 1 = 10V$$

Como o gerador 2 comporta-se como um receptor, podemos escrever:

$$V_{BC} = E_2 - r_2 \cdot I = 6 - 1 \cdot 1 = 7V$$

5.5.3 Geradores em paralelo

Vamos considerar apenas geradores iguais, ou seja, mesma resistência interna e mesma força eletromotriz. Os casos em que os geradores são diferentes serão analisados nos próximos capítulos.

Aqui estão interligados os terminais positivos dos geradores, bem como os terminais negativos.

Considere **n** geradores iguais.

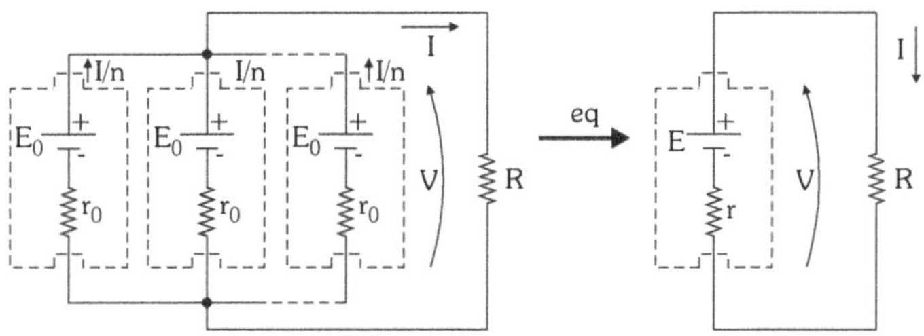

Figura 5.24

Cada gerador contribui com uma parcela da corrente I que circula pela resistência R. Como os geradores são iguais, cada um irá contribuir com uma corrente $\frac{I}{n}$. Portanto, para um gerador no circuito original, podemos escrever:

$$V = E_0 - r_0 \cdot \frac{I}{n} = R \cdot I \rightarrow$$

$$E_0 = R \cdot I + r_0 \cdot \frac{I}{n} \rightarrow$$

$$E_0 = I\left(R + \frac{r_0}{n}\right) \quad (1)$$

Aplicando a lei de Pouillet ao circuito equivalente, temos:

$$E = I\ (r + R) \quad (2)$$

Com a comparação das equações 1 e 2, temos:

$$E_0 = E$$

$$r = \frac{r_0}{n}$$

"Portanto, em uma associação de **n** geradores iguais em paralelo, o gerador equivalente terá força eletromotriz igual à de um gerador e resistência interna igual à associação em paralelo das resistências internas dos **n** geradores".

Nessa ligação, a finalidade é a obtenção de maior corrente no circuito, mantendo-se a tensão do circuito. Isso traz como vantagem um menor desgaste dos geradores, aumentando sua durabilidade, pois a corrente que percorre cada gerador é menor, portanto, há menor dissipação de calor em razão do efeito Joule.

Exemplo

Determine a potência dissipada na resistência R do circuito.

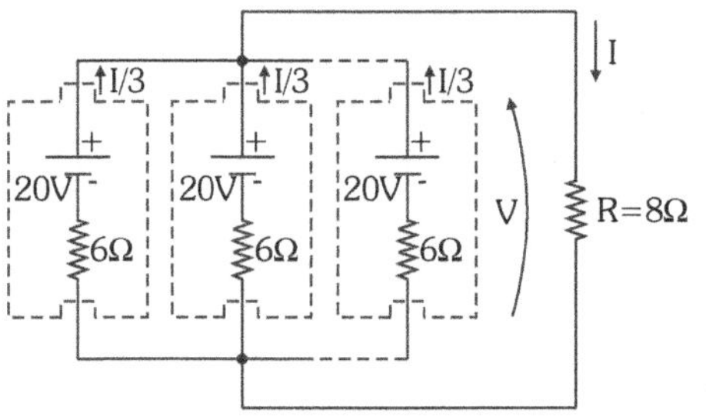

Figura 5.25

Solução:

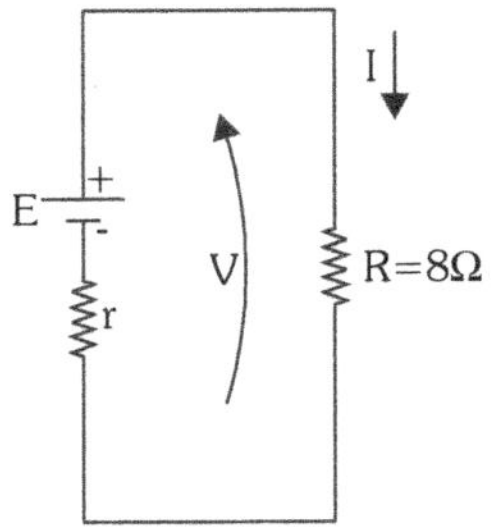

Figura 5.26

$$E = 20V$$

$$r = \frac{6}{3} = 2\Omega$$

$$I = \frac{E}{(r + R)} = \frac{20}{(2 + 8)} = 2A$$

$$P_R = R \cdot I^2 \qquad P_R = 8 \cdot 2^2 = 32W$$

5.5.4 Circuito misto de geradores

Da mesma forma que para o item 5.5.3, nas associações em paralelo devemos obter geradores iguais, pois os casos diferentes serão analisados posteriormente.

Um exemplo prático de utilização é a combinação de associações em série e em paralelo, conforme a Figura 5.27.

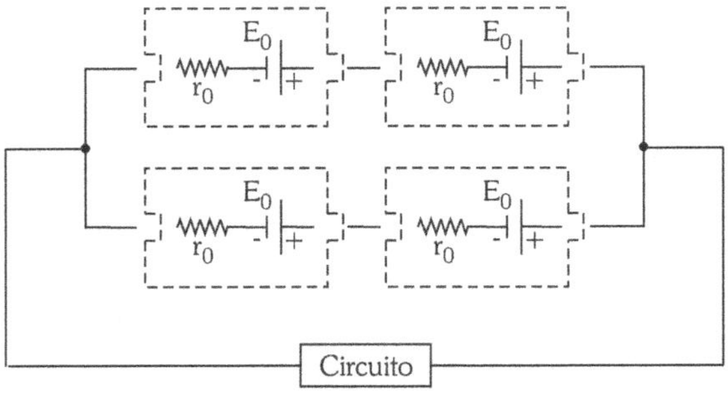

Figura 5.27

Para a associação, temos:

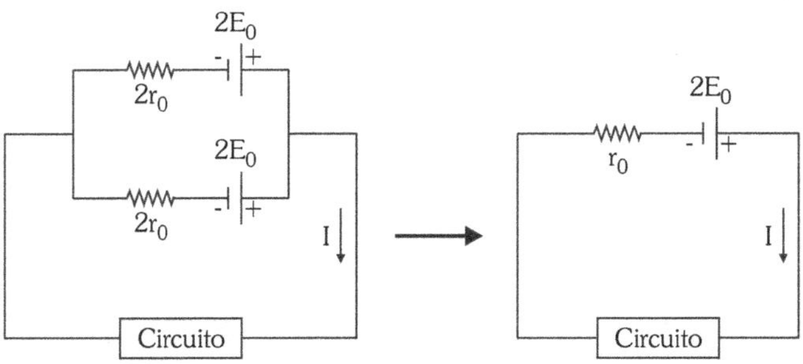

Figura 5.28

O gerador equivalente à associação terá as seguintes características:

$$E = 2E_0$$

$$r = r_0$$

Logo, a vantagem desse tipo de ligação é um aumento da força eletromotriz, mantendo-se uma pequena resistência interna.

Observação

Existem outras possibilidades da combinação de geradores em série e paralelo, porém não são muito utilizadas na prática.

Exemplo

Determine as características do gerador equivalente à associação de dois grupos, em paralelo, constituídos de três pilhas dispostas em série, com força eletromotriz 1,5V e resistência interna 0,3Ω cada uma, que alimentam o circuito de um radiogravador.

Solução:

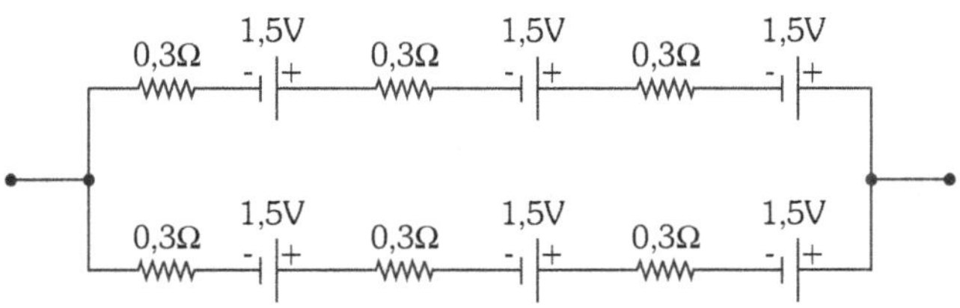

Figura 5.29

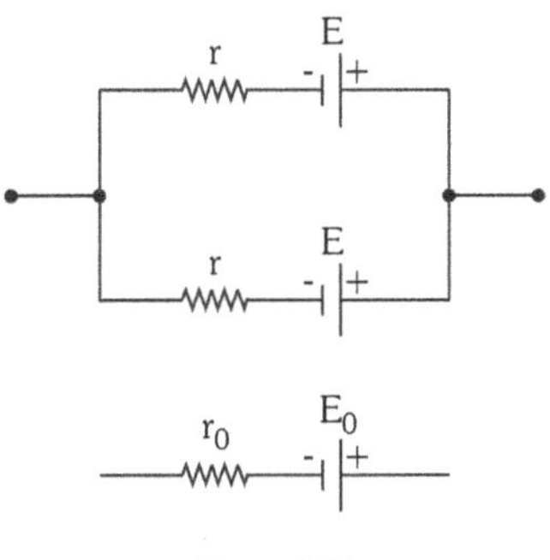

Figura 5.30

$$r = 3 \cdot ri = 3 \cdot 0,3 = 0,9\Omega$$

$$E = 3 \cdot Ei = 3 \cdot 1,5 = 4,5V$$

$$E_0 = E = 4,5V$$

$$_0 = \frac{r}{2} = \frac{0,9}{2} = 0,45\Omega$$

Exercícios propostos

1) A partir da curva característica do gerador, determine:

a) sua equação característica;

b) a corrente de curto-circuito;

c) a tensão em seus terminais, quando fornece ao circuito uma corrente de 2,5A;

d) o rendimento do gerador para a situação do item c;

e) a potência útil máxima do gerador, bem como as potências útil, total e dissipada, na situação do item c.

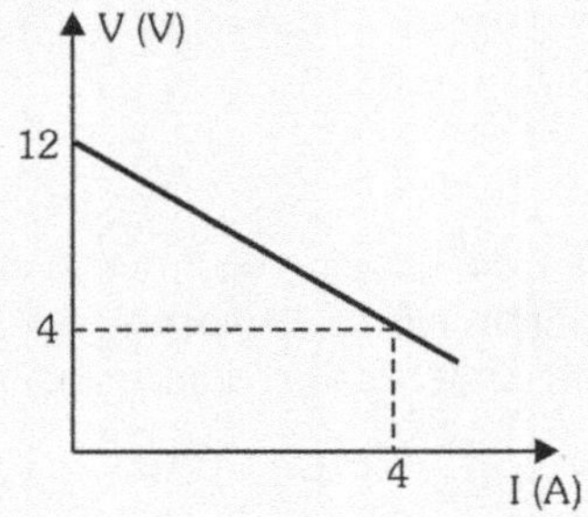

2) O gráfico de $P_u = f(I)$ de um gerador é mostrado em seguida. Determine:

a) a equação característica do gerador;

b) a corrente que circula pelo gerador, quando estiver ligado a uma carga de 40Ω;

c) para a situação do item b), o rendimento do gerador.

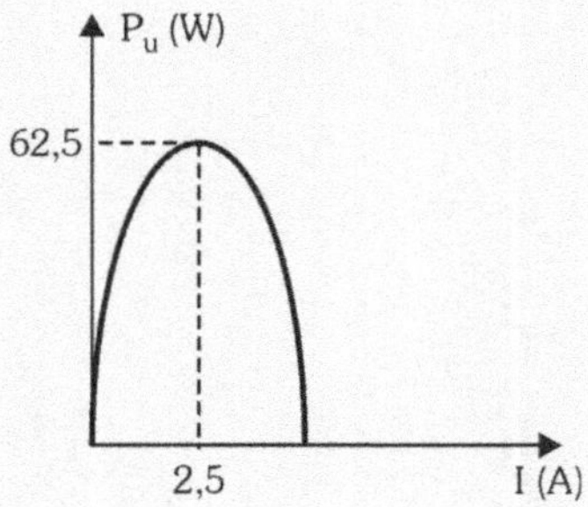

3) Determine E e r do gerador, sabendo que com a chave aberta a leitura do voltímetro é de 1,5V e com a chave fechada a leitura do amperímetro é de 3,0A.

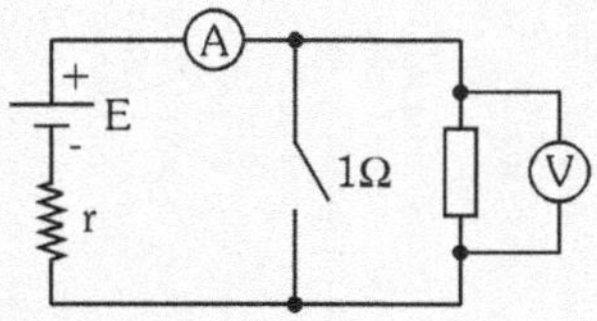

4) Dada a curva característica de um gerador, determine:

a) a força eletromotriz e a resistência interna do gerador;

b) a potência útil máxima do gerador;

c) a corrente de curto-circuito;

d) a tensão em seus terminais, quando percorrido por uma corrente de 0,8A;

e) nas condições do item d), as potências total, útil e dissipada.

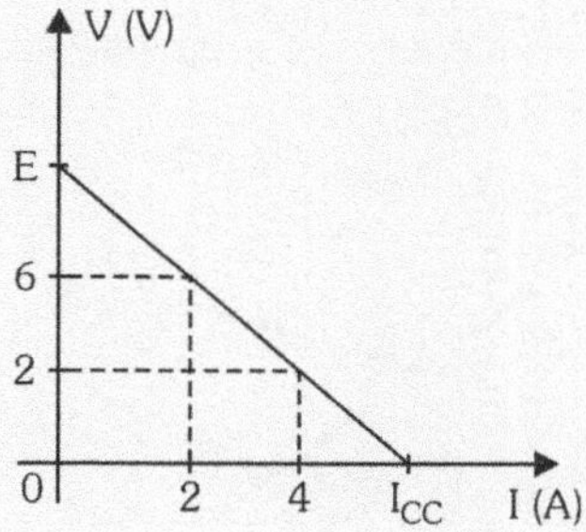

5) Determine as características E e r do gerador, sabendo que com a chave na posição 1 a potência útil é de 1,125W e na posição 2 é de 0,92W.

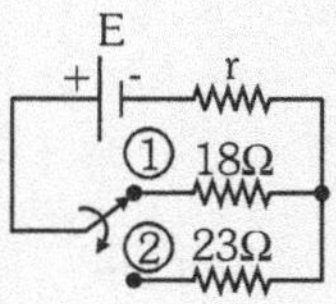

6) Determine a potência útil máxima do gerador do circuito, sabendo que, quando o potenciômetro está ajustado para 1Ω, a tensão V vale 2V, e quando é ajustado para 7Ω, V é igual a 7V.

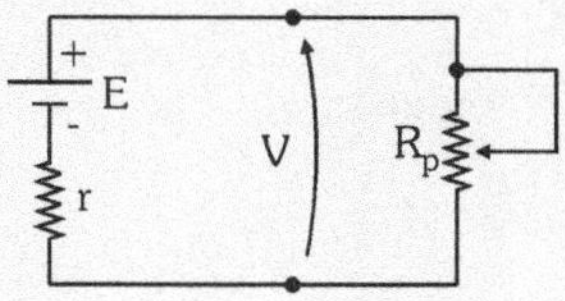

7) O gráfico seguinte representa a curva característica de um receptor. Determine:

a) a força contraeletromotriz e a resistência interna do receptor;

b) o rendimento e as potências do receptor, quando a seus terminais é aplicada uma ddp de 66V.

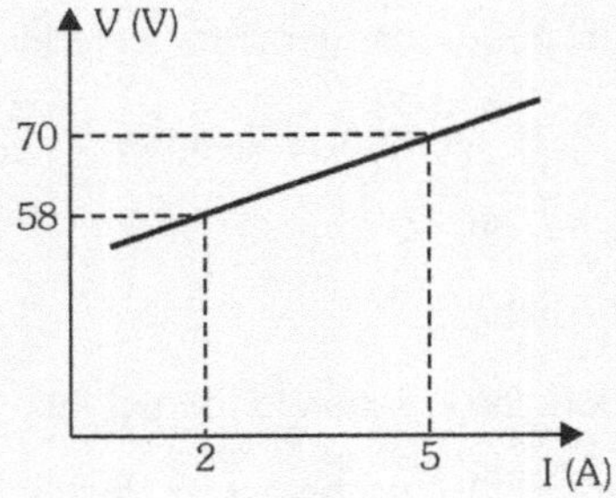

8) Identifique a que bipolos pertencem as curvas características representadas no gráfico seguinte.

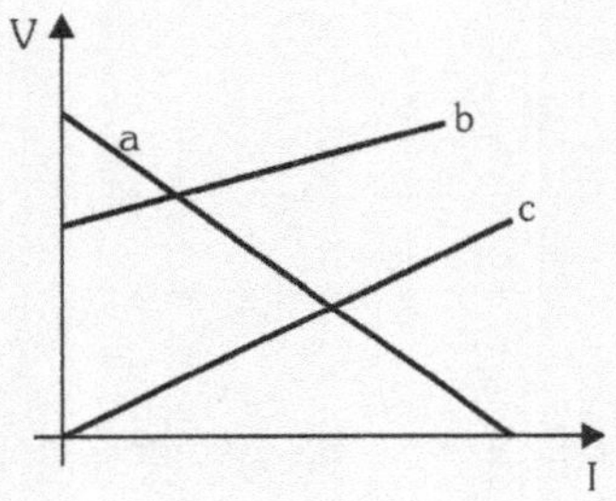

9) Sabe-se que quando um gerador é percorrido por uma corrente de 10A, seu rendimento é de 50% e a potência fornecida à carga é de 500W. Determine a força eletromotriz e a resistência interna do gerador.

10) Um motor elétrico de resistência interna 5Ω e de fcem 60V é submetido a uma ddp de 115V. Determine a corrente elétrica que percorre os enrolamentos do motor, supondo:

a) seu funcionamento normal;

b) que seu eixo é travado, ou seja, é impedido de rodar.

11) Para o circuito seguinte, determine:

a) a classificação dos bipolos 1 e 2;

b) a leitura do amperímetro ideal, bem como o sentido da corrente elétrica;

c) o rendimento dos bipolos;

d) a potência total dissipada no circuito.

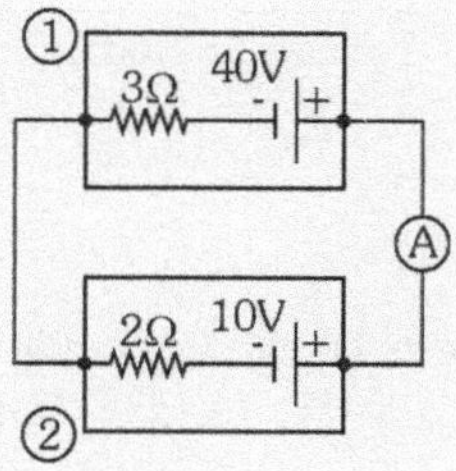

12) Sabendo que a potência total gerada no circuito é de 160W, determine o valor da resistência R e a potência dissipada por ela.

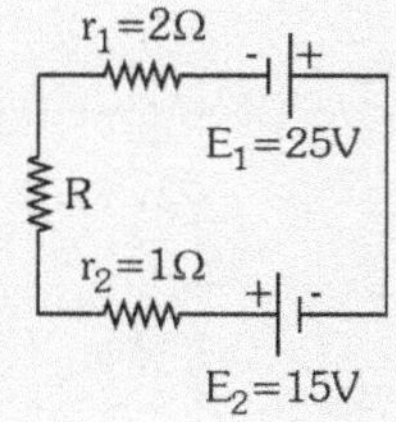

13) Determine a tensão entre os pontos A e B do circuito:

a) com a chave aberta;

b) com a chave fechada.

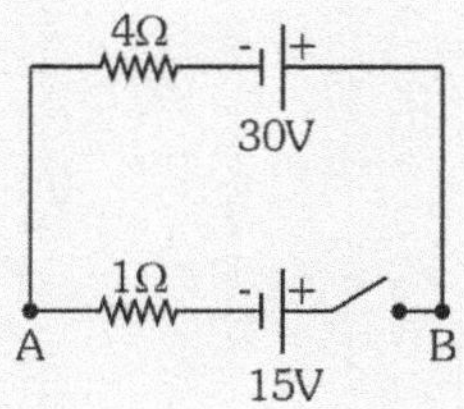

14) Um motor elétrico com fcem 50V, resistência interna 3Ω e uma lâmpada de resistência 240Ω está ligado em série com uma fonte de 12V e resistência interna 7Ω. Determine a potência da lâmpada se bloquearmos o motor, impedindo-o de girar.

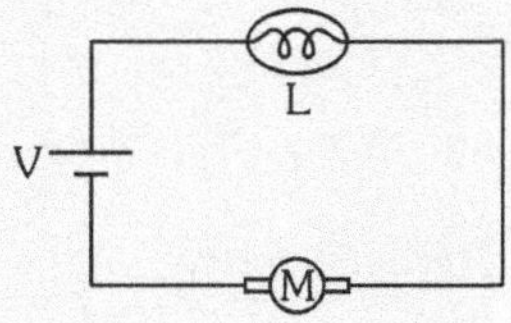

15) No circuito, quando a chave S está fechada, a tensão entre os pontos A e B do circuito vale 8V. Determine:

a) a fem do gerador;

b) a corrente do circuito com a chave S aberta.

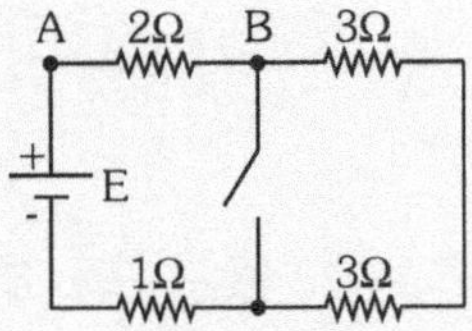

16) Com a chave na posição A, a leitura do voltímetro ideal é de 15V e na posição B, a leitura é de 24V. Determine os valores de E r do gerador.

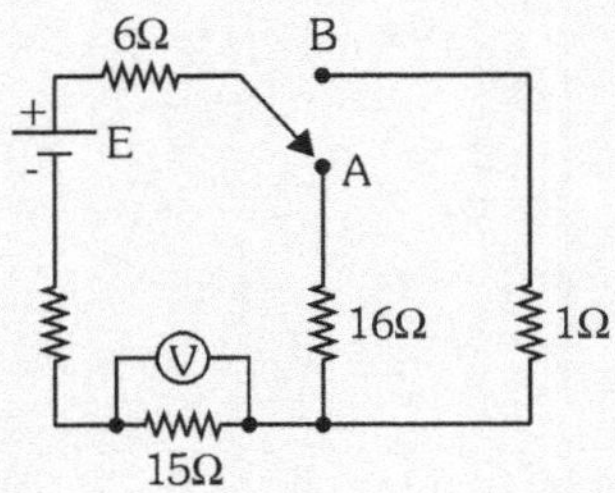

17) Qual a leitura do amperímetro ideal?

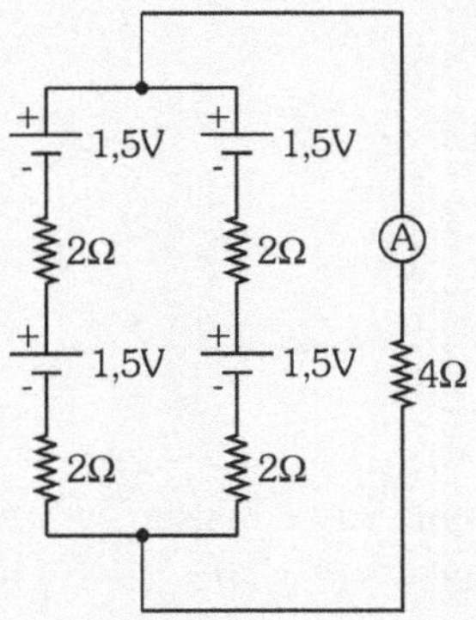

18) Com a chave na posição A, a leitura do amperímetro ideal é de 2A e na posição B, 0,8A. Determine a fem e a resistência interna do gerador.

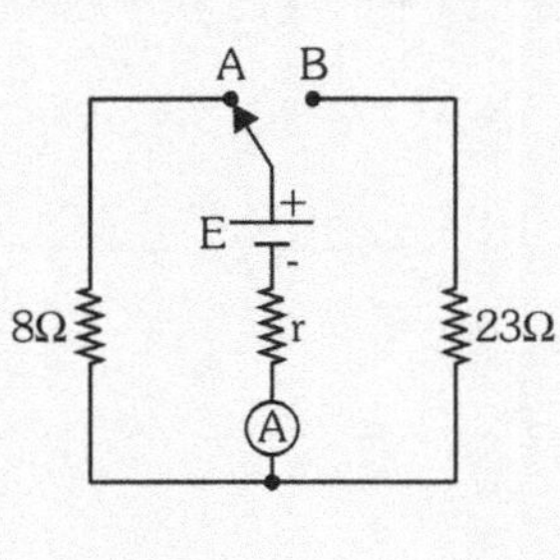

19) Qual deve ser o valor de R para que a indicação do voltímetro seja de 6V?

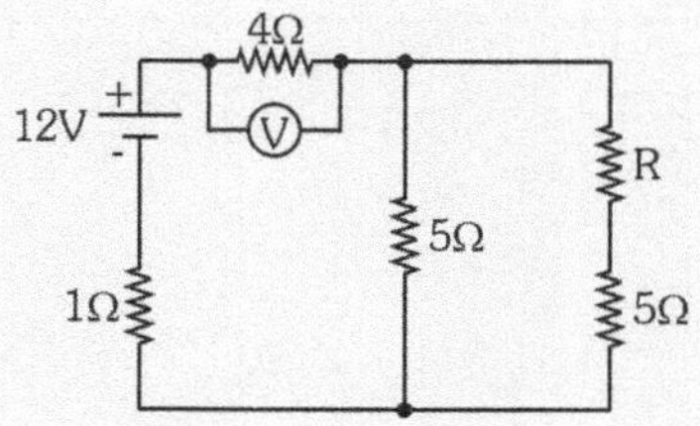

20) Determine os valores de E e r do gerador, sabendo que com a chave aberta a leitura do voltímetro é de 3,3V e, com a chave fechada, a leitura do amperímetro é de 6A.

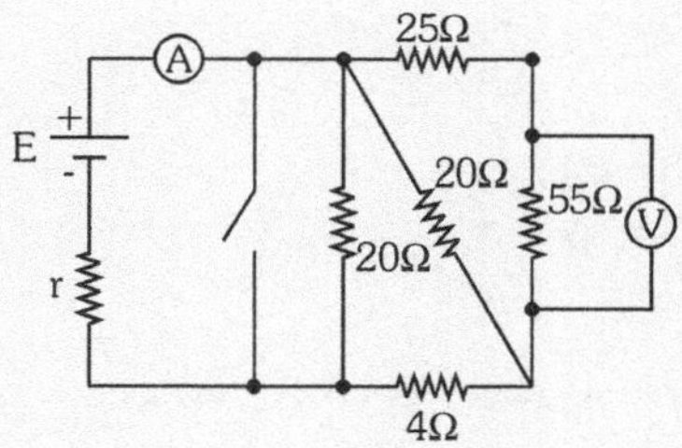

21) O voltímetro indica 3V. Determine:

a) a fem do gerador;

b) o rendimento do gerador.

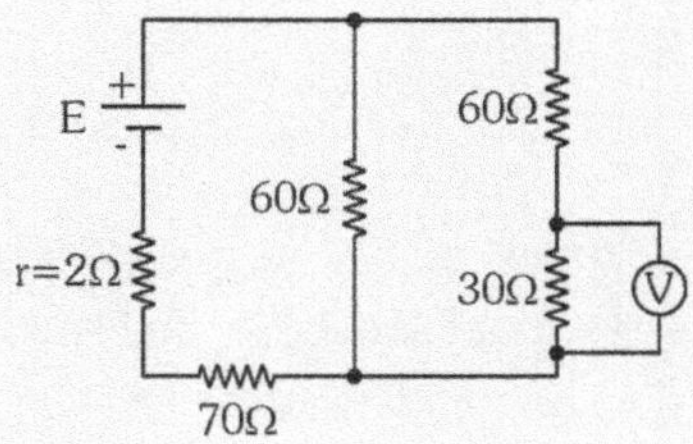

22) Determine as características E e r do gerador, sabendo que quando a chave está fechada não há indicação de corrente no amperímetro e, com a chave aberta, a indicação é de 0,5A.

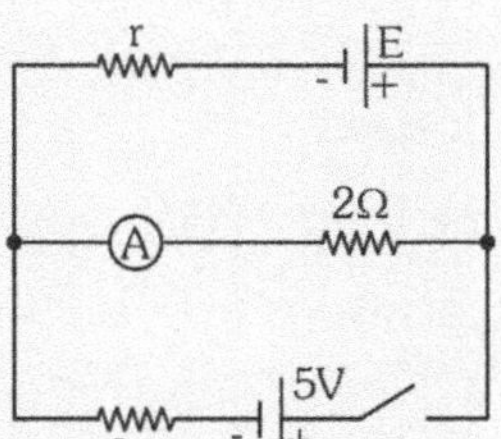

23) Determine a leitura dos instrumentos ideais.

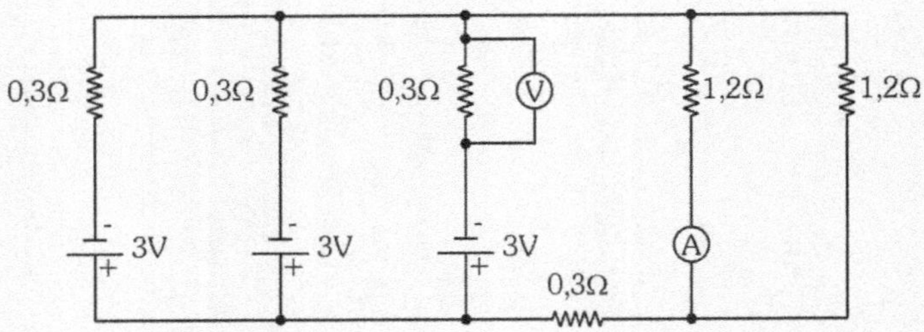

24) Determine o valor da resistência R.

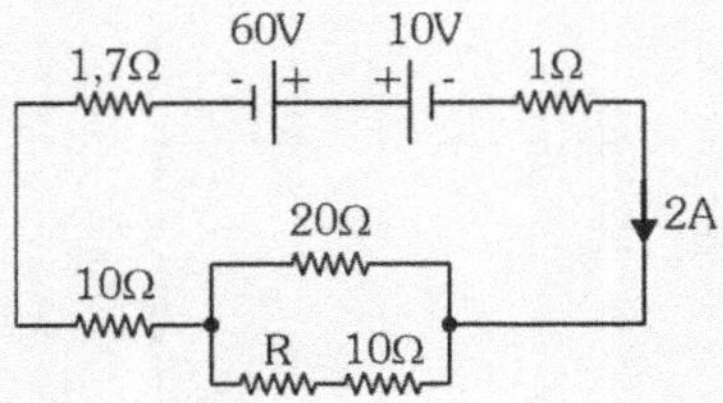

25) Determine o valor das resistências R_1 e R_2 do circuito, sabendo que $R_1 = 0{,}5R_2$.

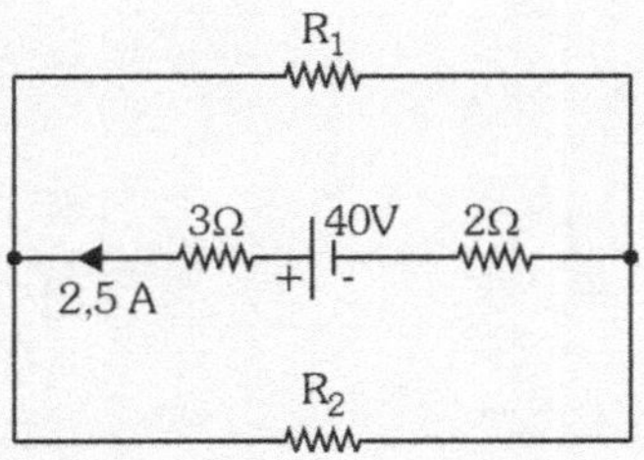

26) Uma bateria de força eletromotriz 12V e resistência interna 2Ω alimenta uma carga de resistência R. Nesta situação, o rendimento do gerador é de 60%. Determine o valor de R.

27) Um gerador ligado a uma carga resistiva R tem rendimento de 50% quando sua potência útil é igual a 20W e, nessa situação, a tensão sobre a carga é de 10V. Determine:

a) O valor da carga R;

b) Os valores de E e r do gerador.

28) Determine a ddp entre os pontos A e B do circuito.

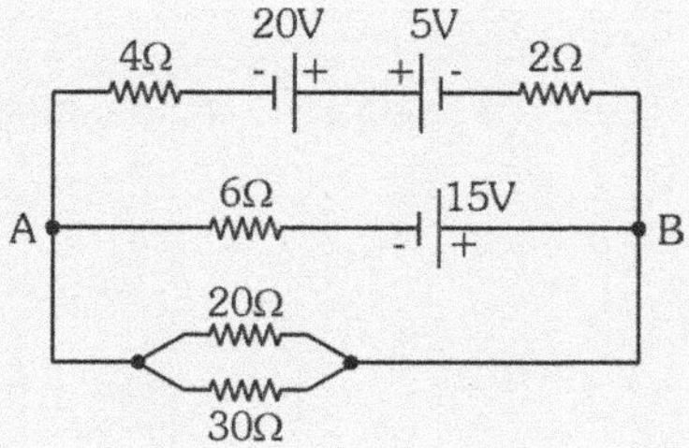

29) Dadas as curvas características de um gerador e de um motor, determine:

a) fem e r do gerador;

b) fcem e r do motor;

c) o rendimento do motor e do gerador, supondo que o motor esteja diretamente ligado aos terminais do gerador, ponto quiescente (Q) ou de operação;

d) a potência total dissipada no circuito na situação do item c.

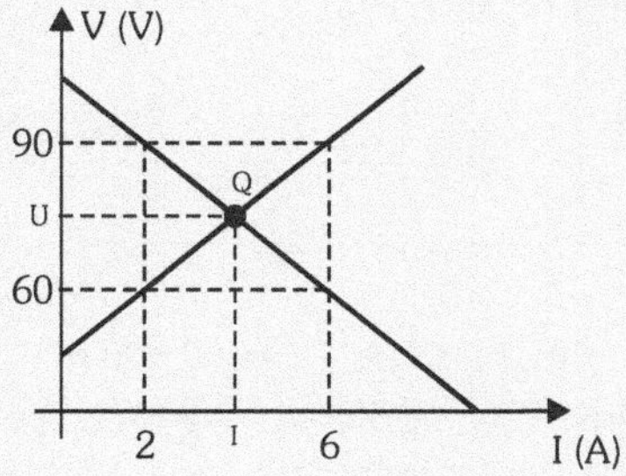

30) Para o circuito, determine a leitura dos instrumentos ideais.

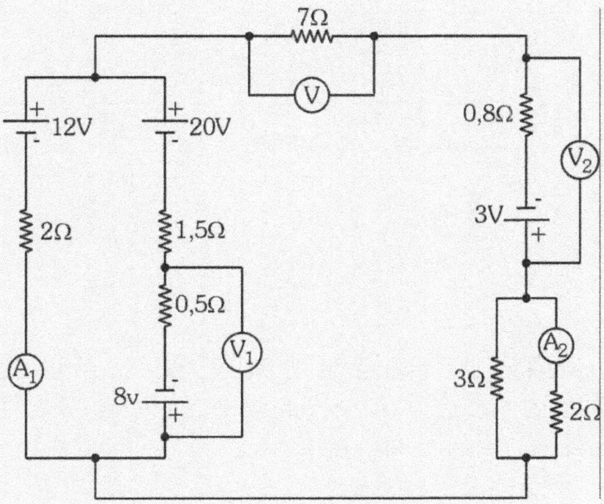

31) Com o potenciômetro ajustado para 180Ω, a leitura do amperímetro é de 800mA, ajustado para 129Ω, a leitura do amperímetro é de 1A. Determinar a fem e a r do gerador.

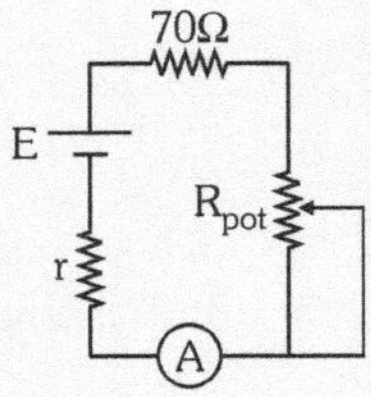

32) Na figura seguinte, ambas as cargas são resistivas. A carga 1 dissipa 240W quando por ela circula a corrente ideal de 4A. A carga 2 dissipa 480W quando a ddp em seus terminais vale 40V. Determine as características do gerador que pode fornecer estas potências às duas cargas.

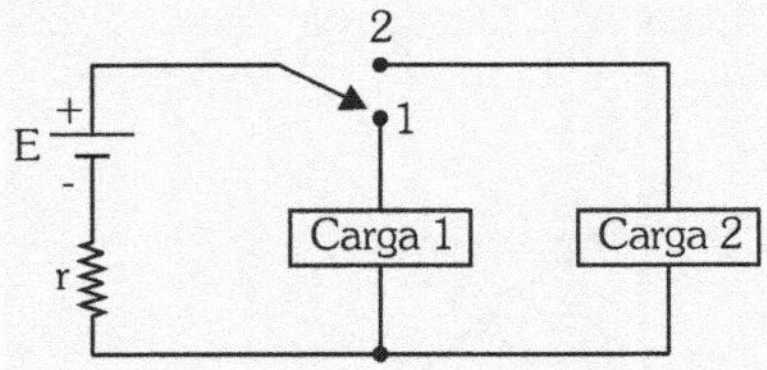

33) Dois geradores, quando em oposição, fazem circular uma corrente de 2A entre eles e, quando não estão em oposição, fazem circular 6A entre eles. Sabendo que a fem dos dois geradores somados vale 18V e que as suas resistências internas são iguais, determine as características dos geradores.

34) Determine R de modo que a corrente que o percorre seja de 250mA.

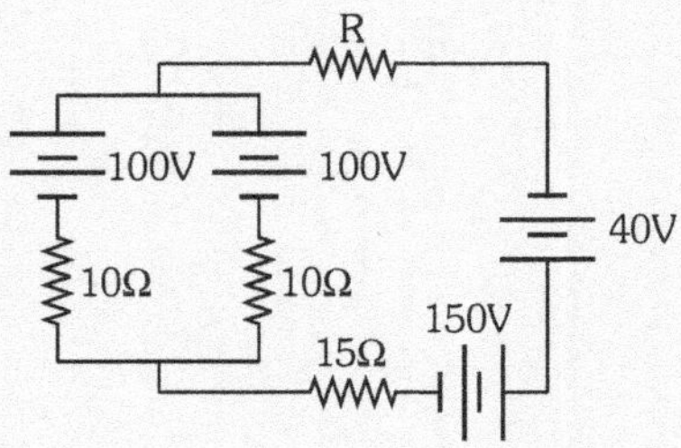

35) Qual deve ser o valor do resistor R que, ligado aos terminais de um gerador de força eletromotriz (fem) 20V e resistência interna 4Ω, fará com que esse gerador tenha um rendimento de 60%?

6 Leis de Kirchhoff

6.1. Teoria

As leis de Kirchhoff possibilitam solucionar circuitos elétricos de qualquer grau de complexidade. Entende-se como solucionar circuitos elétricos a determinação de valores e sentidos de correntes e de tensões para qualquer dispositivo do circuito.

As leis de Kirchhoff formam o alicerce de toda a análise das redes elétricas e englobam vários teoremas, como Thévenin, Norton, Superposição e outros, que serão discutidos nos próximos capítulos.

6.2. Definições

Nó

Ponto de interligação de um circuito elétrico que possui três ou mais fios de ligação (portanto, três ou mais correntes envolvidas).

Ramo

Qualquer trecho de um circuito elétrico compreendido entre dois nós consecutivos (a cada ramo corresponde uma corrente do circuito = corrente de ramo).

Malha

Todo percurso fechado do circuito. Pode ser interna ou externa. É constituída de pelo menos dois ramos.

Rede elétrica

Associação de componentes elétricos, ativos ou passivos, interligados de qualquer maneira, desde que formem malhas. É o mesmo que circuito elétrico.

Exercício resolvido

Para o circuito elétrico apresentado a seguir, determine as malhas externas e internas, os ramos e os nós que ele possui.

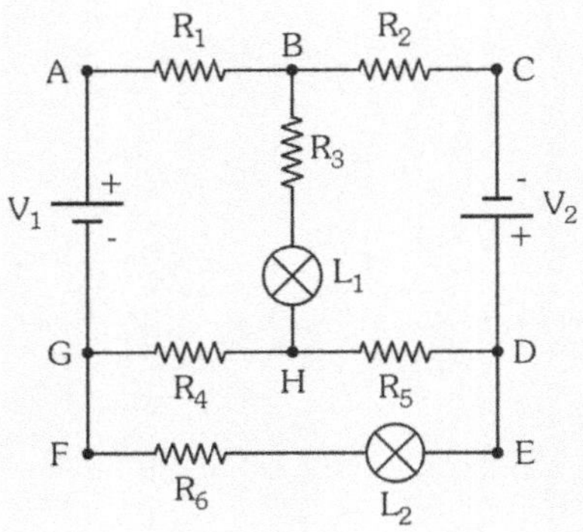

Figura 6.1

Solução:

Quatro malhas externas: ABCDHGA, ABHDEFGA, BCDEFGHB e ABCDEFGA

Três malhas internas: ABHGA, BCDHB e DEFGHD

Seis ramos: BH, DH, GH, GAB, BCD e DEFG

Quatro nós: B, D, G e H

Observação

Os pontos A, C, E e F não são nós, ou podem ser chamados de "nós secundários" e os demais, "nós principais".

1ª lei de Kirchhoff

"A soma das correntes elétricas em um determinado nó deve ser nula". Essa lei também é conhecida como **lei dos nós**. Pode ser escrita ou interpretada como: "A soma das correntes elétricas que chegam a um nó deve ser igual à soma das correntes que saem desse mesmo nó".

Para a Figura 6.2 a seguir, podemos concluir que:

$$I_1 + I_4 - I_2 - I_3 - I_5 - I_6 = 0$$

ou

$$I_1 + I_4 = I_2 + I_3 + I_5 + I_6.$$

Para essa conclusão, basta aplicar a 1ª lei de Kirchhoff ao nó A.

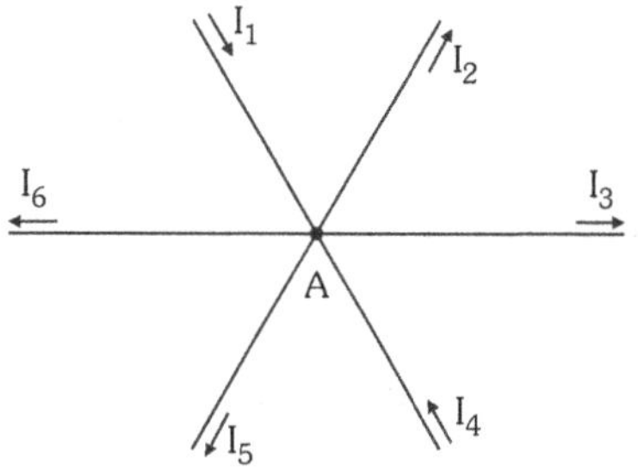

Figura 6.2

2ª lei de Kirchhoff

"A soma das tensões elétricas em uma malha qualquer deve ser nula". Esta lei também é conhecida como **lei das malhas**. Pode ser escrita ou interpretada como: "A soma das tensões elétricas que 'tendem' a percorrer a malha no sentido horário deve ser igual à soma das tensões elétricas que 'tendem' a percorrer a mesma malha no sentido anti-horário".

Nas figuras seguintes podemos concluir que:

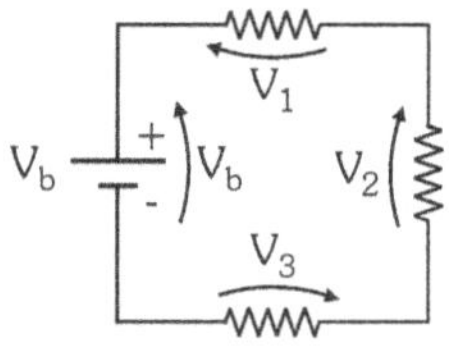

Figura 6.3

$$V_b - V_1 - V_2 - V_3 = 0$$

ou

$$V_b = V_1 + V_2 + V_3$$

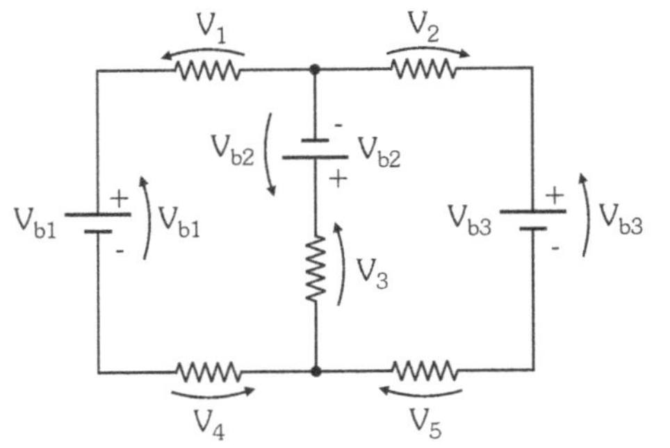

$$V_{b1} + V_{b2} = V_1 + V_3 + V_4$$

$$V_{b2} + V_{b3} = V_2 + V_3 + V_5$$

$$V_{b1} + V_2 + V_5 = V_1 + V_{b3} + V_4$$

Figura 6.4

No segundo exemplo, podemos aplicar a 2ª lei de Kirchhoff três vezes, isto é, uma vez para cada malha, porque esse circuito possui duas malhas internas e uma externa.

Observação

É preciso sempre respeitar as polaridades das tensões elétricas analisadas para a aplicação da 2ª lei de Kirchhoff.

Solução de redes elétricas utilizando as leis de Kirchhoff

Ao determinarmos valores de corrente e de tensão de um circuito elétrico qualquer por meio das leis de Kirchhoff, utilizamos os verdadeiros conceitos elétricos e a base dos diversos teoremas que surgiram depois, e esta é a grande vantagem conceitual do seu uso.

A grande desvantagem é o número excessivo de incógnitas que surgem no momento de resolver matematicamente os "parâmetros de um circuito de tamanho elevado". O abundante número de incógnitas provoca também um elevado número de equações necessárias para sua solução. Portanto, outros métodos são recomendados para a solução de circuitos com elevado número de malhas.

Para solucionar um circuito por meio das leis de Kirchhoff deve-se acompanhar a pequena sequência (receita) mostrada a seguir.

1) Determine, inicialmente, os nós, ramos e malhas do circuito e quantas correntes diferentes há no circuito analisado (correntes de ramo).

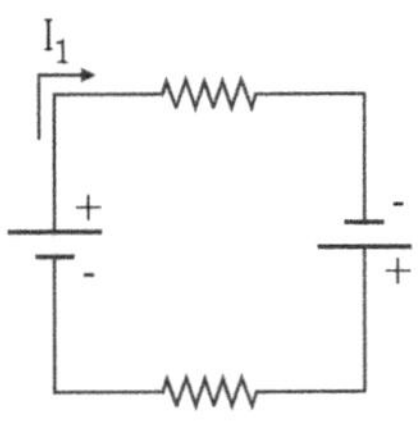

Figura 6.5 – Uma corrente.

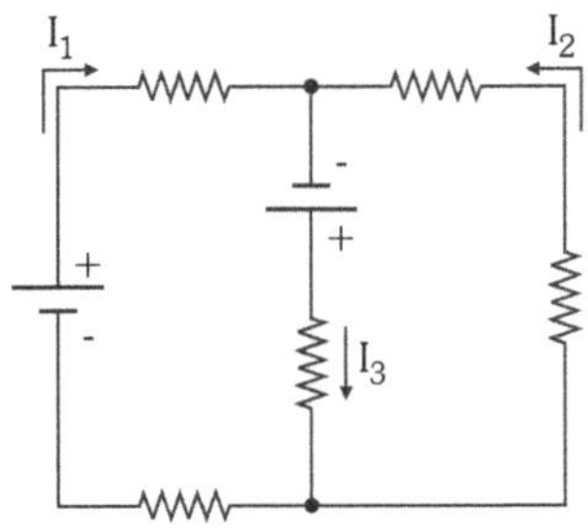

Figura 6.6 – Três correntes.

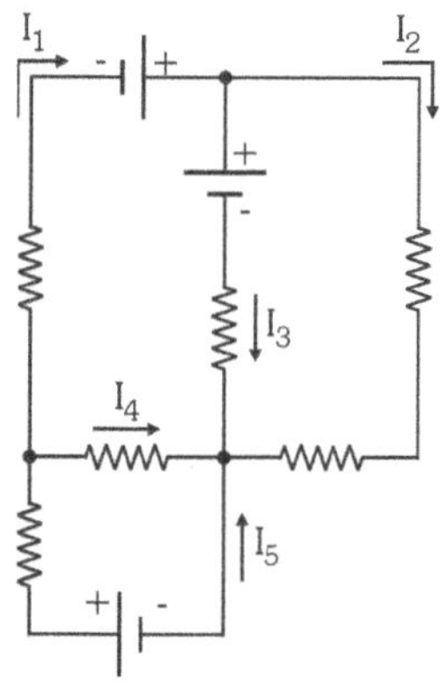

Figura 6.7 - Cinco correntes.

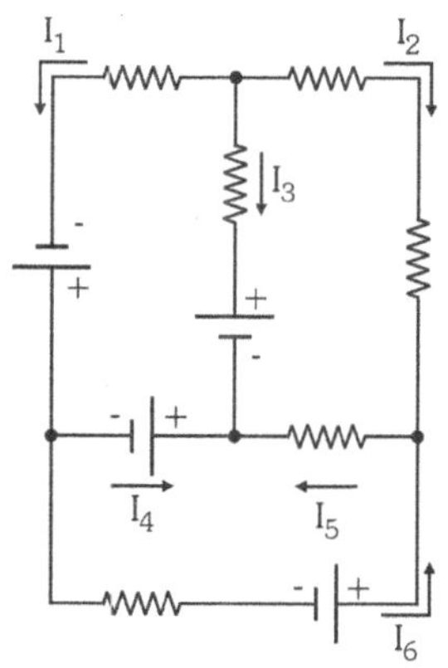

Figura 6.8 - Seis correntes.

Observação

Nos exemplos anteriores, os sentidos das correntes são aleatórios (adotados).

2) Adota-se um sentido qualquer para cada uma das correntes de ramo do circuito.

3) Por meio das correntes adotadas no item anterior, determinamos, consequentemente, o sentido de cada tensão elétrica do circuito (só para elementos passivos, isto é, receptores = resistores etc.).

4) Aplica-se a 1ª lei de Kirchhoff **n** vezes, sendo **n** o número de nós do circuito menos um.

5) Aplica-se a 2ª lei de Kirchhoff **m** vezes, sendo **m** o número de malhas internas do circuito. Pode-se aplicar a 2ª lei de Kirchhoff, como já vimos, também para as malhas externas, mas acreditamos que isso dificulta a solução do circuito do ponto de vista matemático.

6) Resolve-se o sistema de equações (por meio de qualquer método matemático), determinando-se o valor de todas as correntes.

7) Todas as correntes que resultaram em um valor **negativo** devem ter os seus sentidos alterados (mantendo-se o valor). Consequentemente, altera-se também o sentido das tensões atingidas por essas mesmas correntes.

8) Determina-se o valor de cada uma das tensões do circuito.

9) Para confirmação da solução do circuito, após todos os cálculos verificamos se em cada nó e em qualquer malha (interna ou externa) a 1ª e a 2ª lei de Kirchhoff estão sendo cumpridas. Caso contrário, refaça a análise das equações e cálculos, porque houve algum erro. Se estiver tudo correto, a análise do circuito chegou ao fim.

Exercícios resolvidos

Determine as tensões e as correntes existentes no seguinte circuito:

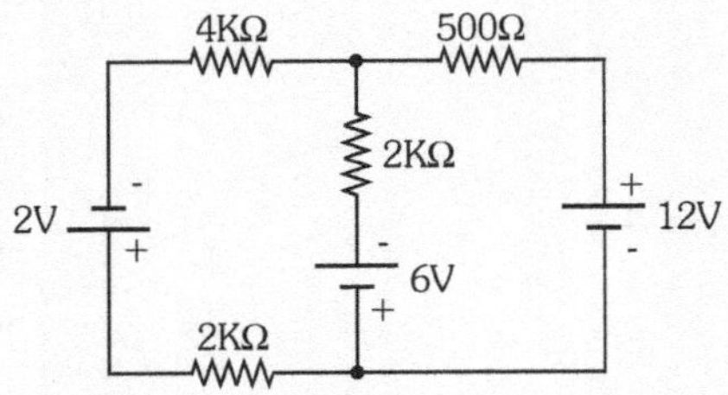

Figura 6.9

1) Esse circuito possui três correntes elétricas (três ramos).

2) Adotaram-se os sentidos indicados de corrente e em seguida, consequentemente, de tensão.

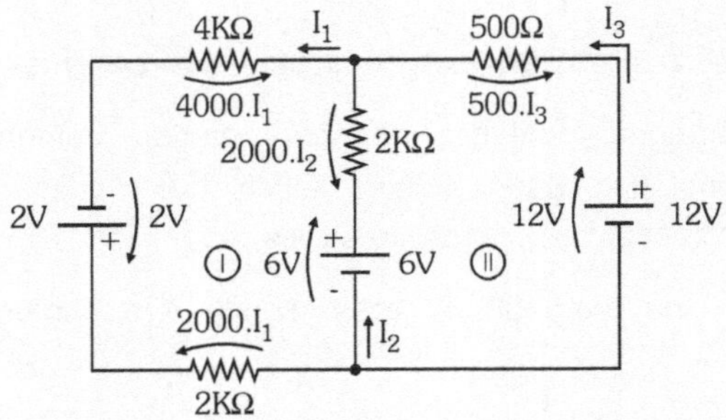

Figura 6.10

3) Aplica-se a 1ª lei de Kirchhoff **n** vezes:

$$n = n^{\underline{o}} \text{ de nós} - 1 = 2 - 1 = 1 \text{ vez}$$

$$\text{Nó A: } I_1 = I_2 + I_3$$

4) Aplica-se a 2ª lei de Kirchhoff **m** vezes:

$$m = n^{\underline{o}} \text{ de malhas internas} = 2 \text{ vezes}$$

$$\text{Malha I: } 2000I_1 + 4000I_1 + 2000I_2 = 2 + 6$$

$$\text{Malha II: } 6 + 500I_3 = 2000I_2 + 12$$

5) Resolve-se o sistema com as equações obtidas.

$$I_1 = I_2 + I_3$$

$$2000 \cdot I_1 + 4000 \cdot I_1 + 2000 \cdot I_2 = 2 + 6 \; (II)$$

$$6 + 500 \cdot I_3 = 2000 \cdot I_2 + 12 \; (III)$$

Substituindo (I) em (II):

$$6000 \cdot (I_2 + I_3) + 2000 \cdot I_2 = 8$$

$$8000 \cdot I_2 + 6000 \cdot I_3 = 8$$

Temos agora:

$$8000 \cdot I_2 + 6000 \cdot I_3 = 8 \; (II)$$

$$-2000 \cdot I_2 + 500 \cdot I_3 = 6 \; (III)$$

Fazendo equação (II) + 4 · equação (III), temos:

$$6000 \cdot I_3 + 2000 \cdot I_3 = 32$$

$$8000 \cdot I_3 = 32$$

$$I_3 = 4mA$$

Substituindo em (II):

$$8000 \cdot I_2 + 600 \cdot 4 \cdot 10^{-3} = 8$$

$$8000 \cdot I_2 = 8 - 24$$

$$I_2 = -2mA$$

Substituindo em (I):

$$I_1 = -2 \cdot 10^{-3} + 4 \cdot 10^{-3}$$

$$I_1 = 2mA$$

Temos, portanto, os valores:

$$I_1 = 2mA$$

$$I_3 = 4mA$$

6) Alteram-se o sentido da corrente I_2 e a tensão "atingida" por ela e determina-se o valor das tensões no circuito.

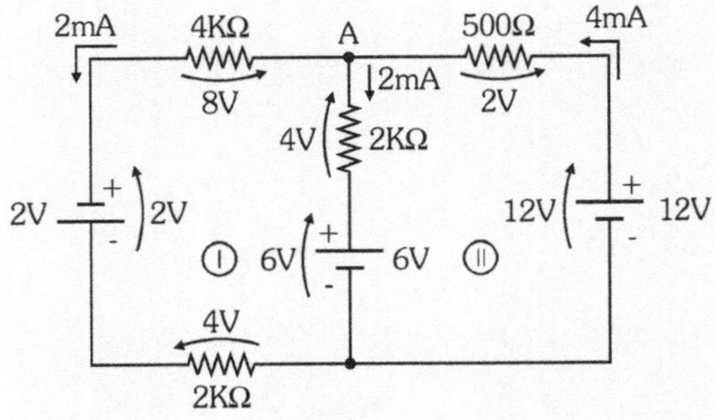

Figura 6.11

7) Verifique se em cada nó e em cada malha são obedecidas as leis de Kirchhoff:

Nó A: 4mA = 2mA + 2mA (Verdadeiro)

Malha I: 8 + 4 = 6 + 4 + 2 (Verdadeiro)

Malha II: 6 + 4 + 2 = 12 (Verdadeiro)

Malha externa: 8 + 4 + 2 = 12 + 2 (Verdadeiro)

Exercícios propostos

Determine as equações de malha e de nó e também o valor das correntes dos circuitos 1 a 9 a seguir, de acordo com os sentidos já previamente adotados.

1) Determine o valor e o sentido da corrente I, representada em relação ao nó E, conforme figura:

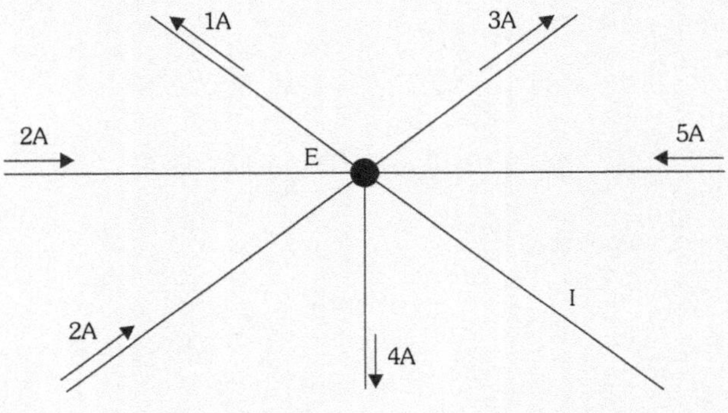

2)

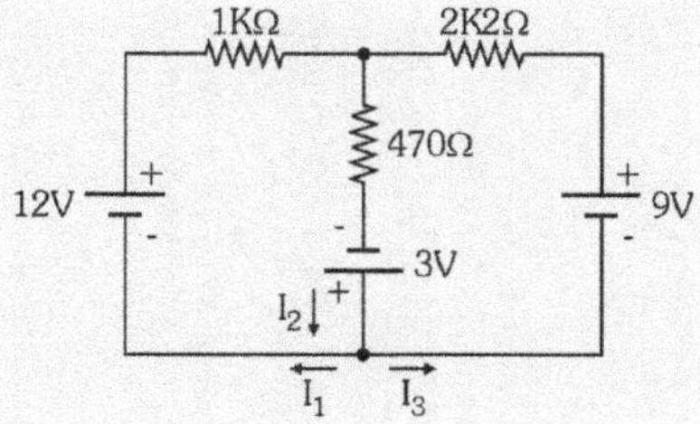
1KΩ
2K2Ω
470Ω
12V
9V
3V
I_2
I_1
I_3

3)

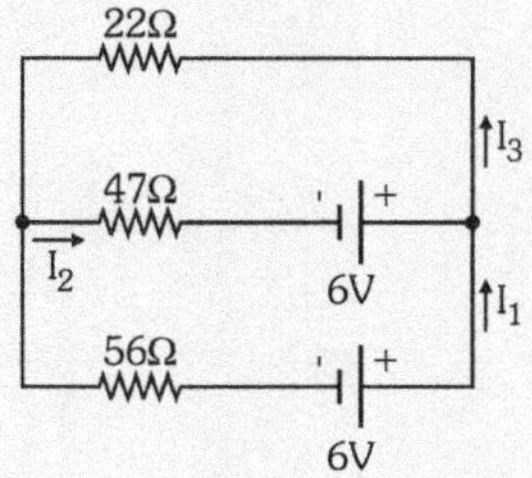
22Ω
47Ω
56Ω
6V
6V
I_1
I_2
I_3

4)

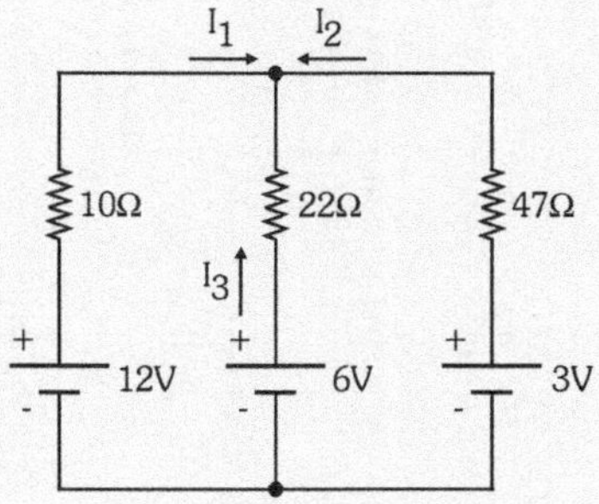
I_1
I_2
I_3
10Ω
22Ω
47Ω
12V
6V
3V

5)

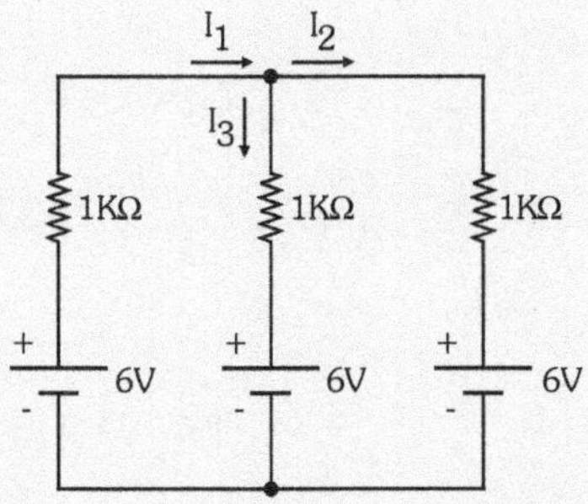
I_1
I_2
I_3
1KΩ
1KΩ
1KΩ
6V
6V
6V

6)

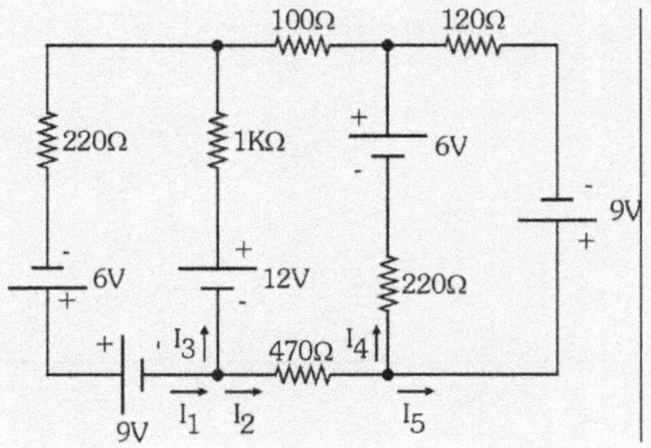
100Ω
120Ω
220Ω
1KΩ
6V
9V
6V
12V
220Ω
470Ω
9V
I_1
I_2
I_3
I_4
I_5

7)

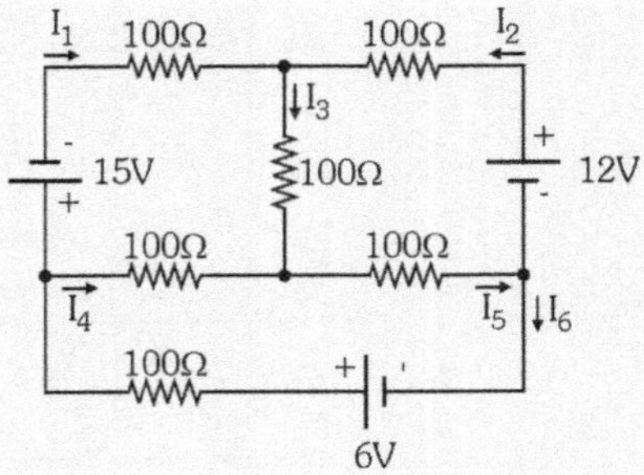

8)

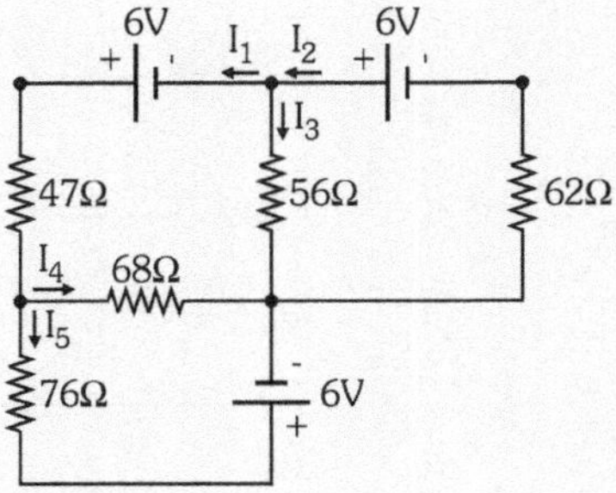

9)

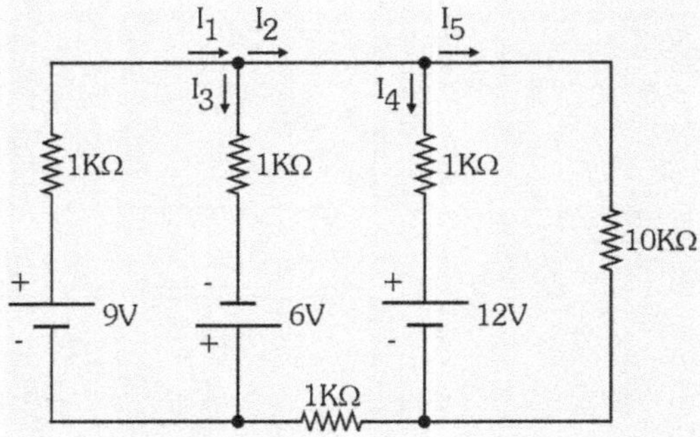

Para os exercícios 10 a 14: determine os valores de I_1, I_2 e I_3 (correntes de ramo do circuito).

10)

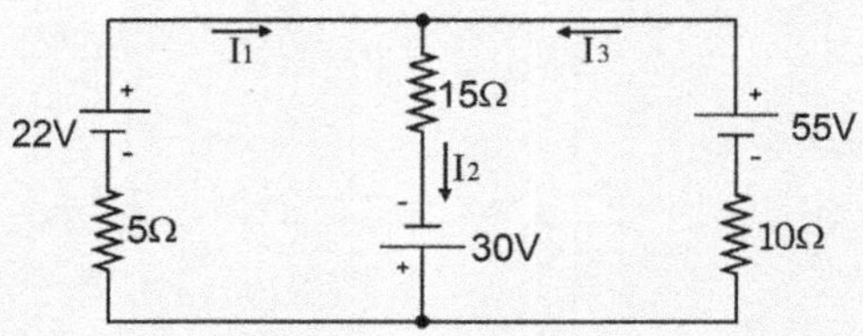

11)

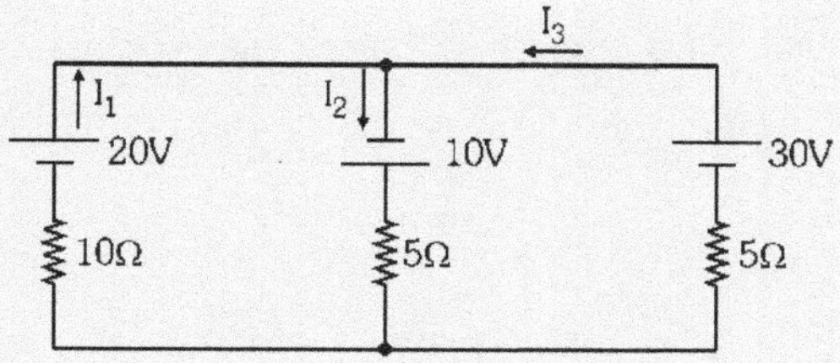

12)

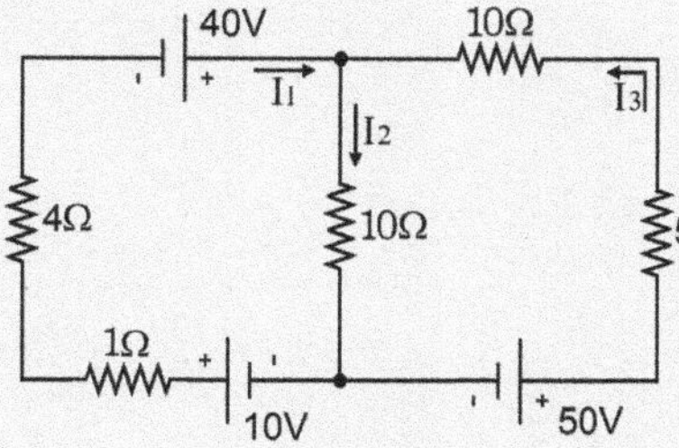

13)

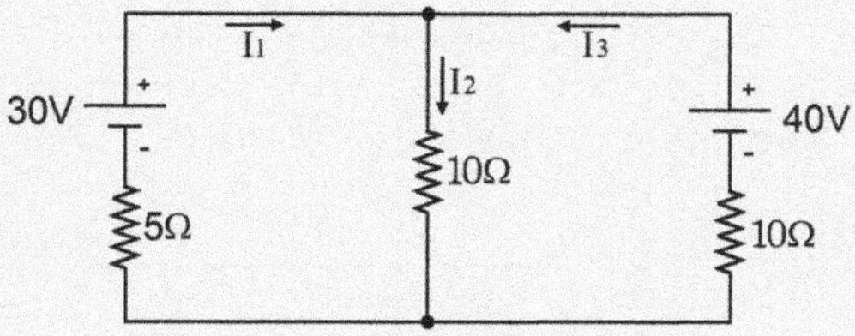

14)

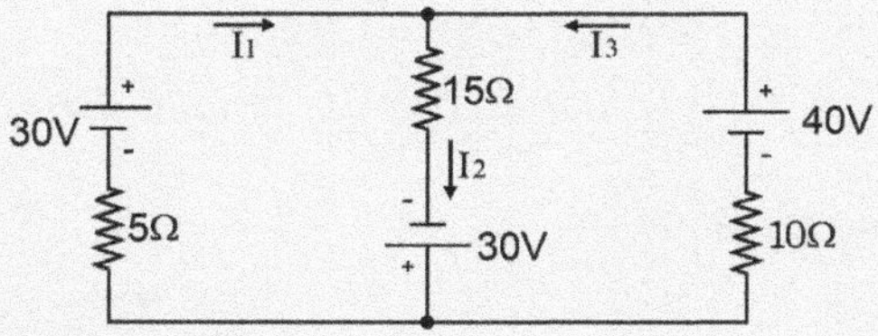

15) Quais são os valores de R_1 e R_2 do circuito abaixo?

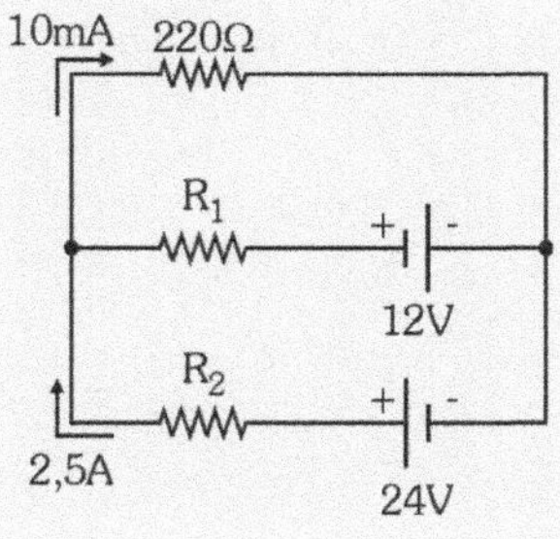

16) Determine o valor de V para a bateria de 12V fornecer ao circuito 65,45mW.

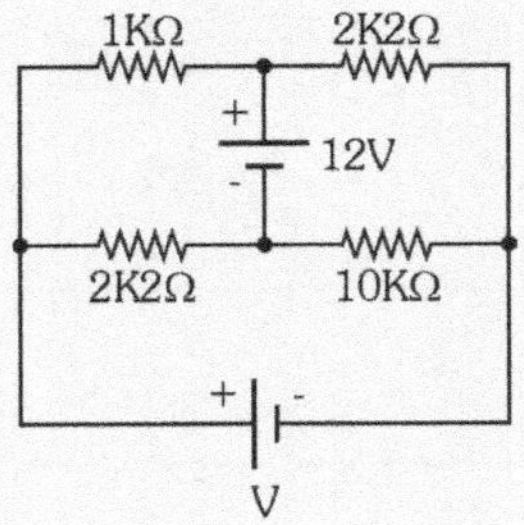

17) Determine o valor de V.

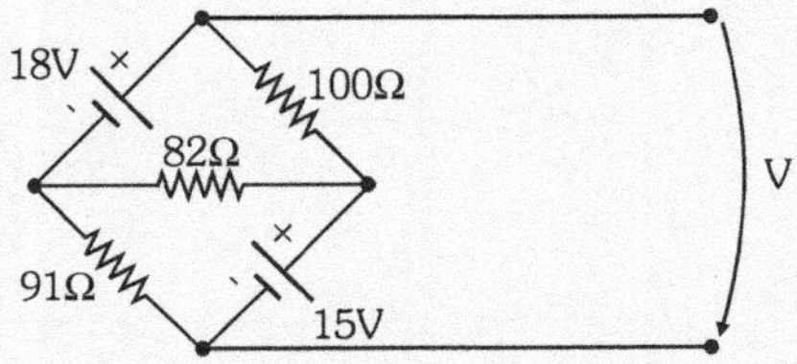

18) Determine V para que I seja nula.

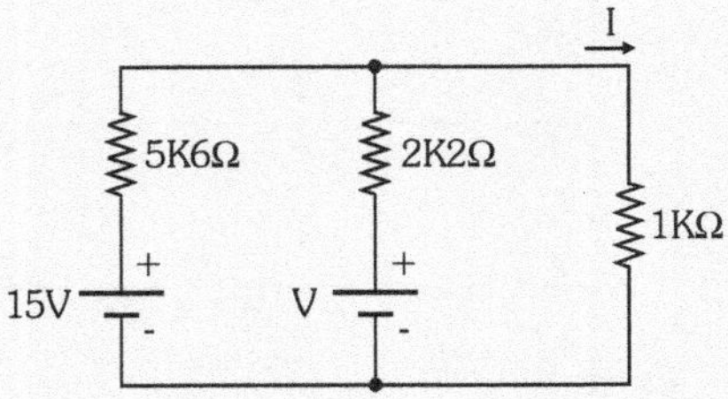

19) Complete a seguinte tabela:

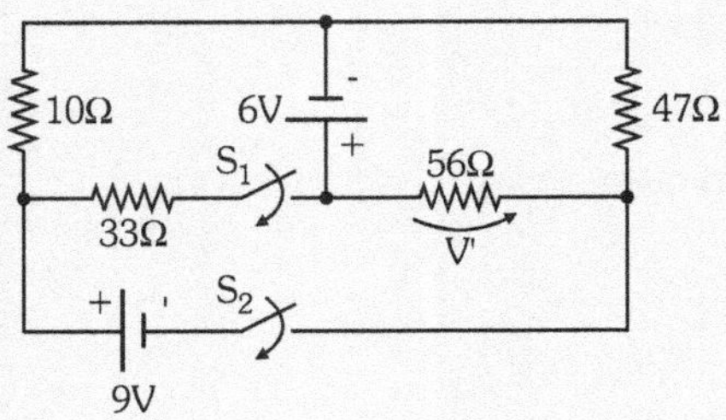

S_1	S_2	V'
A	A	
A	F	
F	A	
F	F	

A = Chave aberta

F = Chave fechada

20) Determine o valor das baterias (uma delas possui o dobro do valor das outras) e o valor da corrente I do circuito a seguir.

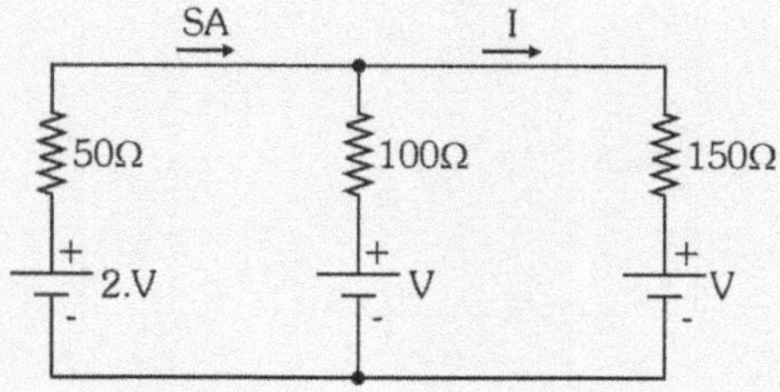

21) Determine as correntes I_1 e I_2 do circuito e as baterias V_1 e V_2 que juntas valem 230V.

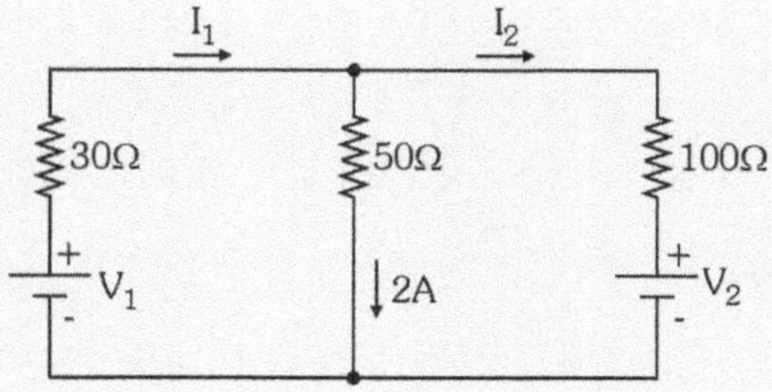

22) Utilizando as leis de Kirchhoff, calcule os valores de E, I e I_1. Dado I_2 = 1,75A.

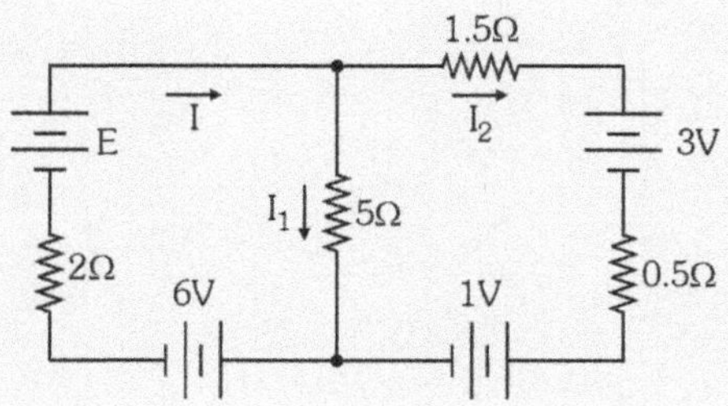

23) Dado I_2 = 0,5A, determine E, I_1 e I_3, utilizando as leis de Kirchhoff.

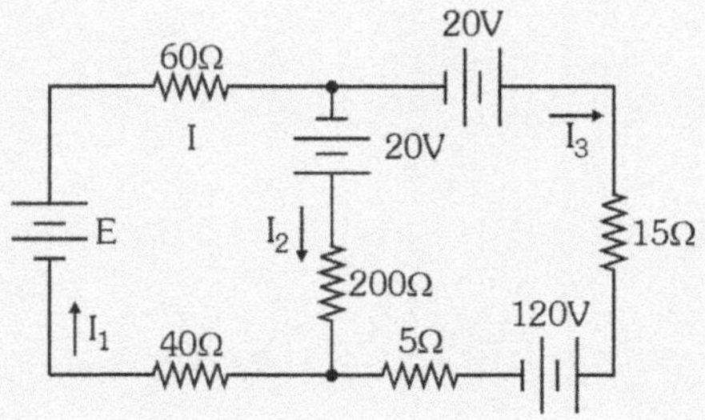

24) Utilizando as leis de Kirchhoff, determine E, R e I_2, sabendo-se que I_1 = 2A e I_3 = −1,5A.

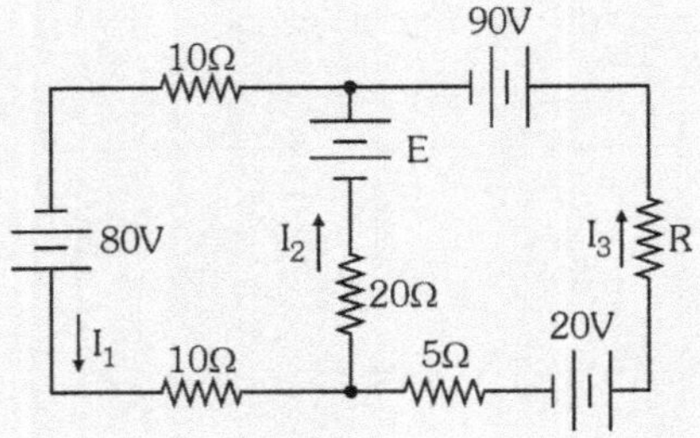

7

Correntes fictícias de Maxwell

7.1 Teoria

O método das correntes fictícias de Maxwell veio solucionar um dos grandes problemas da utilização do método de Kirchhoff para circuitos elétricos: o número excessivo de incógnitas e, portanto, de equações (o método facilita a solução matemática). Cada malha tem sua corrente fictícia (ou corrente de malha), não sendo necessária a utilização da **lei dos nós**, vista anteriormente.

Podemos considerar correntes fictícias tanto para malhas internas como externas, e o sentido delas pode ser horário ou anti-horário.

Geralmente utilizamos letras gregas para as correntes de malha, como I_α e I_β ou simplesmente α e β, para diferenciação das correntes de ramo.

Para facilitar o entendimento e diminuir as confusões de análise, aplicaremos sempre as correntes fictícias em malhas internas e no sentido horário (lembre que a utilização das malhas externas apenas dificulta um pouco a solução matemática). Nesse caso, um circuito elétrico tem **n** correntes fictícias de Maxwell, sendo **n** o número de malhas internas.

Há um grande inconveniente nesse método, porém: como por alguns componentes não circula nenhuma das correntes determinadas, e sim uma composição delas, é necessário que se faça uma análise final posterior; daí o nome de correntes fictícias. Isso ocorre em componentes que pertençam a mais de uma malha interna (para as considerações utilizadas).

Soluções de redes elétricas utilizando o método das correntes fictícias de Maxwell

1) Adota-se uma corrente fictícia para cada malha do circuito (como já foi dito, consideraremos apenas as malhas internas e as correntes circulando no sentido horário; poderia ser feita outra escolha).

2) Montam-se as equações de cada malha interna, utilizando a 2ª lei de Kirchhoff. No caso de componentes que pertençam a mais de uma malha, deve-se levar em consideração o efeito da corrente fictícia dessa outra malha sobre o componente, mesmo se a análise estiver sendo feita na primeira malha. Será considerado maior ou positivo o efeito da malha em estudo (mesmo que se descubra posteriormente que não o seja). Caso o sentido das correntes fictícias da malha analisada para montagem da equação e da influência da outra malha coincidam (no ramo comum), esta também terá efeito positivo ou, caso contrário, negativo.

3) Resolve-se o sistema de equações por qualquer um dos métodos matemáticos conhecidos. Se o resultado for negativo, significa apenas que o sentido adotado para a corrente é oposto ao real.

4) Para a resposta final, confrontam-se as correntes de malha com as correntes de ramo existentes. Como habitual, correntes de mesmo sentido positivas e, em caso contrário, negativas.

Exercício resolvido

1) Determine as equações de malha e também os valores da tensão e da corrente aplicados no resistor central de 2KΩ.

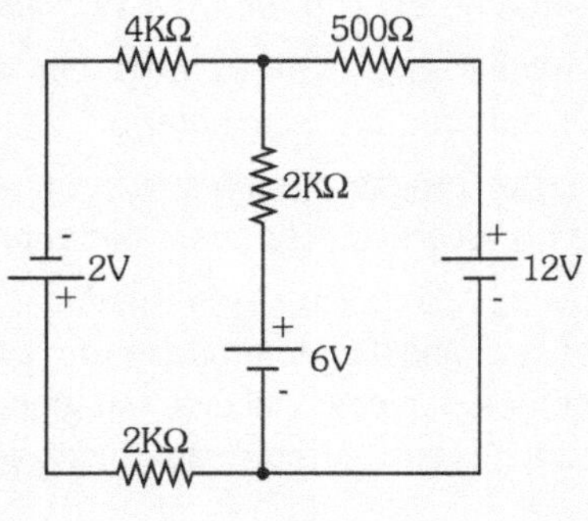

Figura 7.1

a) Adotam-se as correntes fictícias α e β.

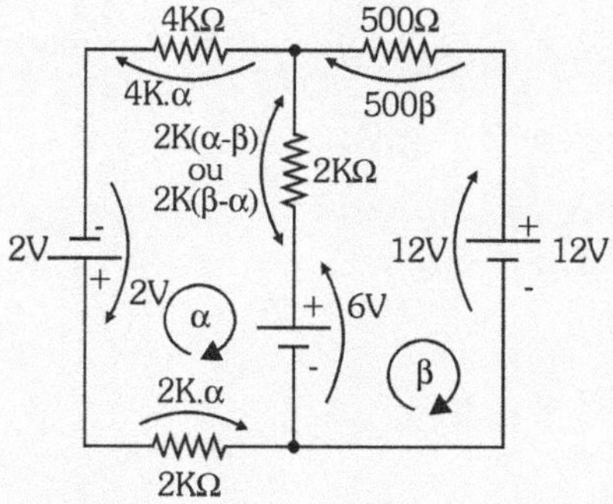

Figura 7.2

b) Montam-se as equações de malha:

Malha α: $2 + 2000\alpha + 6 + 2000\ (\alpha - \beta) + 4000\alpha = 0$

Malha β: $2000\ (\beta - \alpha) + 500\beta + 12 = 6$

c) Resolve-se o sistema:

$$2 + 2000\alpha + 6 + 2000\ (\alpha - \beta) + 4000\alpha = 0$$

$$800\alpha - 2000\beta = -8 \qquad \text{(I)}$$

$$2000\ (\beta - \alpha) + 500\beta + 12 = 6$$

$$-2000\alpha + 2500\beta = -6 \qquad \text{(II)}$$

Fazendo equação (I) + 4 · equação (II), temos:

$$-2000\beta + 10000\beta = -8 - 24$$

$$8000\beta = -32$$

$$\beta = -4mA$$

Substituindo em equação (I):

$$-8000\alpha - 2000 - 4 \cdot 10^{-3} = -8$$

$$8000\alpha + 8 = -8$$

$$8000\alpha = -16$$

$$\alpha = -2mA$$

d) Corrente no resistor central de 2KΩ:

$$I = \beta - \alpha = 4 - 2 \Rightarrow I = 2mA \text{ (descendo no ramo)}$$

Tensão no resistor central de 2KΩ:

$$V = R \cdot I = 2000 \cdot 2 \cdot 10^{-3} \Rightarrow V = 4V$$

Exercícios propostos

Determine as equações de malha e também o valor das correntes fictícias dos circuitos seguintes, de acordo com os sentidos já previamente adotados.

1)

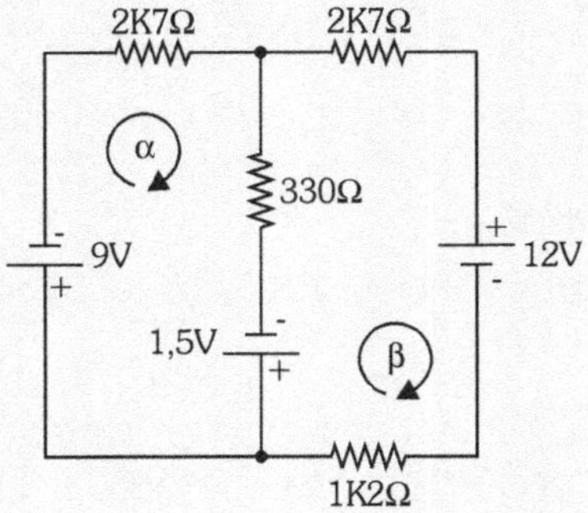

2)

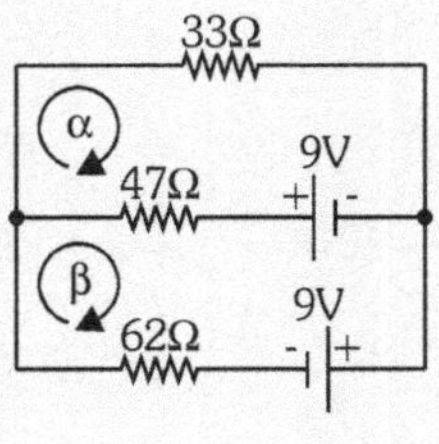

3)

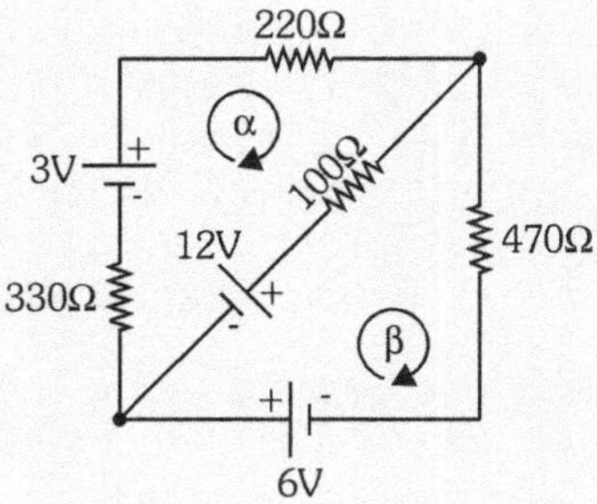

4)

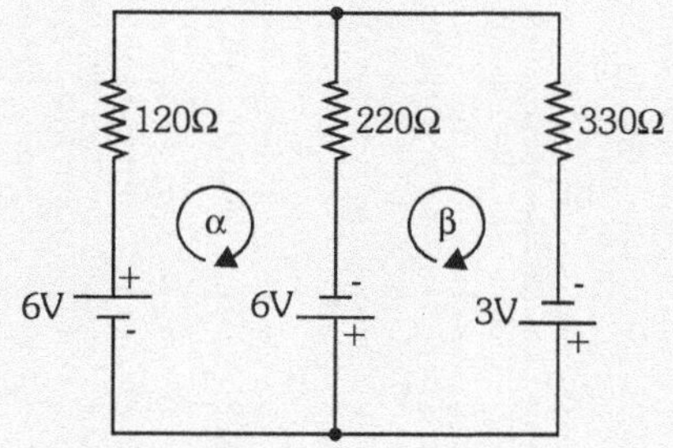
120Ω
220Ω
330Ω
α
β
6V
6V
3V

5)

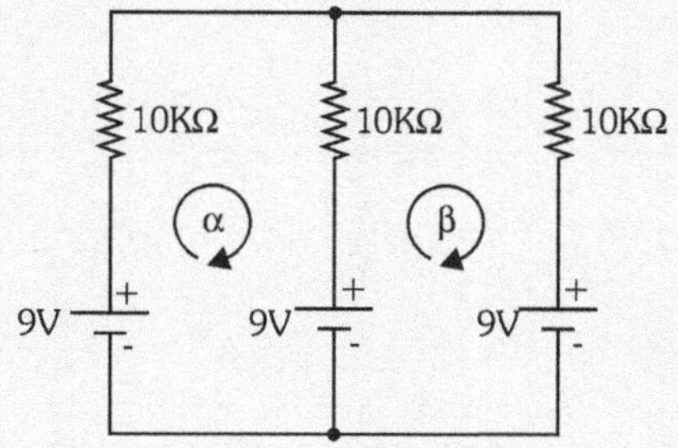
10KΩ
10KΩ
10KΩ
α
β
9V
9V
9V

6)

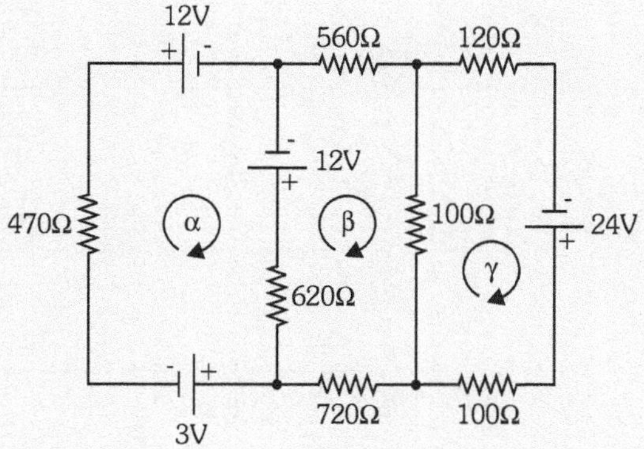
12V
560Ω
120Ω
12V
470Ω
α
β
100Ω
24V
γ
620Ω
720Ω
100Ω
3V

7)

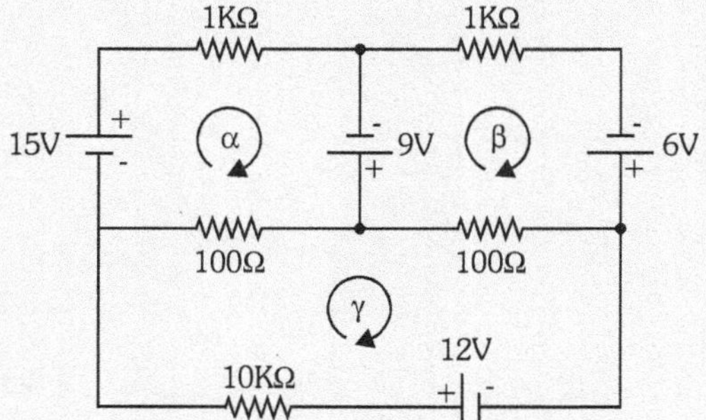
1KΩ
1KΩ
15V
α
9V
β
6V
100Ω
100Ω
γ
12V
10KΩ

8)

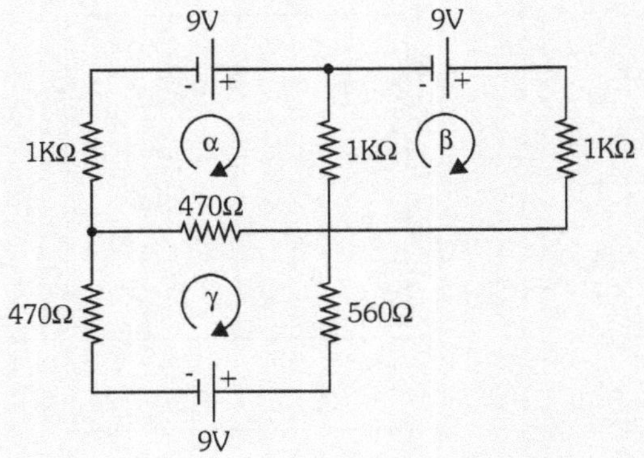

9)

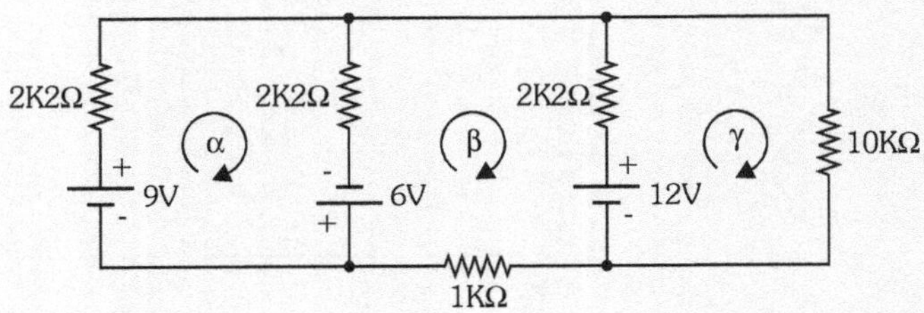

10)

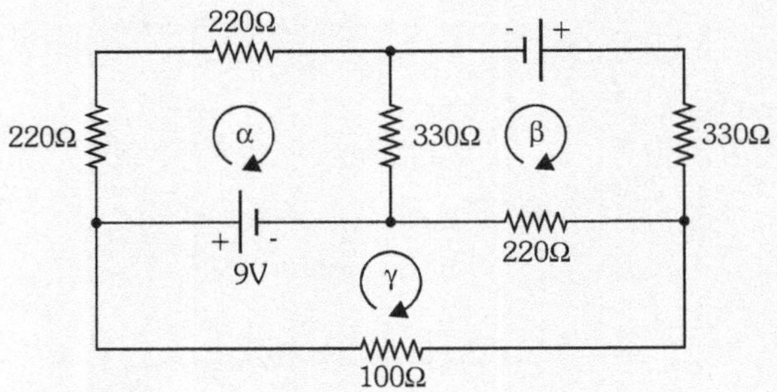

Nos circuitos dos exercícios 11 a 15, determine α, β, I_1, I_2, I_3 utilizando o método de Maxwell.

11)

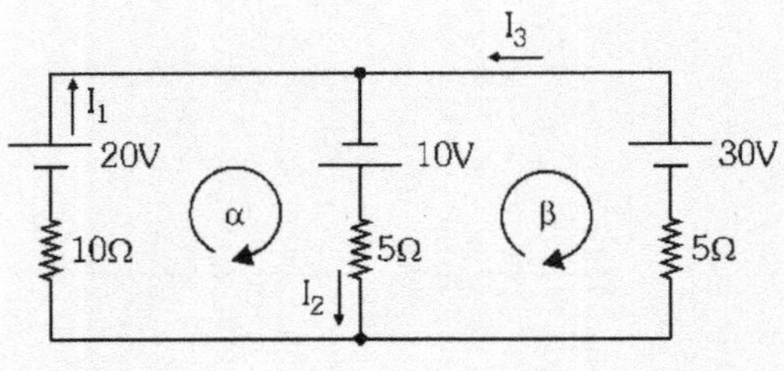

12)

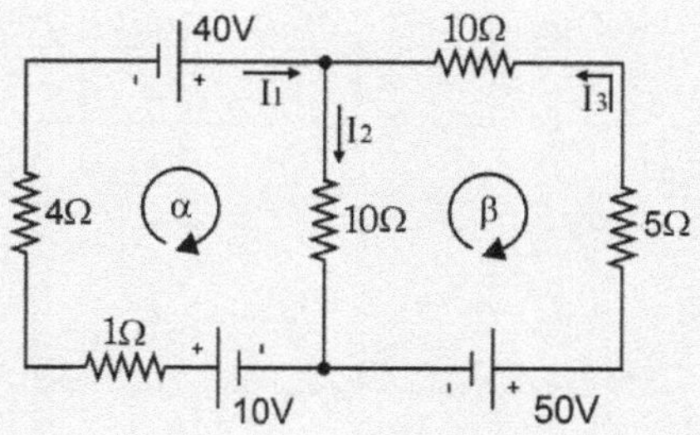
40V
10Ω
I1
I3
I2
4Ω
α
10Ω
β
5Ω
1Ω
10V
50V

13)

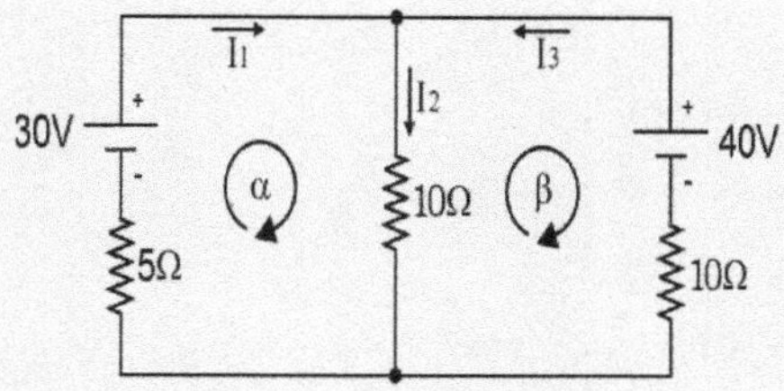
I1
I3
I2
30V
40V
α
10Ω
β
5Ω
10Ω

14)

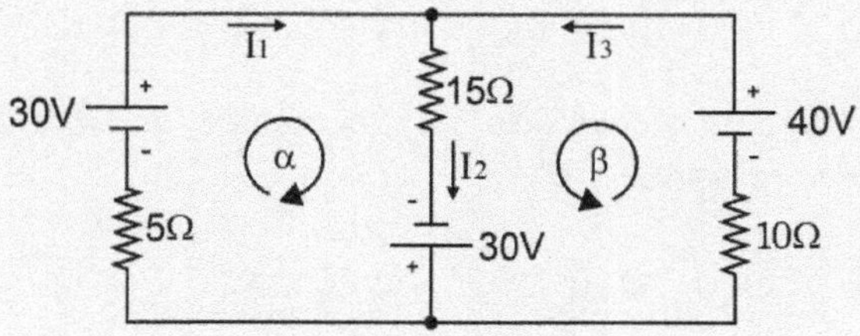
I1
I3
15Ω
30V
40V
α
I2
β
5Ω
30V
10Ω

15)

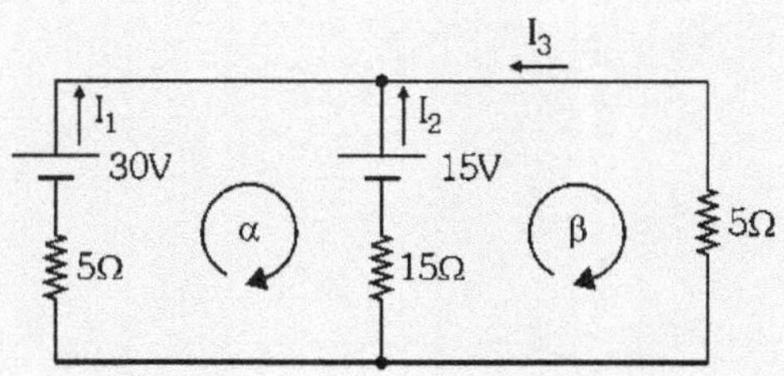
I3
I1
I2
30V
15V
5Ω
α
15Ω
β
5Ω

16) Utilizando o método de Maxwell, determine todas as correntes de malha e ramo do circuito.

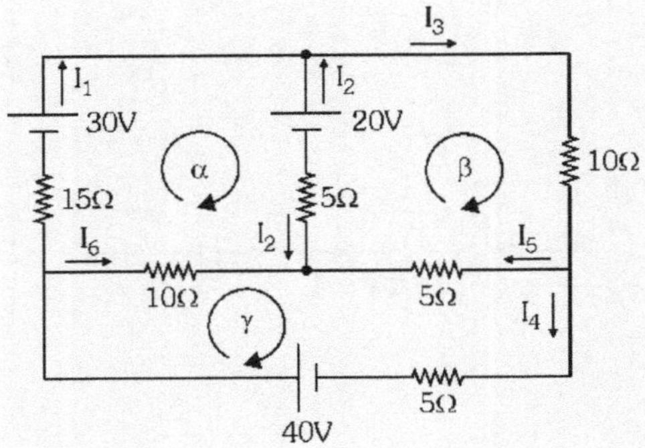

17) Determine V para β = 5mA.

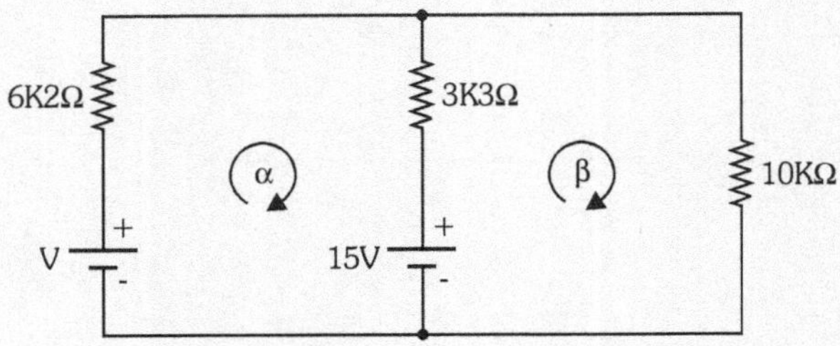

18) Determine R para que circule pelo resistor central de 10Ω uma corrente igual a α com sentido contrário.

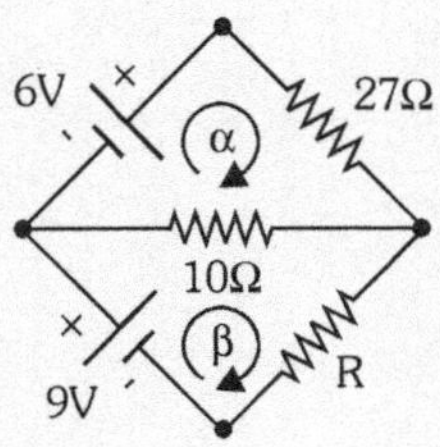

19) Determine R_1 e R_2 para α = 20mA e $\beta = -\alpha$.

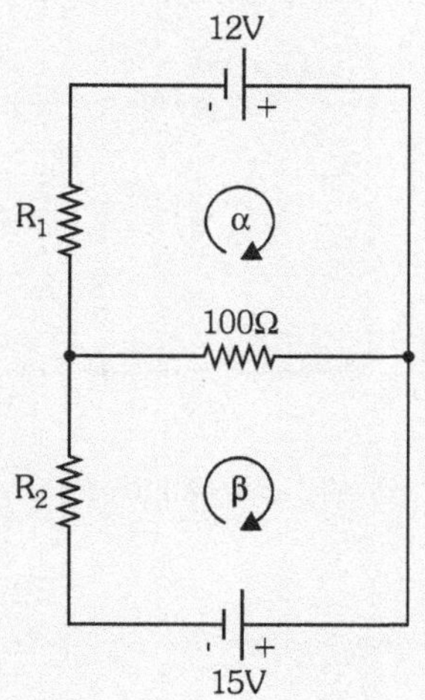

20) Determine β, R_1 e R_2. Dados α = −0,5A e γ = 1A.

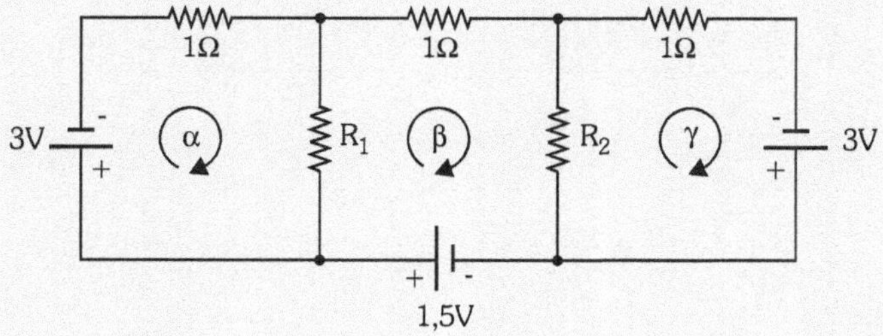

21) Determine α, β, I, I_2 e I_3 e a potência no resistor de 3,2Ω.

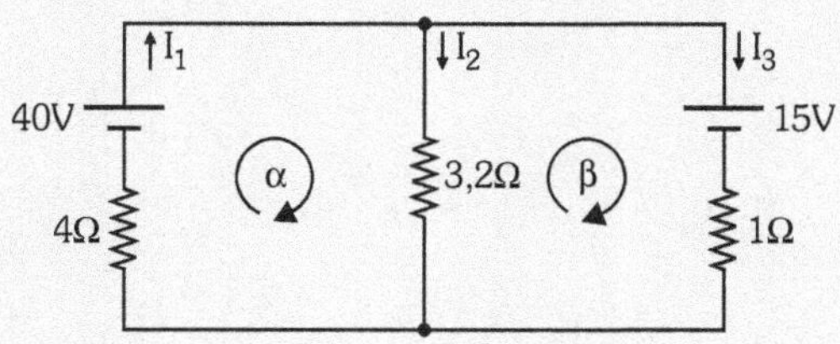

22) Pelo método de Maxwell, determine E, R e I_3. Dados $I_1 = -3A$, $I_2 = 2A$.

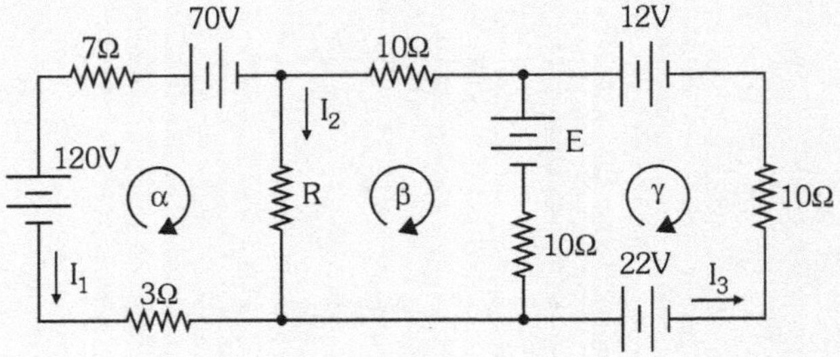

23) Utilizando o método de Maxwell, determine E, I_2, I_3, I_4 e I_5, sabendo-se que $I_1 = 2A$.

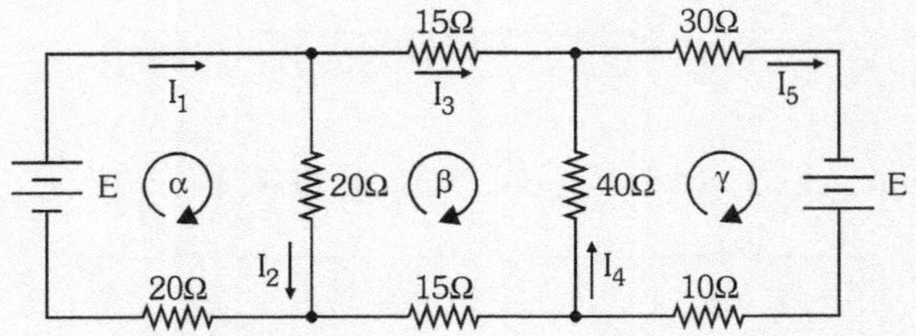

8

Teorema da superposição de efeitos

8.1 Teoria

O teorema da superposição de efeitos possibilita a determinação dos valores de tensão e corrente de um componente sem a necessidade de estabelecer todas as tensões e correntes do circuito.

Essa determinação dos valores é obtida verificando-se o efeito que cada fonte ou gerador do circuito em separado produz no componente em questão.

A resultante desses efeitos produzidos por cada uma das fontes do circuito produz a real corrente elétrica que circula pelo componente analisado. Deve-se ressaltar que, ao analisar o efeito de uma fonte qualquer em separado, devemos retirar as demais fontes do circuito para anular seus efeitos. Desse modo, basta curto-circuitar fontes de tensão e retirar as fontes de corrente (circuito aberto).

A vantagem desse método é que todo e qualquer circuito analisado tem apenas uma fonte, o que facilita a sua solução sobremaneira. Sua desvantagem é a necessidade de resolução de circuitos por diversas vezes (número excessivo de geradores).

Se um determinado circuito tiver cinco fontes, será preciso resolver cinco circuitos diferentes, isto é, um para cada fonte.

No final, fazemos a superposição dos efeitos provocados por cada uma delas (efeitos ou sentidos coincidentes: soma, contrários: subtração).

Solução de circuitos elétricos pelo método da superposição de efeitos

1) Curto-circuitam-se todas as fontes de tensão do circuito, menos uma, e determinam-se o valor e o sentido da corrente que passa pelo componente analisado ou pelos ramos analisados, assim como o seu sentido, utilizando qualquer método de solução de circuitos conhecido. Esse item deve ser repetido **n** vezes, sendo **n** o número de fontes do circuito.

2) Vale reafirmar: somam-se as diversas correntes obtidas pelo item anterior para a determinação da corrente final (correntes em sentidos opostos devem ser subtraídas). Assim, teremos não só o valor da corrente no componente, como também o seu sentido.

3) Com o valor da corrente no componente, determina-se a sua tensão elétrica (lei de Ohm).

Exercício resolvido

Pelo método da superposição de efeitos, determine a tensão e a corrente no resistor de 1KΩ.

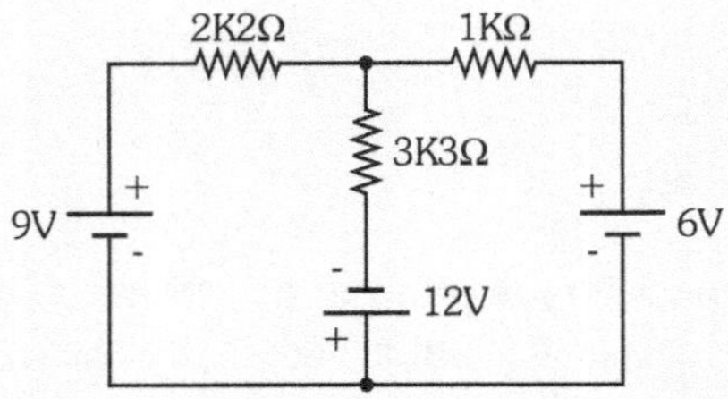

Figura 8.1

a) Efeito da bateria de 9V sobre o resistor de 1KΩ:

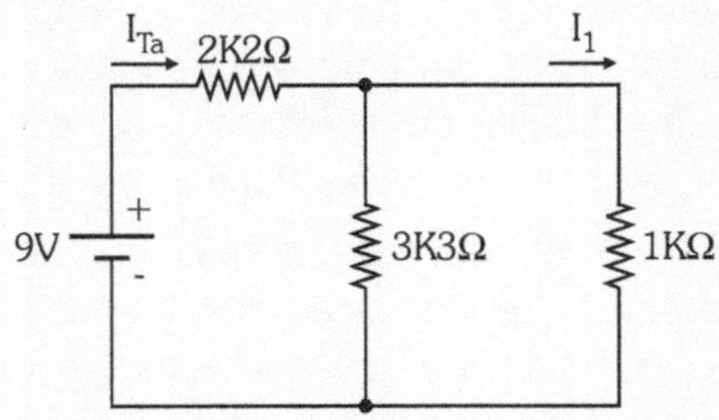

Figura 8.2

$$I_{Ta} = \frac{9}{2200 + \dfrac{3300 \cdot 1000}{3300 + 1000}} = 3{,}02\text{mA}$$

$$I_1 = 3{,}03 \cdot 10^{-3} - \frac{2{,}33}{3300}$$

$$I_1 = 2{,}32\text{mA} \ (\text{de cima para baixo})$$

b) Efeito da bateria de 12V sobre o resistor de 1KΩ.

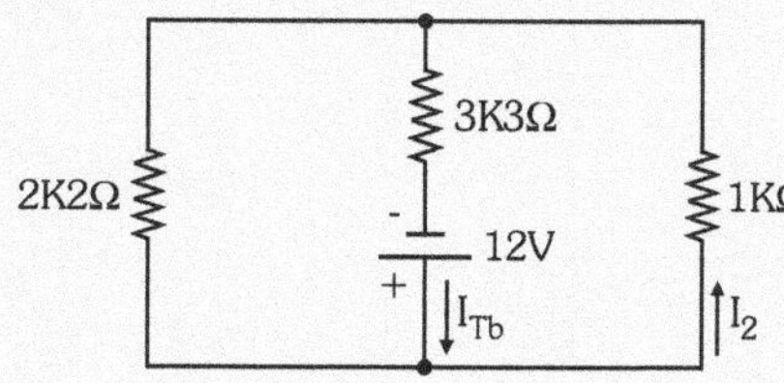

Figura 8.3

$$I_{Tb} = \frac{12}{3300 + \dfrac{2200 \cdot 1000}{2200 + 1000}} = 3{,}01\text{mA}$$

$$I_2 = \frac{12 - 9{,}93}{1000}$$

$$I_2 = 2{,}07\text{mA} \ (\text{de baixo para baixo})$$

c) Efeito da bateria de 6V sobre o resistor de 1KΩ.

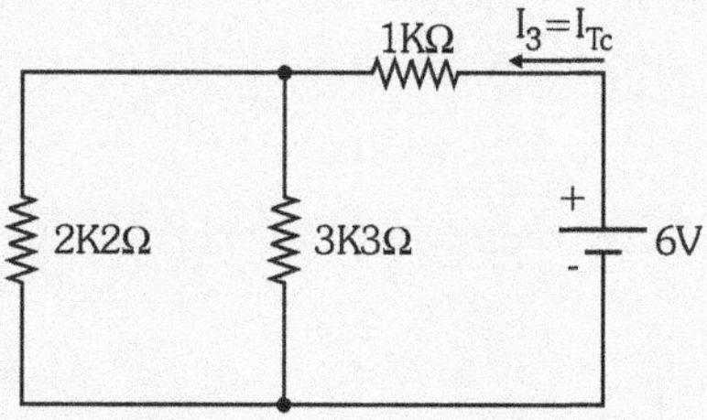

Figura 8.4

$$I_{Tc} = I_3 = \frac{6}{\dfrac{2200 \cdot 3300}{2200 + 3300}}$$

$$I_3 = 2{,}59\text{mA} \ (\text{da direita para a esquerda})$$

d) Cálculo da corrente pelo resistor de 1KΩ.

$$I = I_2 + I_3 - I_1 = \left(2{,}07 \cdot 10^{-3} + 2{,}59 \cdot 10^{-3} - 2{,}32 \cdot 10^{-3}\right)$$

$$I = 2{,}34mA \text{ (da direita para a esquerda)}$$

e) Cálculo da tensão no resistor de 1KΩ.

$$V = R \cdot I = 1 \cdot 10^3 \cdot 2{,}34 \cdot 10^{-3}$$

$$V = 2{,}34V$$

Exercícios propostos

Determine as correntes de ramo dos circuitos utilizando o método da superposição de efeitos

1)

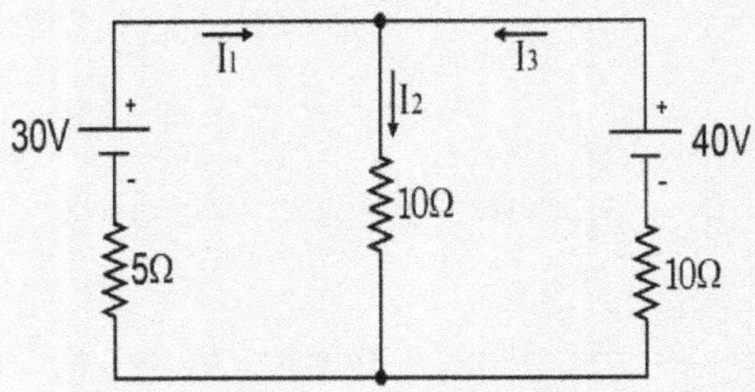

2)

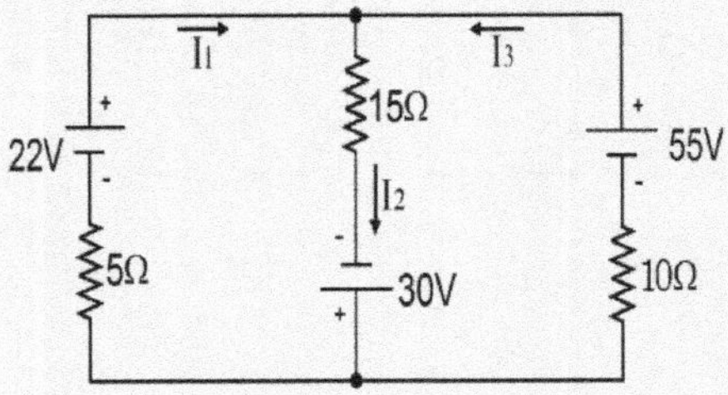

Determine a tensão e a corrente que circulam pelo componente indicado por uma seta nos circuitos elétricos seguintes, usando o método da superposição de efeitos.

3)

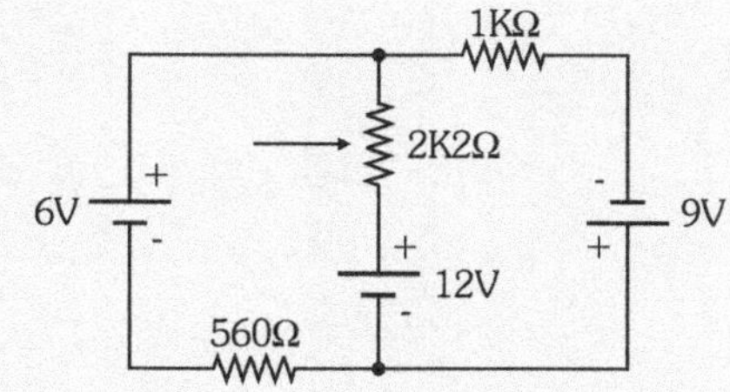

4)

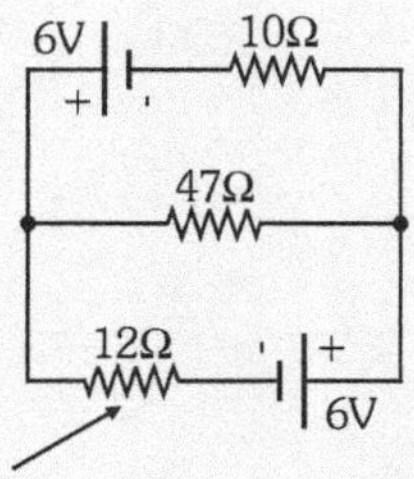

5)

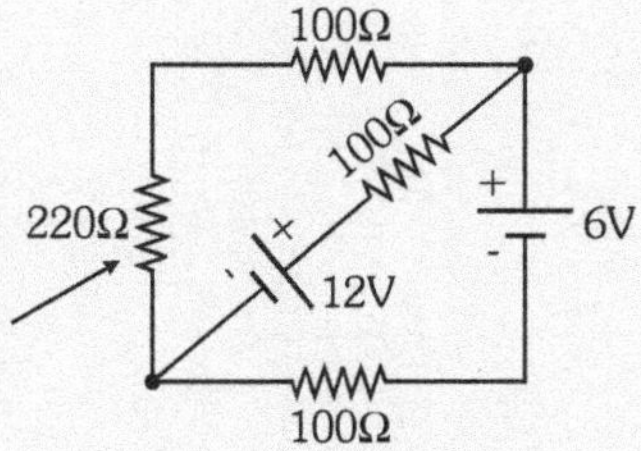

6)

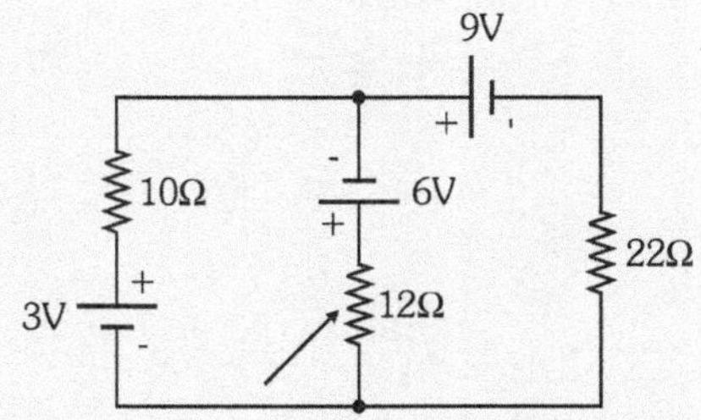

7)

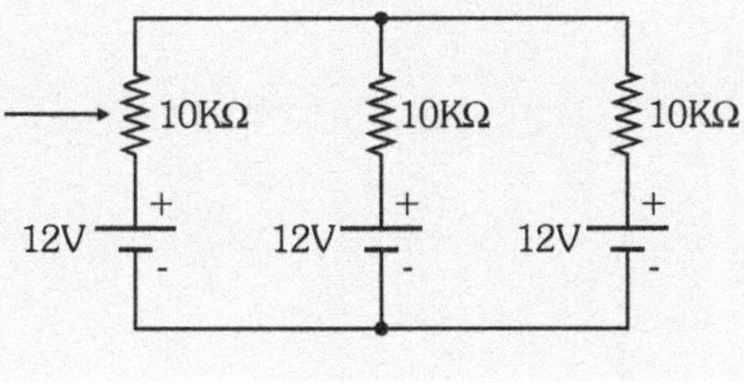

8)

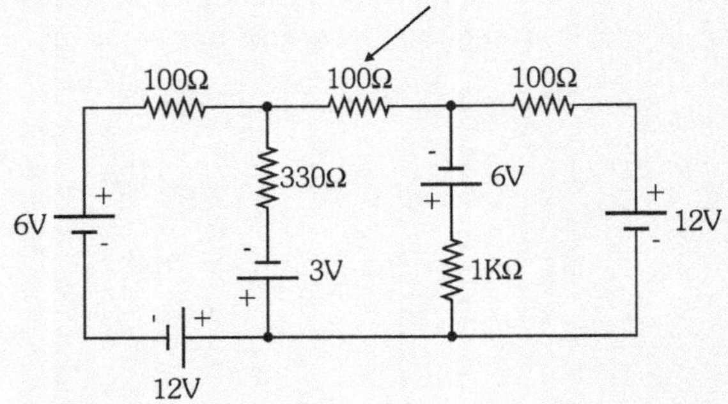
100Ω
100Ω
100Ω
330Ω
6V
6V
12V
3V
1KΩ
12V

9)

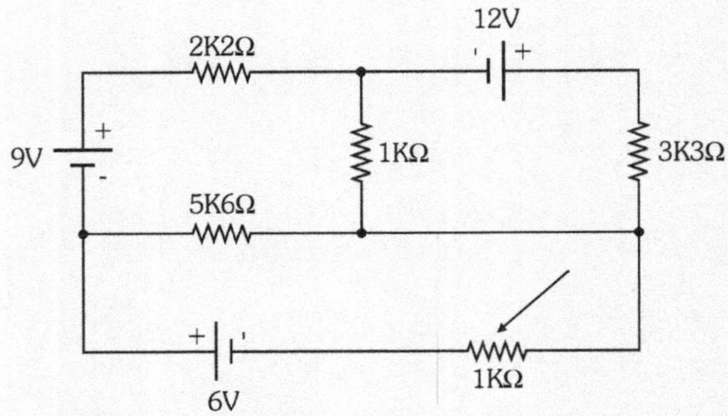
12V
2K2Ω
9V
1KΩ
3K3Ω
5K6Ω
1KΩ
6V

10)

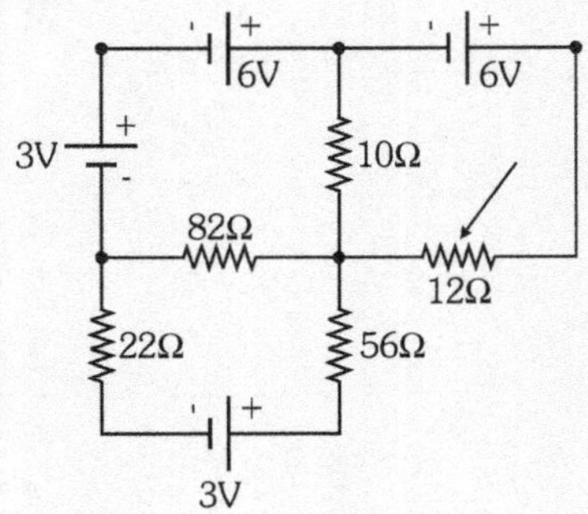
6V
6V
3V
10Ω
82Ω
12Ω
22Ω
56Ω
3V

11)

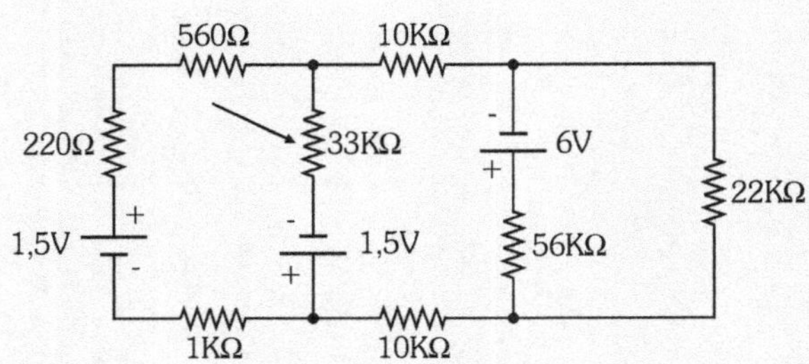
560Ω
10KΩ
220Ω
33KΩ
6V
22KΩ
1,5V
1,5V
56KΩ
1KΩ
10KΩ

12)

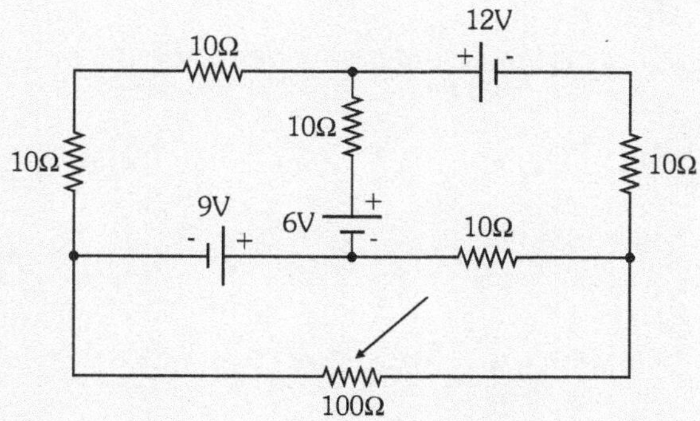

Aplicando o teorema da superposição, determine a potência fornecida pela bateria indicada nos circuitos seguintes.

13)

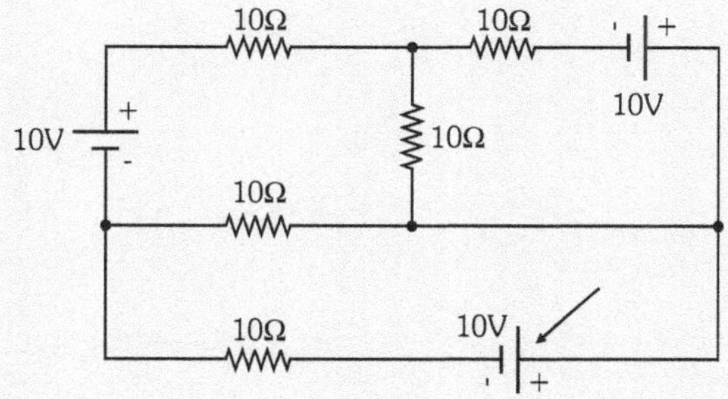

14)

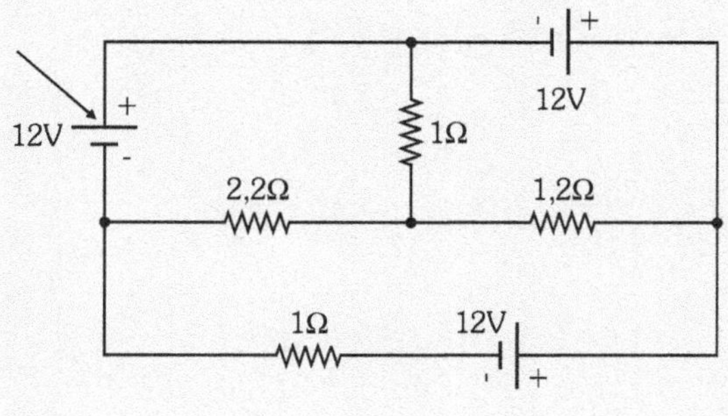

9 Teorema de Thévenin

9.1 Teoria

O teorema de Thévenin possibilita que calculemos a tensão e a corrente aplicadas em um determinado componente sem a necessidade de calcular outros parâmetros do circuito. Isso é obtido ao se representar todo o circuito que envolve o componente por apenas um gerador equivalente, ou gerador de Thévenin. Esse gerador é composto por uma fonte denominada tensão Thévenin (E_{TH}) e uma resistência denominada resistência Thévenin (R_{TH}).

Os valores de E_{TH} e R_{TH} são característicos e próprios para cada componente analisado. O grande inconveniente desse método decorre de que, para a determinação do valor de E_{TH}, há, às vezes, necessidade de utilizar outros métodos, como Kirchhoff, Maxwell etc.

A figura mostra um circuito elétrico e, ao seu lado, o mesmo circuito representado pelos valores de E_{TH} e R_{TH} em relação à resistência de 1KΩ.

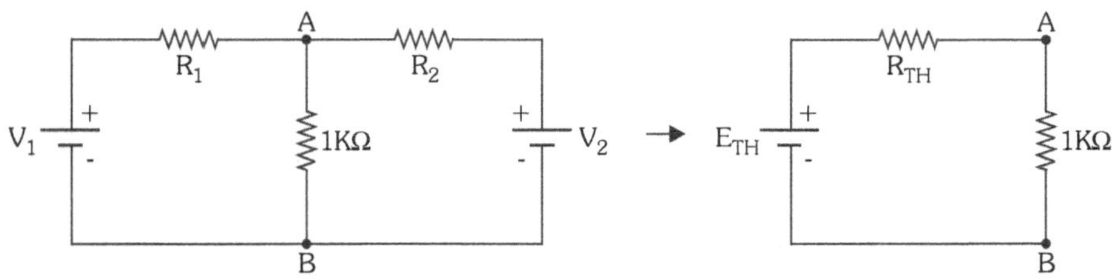

Figura 9.1

Observação

O efeito produzido pelo circuito (tensão e corrente) entre os pontos A e B (no exemplo, resistor de 1KΩ) será o mesmo do produzido pelo Gerador Equivalente de Thévenin sobre o mesmo elemento.

Determinação de E_{TH} e R_{TH} para um componente escolhido

1) Para a determinação de E_{TH} e R_{TH}, deve-se retirar do circuito o componente a ser analisado, ficando em seu lugar um trecho em aberto (pontos A e B).

2) A E_{TH} será a tensão entre os pontos A e B, isto é, entre os pontos em que estava antes o componente em questão. Para a determinação de E_{TH}, podemos, em algumas ocasiões, ter a necessidade de utilizar outros métodos, como já citamos.

3) A R_{TH} será a resistência equivalente entre os mesmos pontos A e B (todas as fontes de tensão do circuito devem ser curto-circuitadas e as fontes de corrente devem ser retiradas – circuito aberto).

4) Os valores de tensão e de corrente que passam pelo componente são agora facilmente calculados.

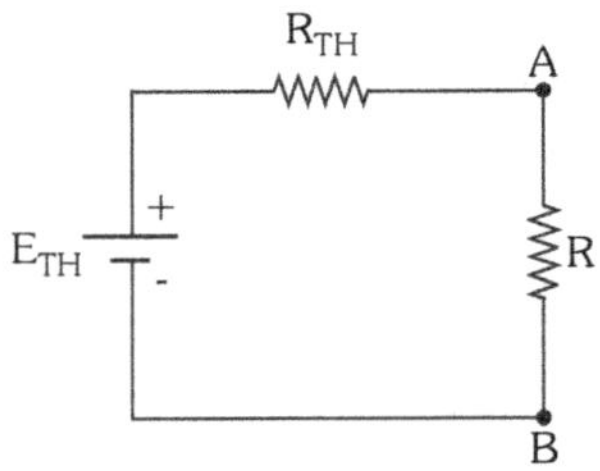

$$V_R = \frac{R}{R + R_{TH}} \cdot E_{TH}$$

$$I = \frac{E_{TH}}{R_{TH} \cdot R}$$

Figura 9.2

Exercício resolvido

Para o circuito da Figura 9.3, determine a tensão e a corrente que passam pelo resistor de 220Ω.

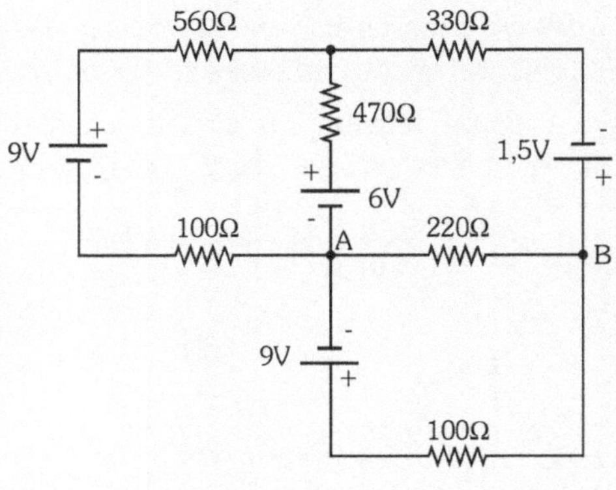

Figura 9.3

1) Retira-se do circuito o resistor de 220Ω (surgimento dos pontos A e B).

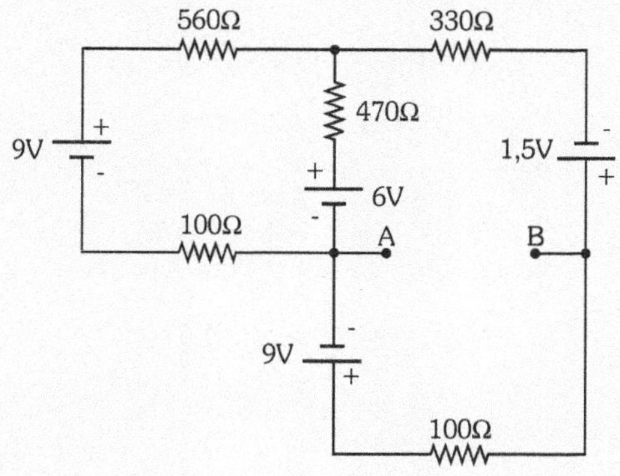

Figura 9.4

2) Determina-se a E_{TH} utilizando-se as correntes fictícias de Maxwell (por exemplo).

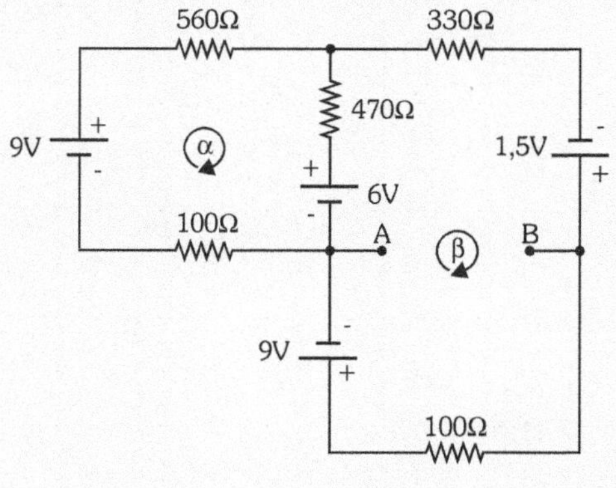

Figura 9.5

Malha α: $560\alpha + 470(\alpha - \beta) + 6 + 100\alpha = 9$

$$1130\alpha - 470\beta = 3$$

Malha β: $470(\beta - \alpha) + 330\beta + 100\beta + 9 = 1{,}5 + 6$

$$-470\alpha + 900\beta = -1{,}5$$

Fazendo 900 · equação α + 470 · equação β, temos:

$$1.017.000\alpha - 423.000\beta = 2700$$

$$-\ 220.900\alpha + 423.000\beta = -705 \quad +$$

$$796.100\alpha = 1995$$

$$\alpha \ (\cong)\ 2{,}5mA$$

Substituindo na equação β, temos:

$$900\beta = 470\alpha - 1{,}5$$

$$\beta \ (\cong) - 0{,}36\text{mA}$$

$$V_{AB} = E_{TH} = 9 - \beta \cdot 100$$

$$E_{TH} = 9 - 0{,}36 \cdot 10^{-3} \cdot 100$$

$$E_{TH} = 9 - 0{,}036$$

$$E_{TH} \ (\cong) \ 8{,}96\text{V}$$

3) Determina-se a R_{TH} curto-circuitando-se todas as baterias do circuito. A R_{TH} é a resistência equivalente entre os pontos A e B.

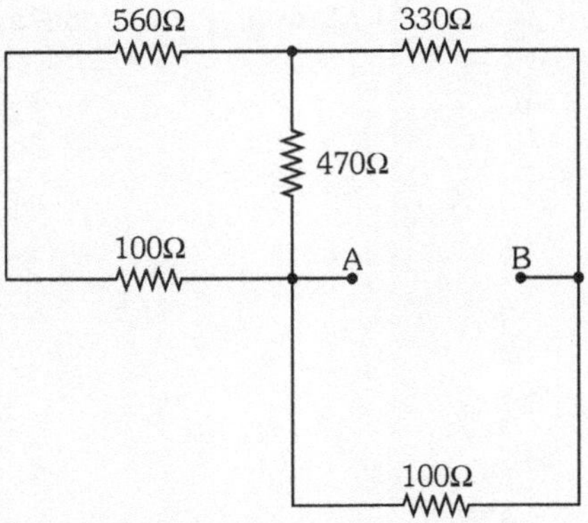

Figura 9.6

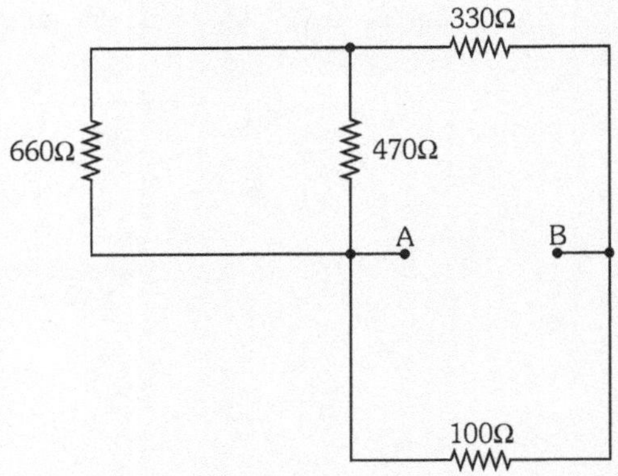

Figura 9.7

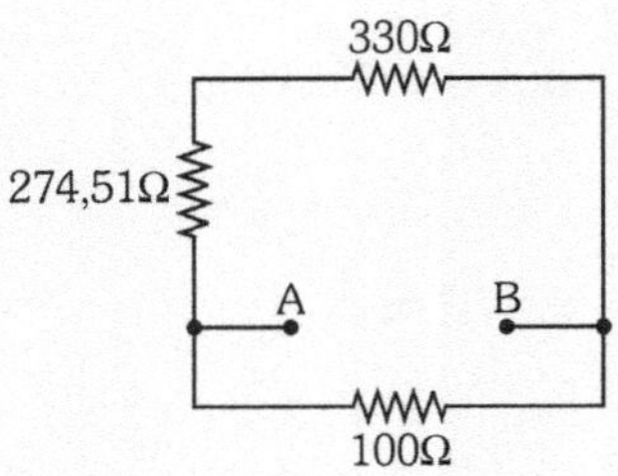

Figura 9.8

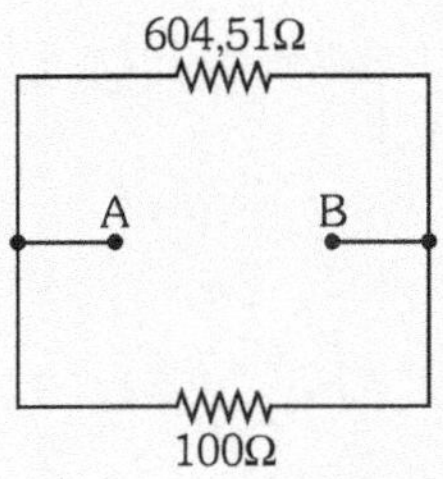

Figura 9.9

$$R_{TH} = \frac{604{,}51 \cdot 100}{604{,}51 + 100}$$

$$R_{TH} = 85{,}8\Omega$$

4) Determinam-se finalmente os valores de tensão e corrente no resistor de 220Ω utilizando-se o circuito Thévenin equivalente.

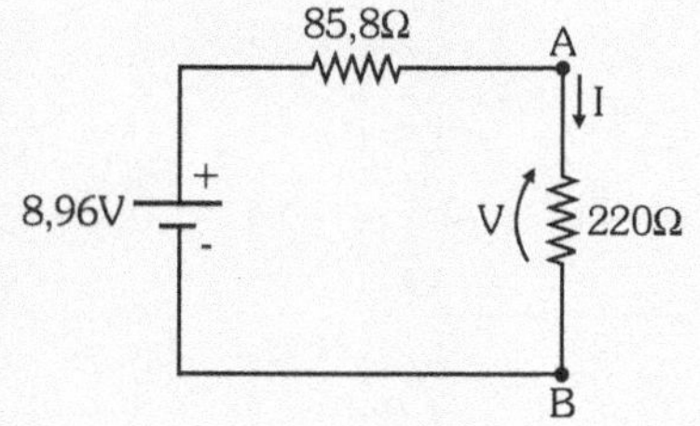

Figura 9.10

$$I = \frac{8,96}{85,8 + 220}$$

$$I = 29,3mA$$

$$V = I \cdot R$$

$$V = 29,3 \cdot 10^{-3} \cdot 220$$

$$V = 6,4V$$

Exercícios propostos

Determine o circuito Thévenin equivalente e a tensão e a corrente que circulam pelos componentes entre os pontos A e B, nos circuitos elétricos apresentados em seguida.

1)

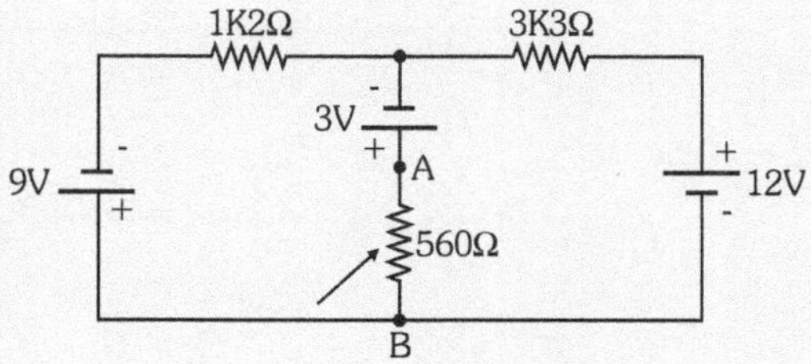

2)

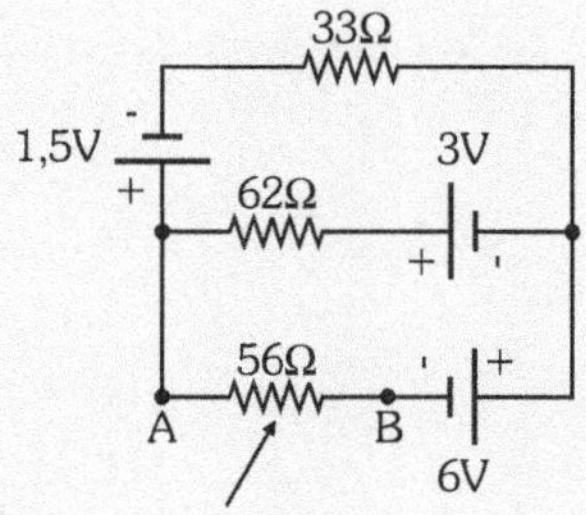

3)

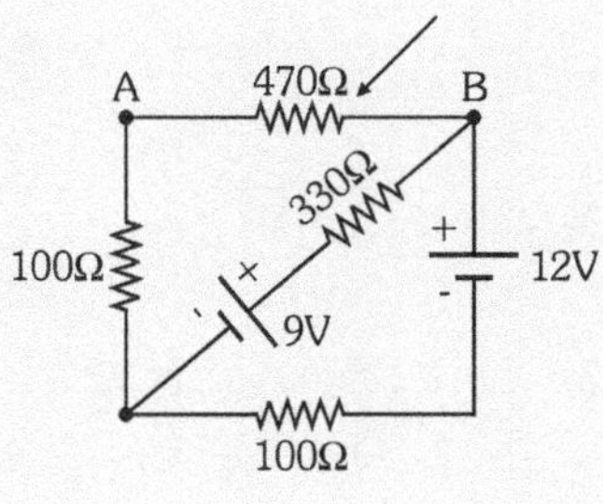

4)

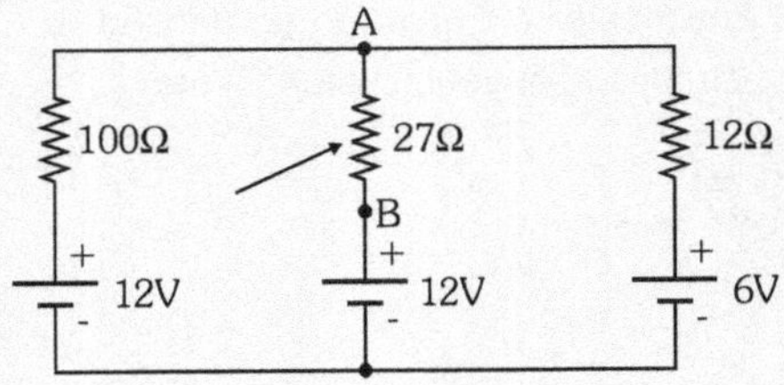
A
100Ω
27Ω
12Ω
B
12V
12V
6V

5)

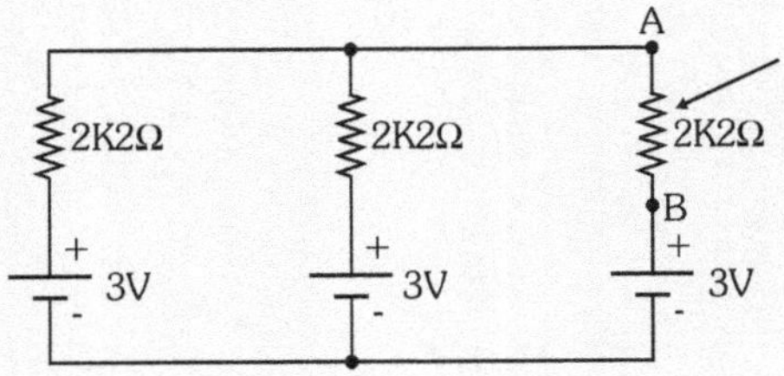
A
2K2Ω
2K2Ω
2K2Ω
B
3V
3V
3V

6)

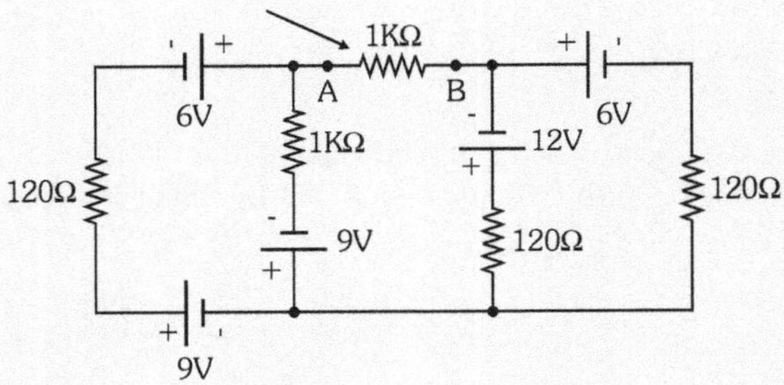
1KΩ
6V
A
B
6V
1KΩ
12V
120Ω
120Ω
9V
120Ω
9V

7)

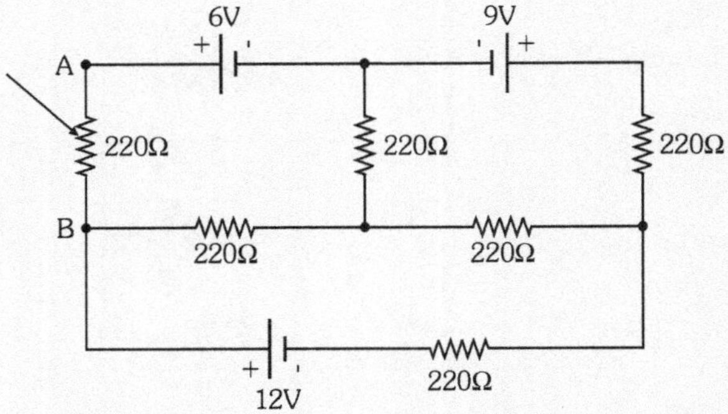
6V
9V
A
220Ω
220Ω
220Ω
B
220Ω
220Ω
12V
220Ω

8)

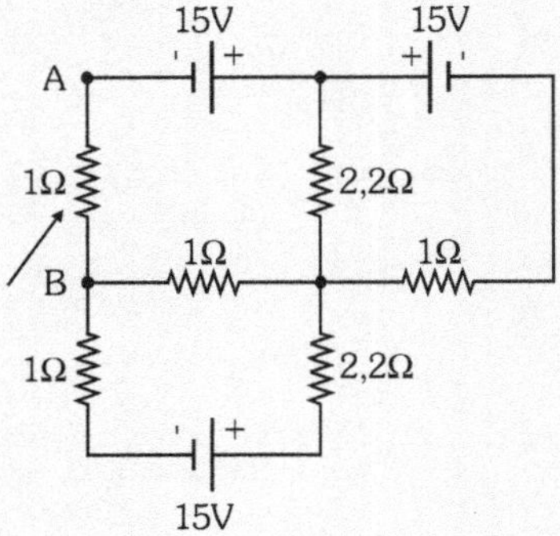
15V
15V
A
1Ω
2,2Ω
1Ω
1Ω
B
1Ω
2,2Ω
15V

9)

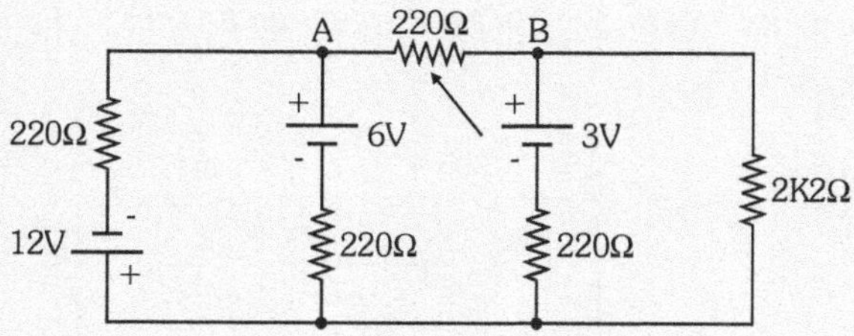

10)

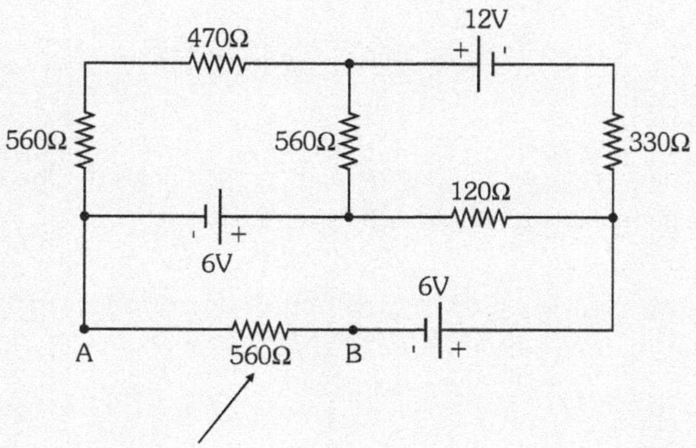

11)

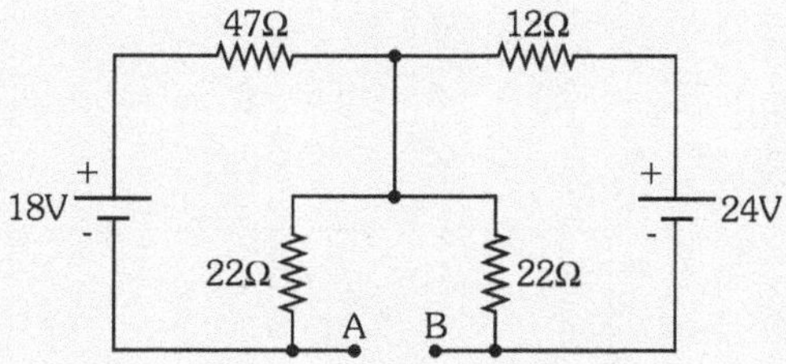

12) Qual a menor carga que devemos colocar entre os pontos A e B para que ela dissipe uma potência de 20mW?

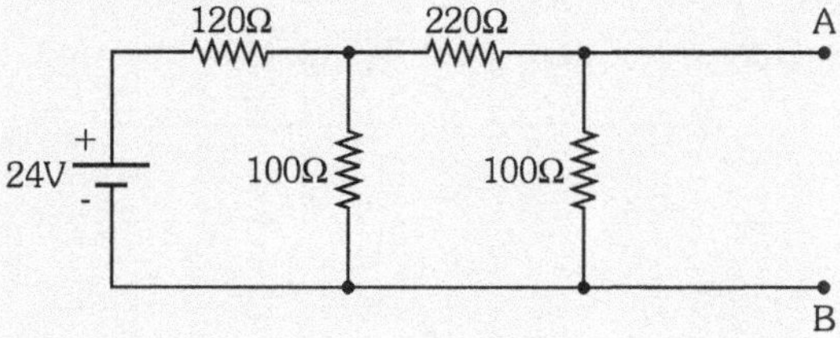

13) Determine a corrente que passará por uma carga de 620Ω conectada entre os pontos A e B.

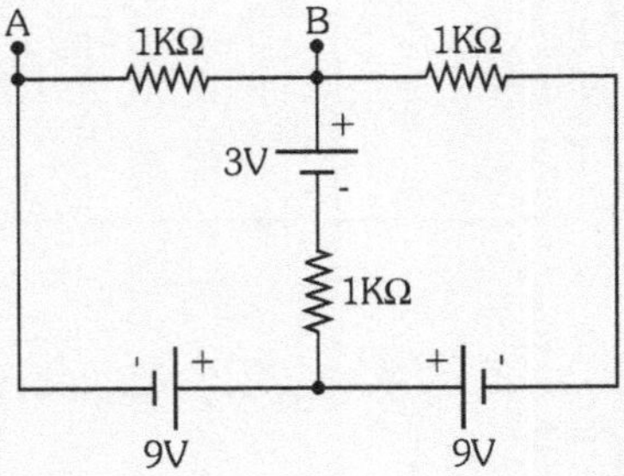

14) Sabendo que E_{TH} = 10V, determine a potência dissipada por um resistor de 100Ω colocado entre os pontos A e B.

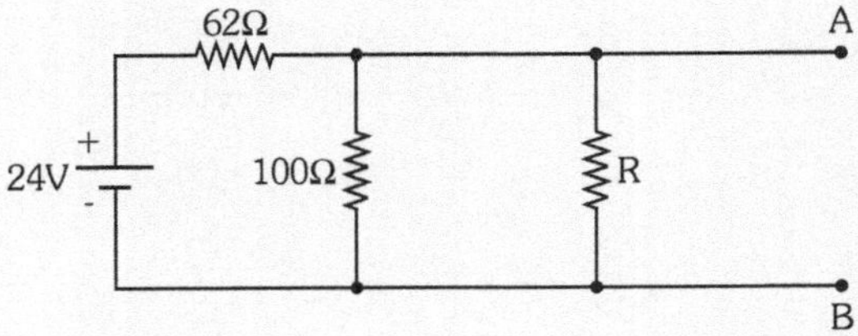

15) Sabendo que a R_{TH} = 20Ω, determine a potência dissipada por um resistor de 100Ω colocado entre os pontos A e B.

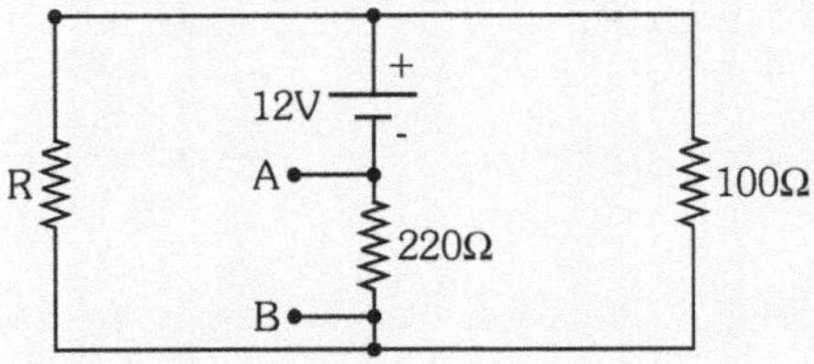

16) Determine o gerador equivalente de Thévenin entre os pontos A e B do circuito e a leitura do amperímetro ideal para R igual a: a) 5Ω e b) 20Ω.

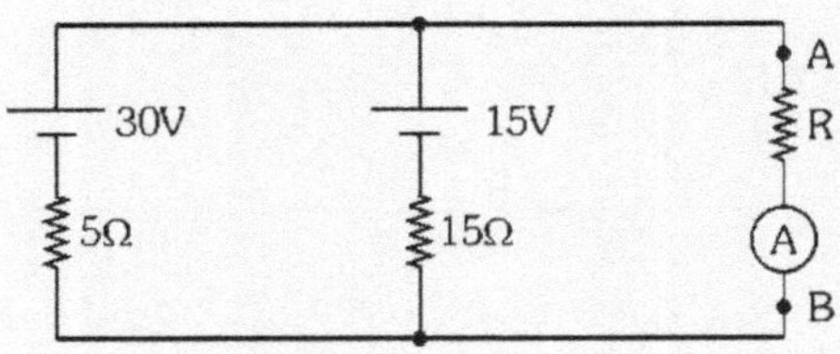

10 Teorema de Norton

10.1 Teoria

Pelo teorema de Norton, podemos calcular a tensão e a corrente aplicadas em um determinado componente sem a necessidade de calcular outros parâmetros do circuito. Isso é obtido ao representarmos todo o circuito que envolve o componente "por apenas um gerador de corrente equivalente (I_N) e uma resistência resultante (R_N), respectivamente, corrente de Norton e resistência de Norton".

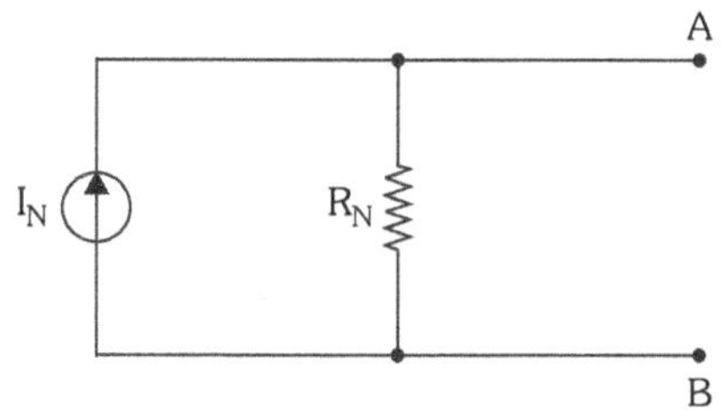

Figura 10.1

Os valores de I_N e R_N são característicos e próprios para cada componente analisado. O inconveniente desse método é a necessidade de se trabalhar com geradores de corrente, que são pouco utilizados na prática.

A Figura 10.2 mostra um circuito elétrico e, ao seu lado, o mesmo circuito representado pelos valores de I_N e R_N em relação à resistência de 1KΩ.

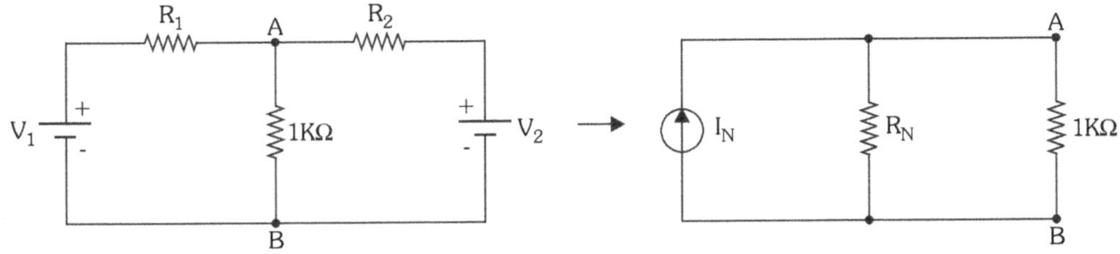

Figura 10.2

Os teoremas de Norton e de Thévenin são equivalentes. Para qualquer caso, valem as seguintes relações: a corrente de Norton é igual à tensão de Thévenin dividida pela resistência de Thévenin, e a resistência de Norton é igual à resistência de Thévenin.

$$I_N = \frac{E_{TH}}{R_{TH}} \quad \text{e} \quad R_N = R_{TH}$$

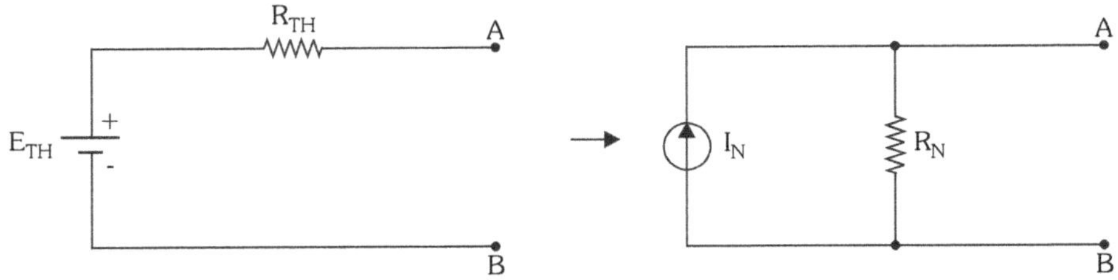

Figura 10.3

Podemos concluir que, ao resolver um circuito pelo teorema de Thévenin, é fácil transformá-lo em um circuito Norton: basta efetuar as relações citadas anteriormente.

Exemplo

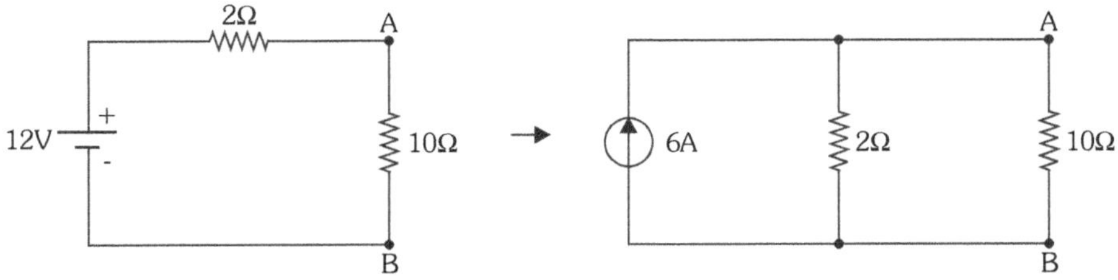

Figura 10.4

Em ambos os casos, a tensão e a corrente sobre o resistor de 10Ω valem 10V e 1A, respectivamente.

Determinação de I_N e R_N para um componente

1) Para a determinação de I_N deve-se retirar do circuito o componente a ser analisado, ficando em seu lugar um **curto-circuito** (pontos A e B).

2) A corrente que circular por esse curto (ponto A e B) será a de Norton (I_N). Para a determinação de I_N, em alguns casos, é necessário utilizar outros métodos de solução.

3) Para a determinação de R_N deve-se retirar do circuito o componente a ser analisado, ficando em seu lugar um **circuito aberto** (pontos A e B).

4) A resistência equivalente vista pelos pontos A e B é a de Norton (R_N), que é obtida curto-circuitando-se todas as baterias de tensão e retirando-se do circuito todas as baterias de correntes.

5) Os valores de tensão e corrente que passam pelo componente são agora facilmente calculados.

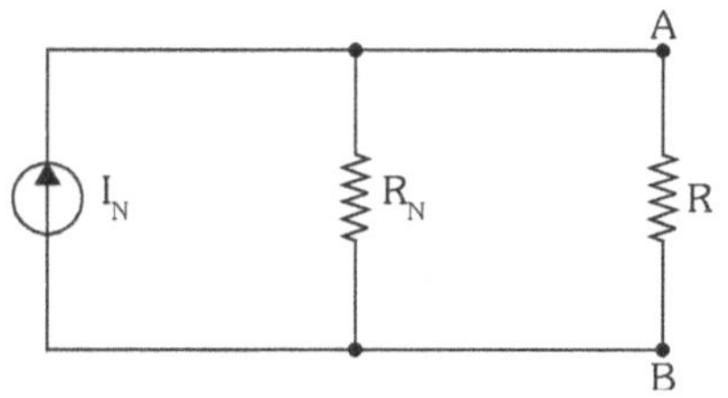

$$V_R = \frac{R \cdot R_N}{R + R_N} \cdot I_N$$

$$I_R = \frac{R_N}{R + R_N} \cdot I_N$$

Figura 10.5

Exercício resolvido

Para o circuito seguinte, determine a tensão e a corrente que passam pelo resistor de 220Ω.

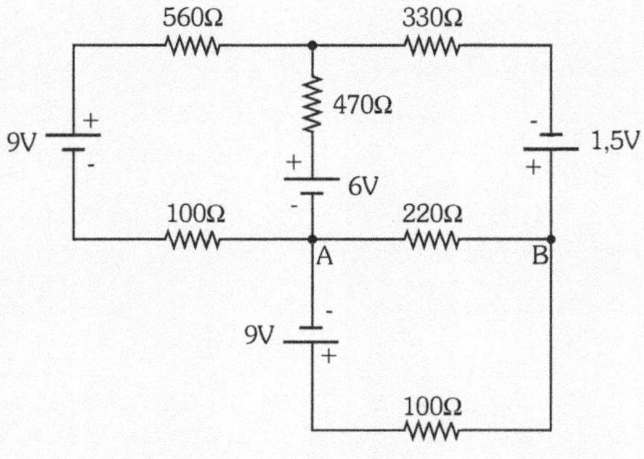

Figura 10.6

1) Retira-se do circuito o resistor de 220Ω e no lugar deixa-se um curto.

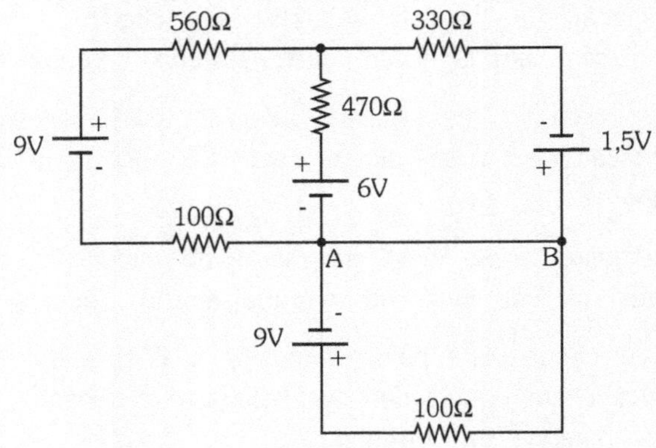

Figura 10.7

2) Transformam-se os geradores de tensão em corrente (usando-se as relações de transformação) e minimiza-se o circuito.

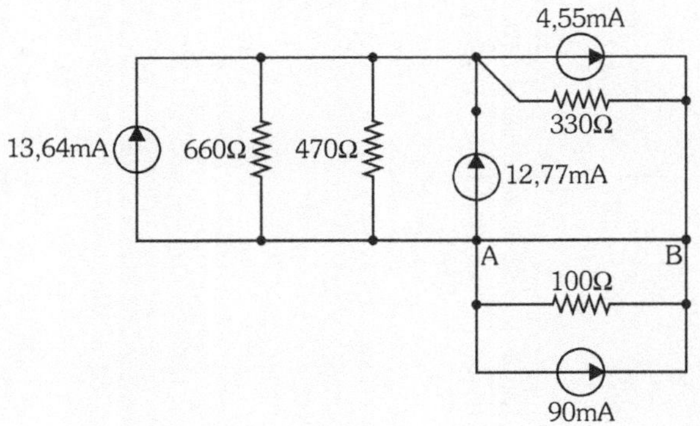

Figura 10.8

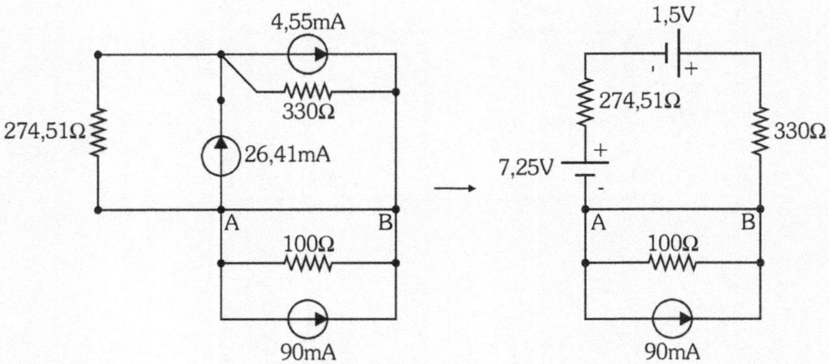

Figura 10.9

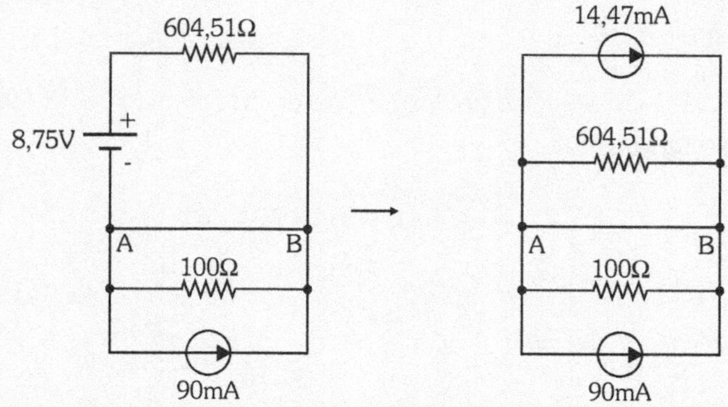

Figura 10.10

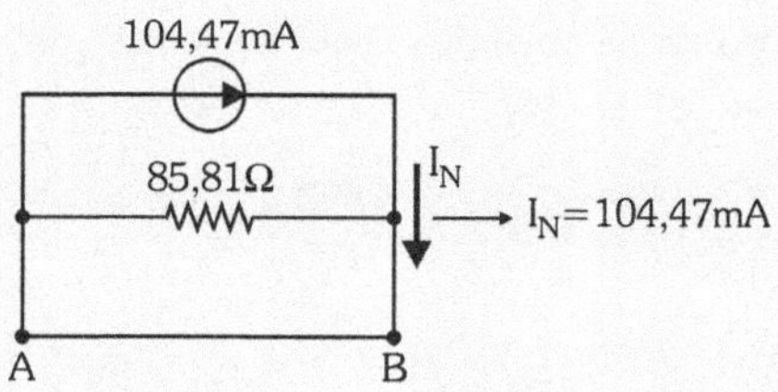

Figura 10.11

3) Determina-se a R_N da mesma maneira que determinamos R_{TH} no Capítulo 9. $R_N = 85{,}8\Omega$.

4) Determinam-se finalmente os valores de tensão e corrente no resistor de 220Ω, utilizando-se o circuito Norton equivalente.

$$I = \frac{85{,}8}{85{,}8 + 220} \cdot 104{,}47 \cdot 10^{-3}$$

$$I = 29{,}3\text{mA}$$

$$V = I \cdot R = 29{,}3 \cdot 10^{-3} \cdot 220$$

$$V = 6{,}4\text{V}$$

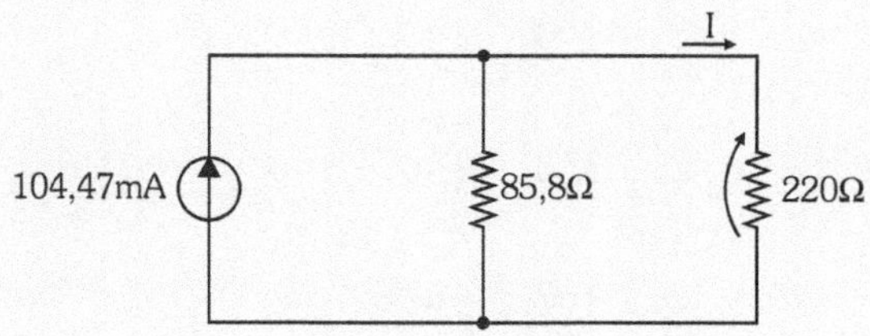

Figura 10.12

Exercícios propostos

1) Determine o circuito equivalente Norton para os pontos A e B do circuito apresentado em seguida.

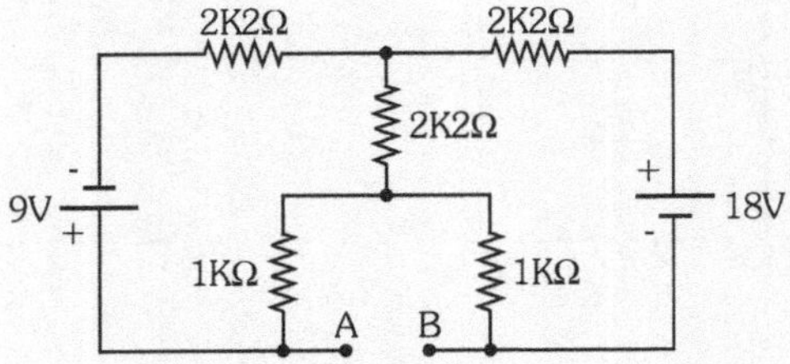

2) Qual é a menor carga que devemos colocar entre os pontos A e B para que ela dissipe uma potência de 1W?

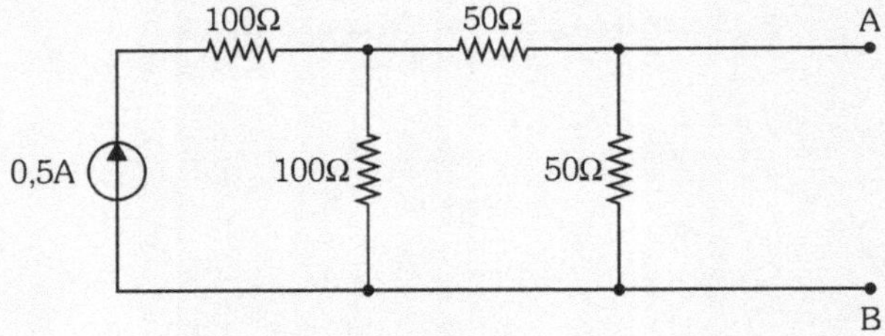

3) Qual é a potência que o gerador de 4A fornece?

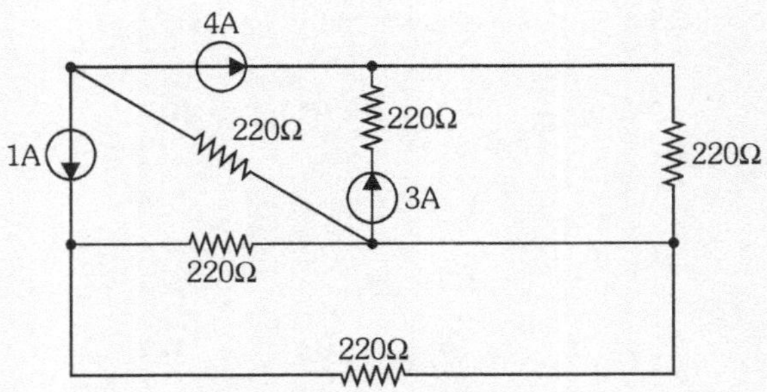

4) Qual é a potência que os geradores fornecem ao circuito abaixo?

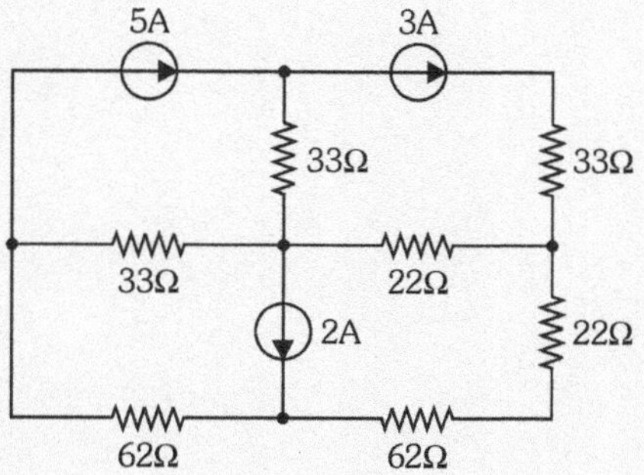

5) Qual é a corrente que vai circular entre os pontos A e B do circuito abaixo se colocarmos uma resistência de 560Ω entre esses pontos?

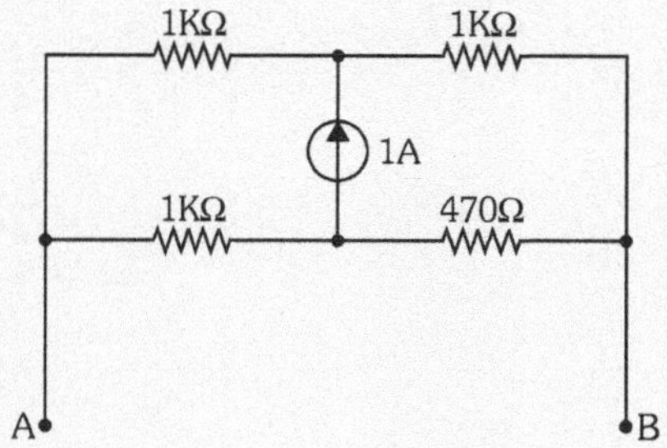

6) Determine o circuito equivalente Norton para os pontos A e B do circuito apresentado em seguida.

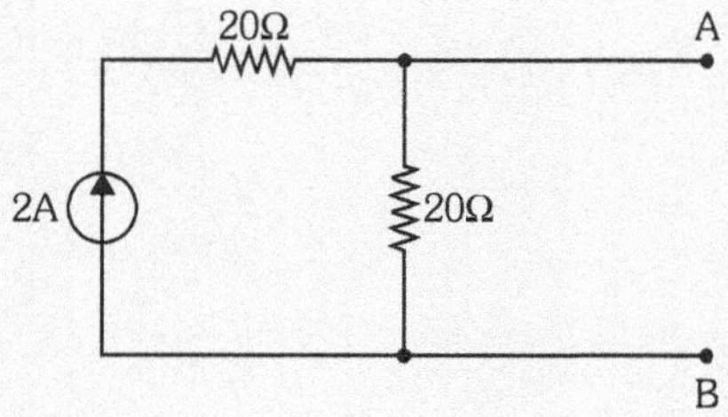

7) Qual é a potência gerada pela bateria de 5A no circuito a seguir?

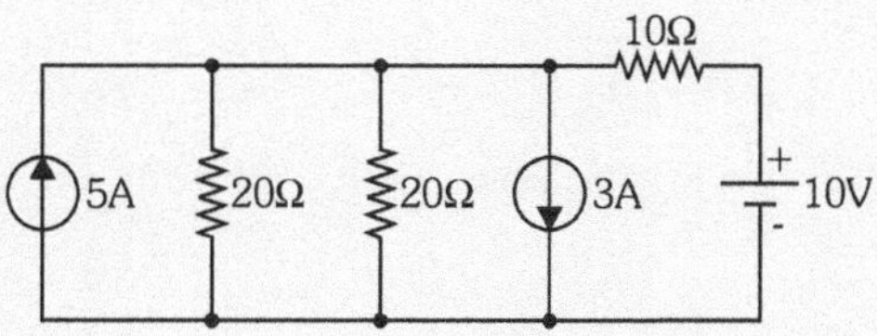

11 Capacitores

11.1 Teoria

Também chamados **condensadores**, os **capacitores** são dispositivos constituídos de duas placas, denominadas armaduras, separadas por um meio dielétrico ou isolante, que dá nome ao capacitor. Exemplos: capacitor de mica – dielétrico mica; capacitor de poliéster – dielétrico poliéster; capacitor eletrolítico (polarizado) – dielétrico óleo etc.

Um capacitor tem como função armazenar cargas elétricas em suas armaduras. Devido ao campo elétrico entre essas armaduras, armazenam energia potencial elétrica, que resulta em tensão entre elas.

Simbologia

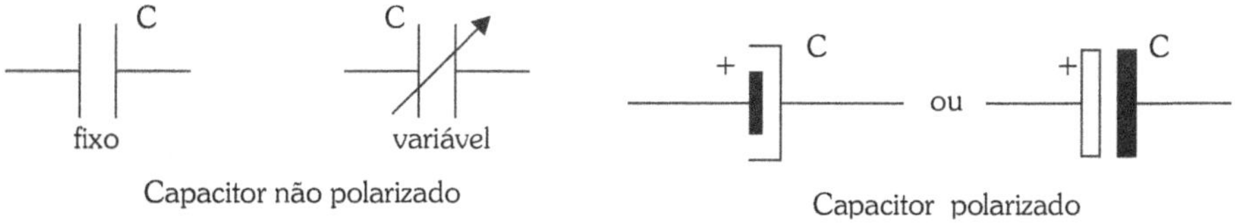

Figura 11.1

11.2 Princípio de funcionamento

Inicialmente, consideremos um capacitor com armaduras neutras e separadas pelo vácuo.

Ligamos o polo positivo da bateria a uma das armaduras. Em razão do contato, essa armadura adquire carga e potencial elétrico positivos. A transferência de cargas entre a bateria e a armadura do capacitor será facilitada se ligarmos o outro polo da bateria (no caso, o negativo) à terra.

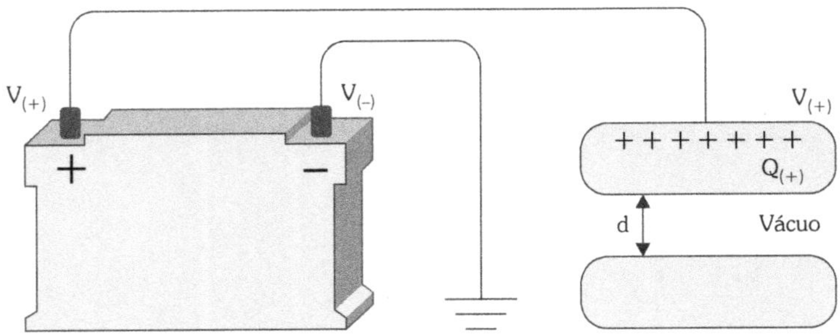

Figura 11.2

Com a ação das cargas elétricas (campo elétrico) nessa armadura (a partir de agora denominada **armadura indutora** ou **condensadora**), irá ocorrer na outra armadura, pelo processo de indução, uma separação de cargas elétricas. As cargas de sinais contrários (no exemplo, negativas) e as de mesmo sinal irão se posicionar em região oposta. Essa segunda armadura passa a ser denominada armadura **induzida** ou **coletora** e por enquanto permanece neutra.

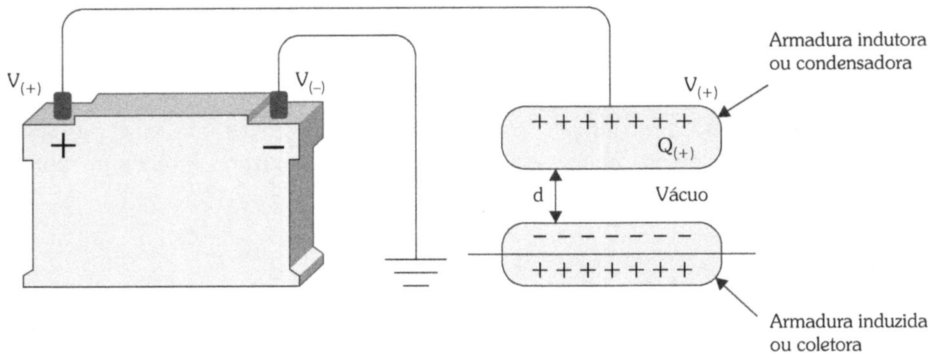

Figura 11.3

Na sequência, ligamos a armadura induzida à terra. Ocorrerá a transferência de cargas (elétrons) entre a terra e a armadura, o que deixa essa armadura com carga e potencial elétricos contrários aos da armadura indutora (negativa).

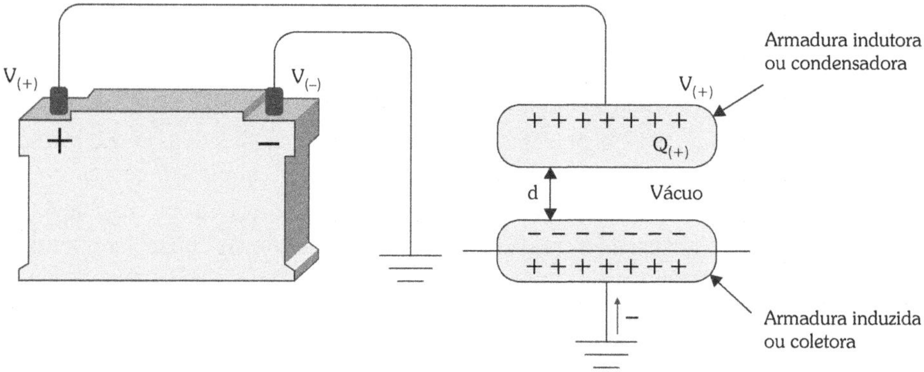

Figura 11.4

Cessada a transferência de cargas, dizemos que o capacitor está **carregado:** obtivemos cargas e potenciais elétricos entre suas armaduras, o que equivale a conseguir tensão entre as armaduras do capacitor.

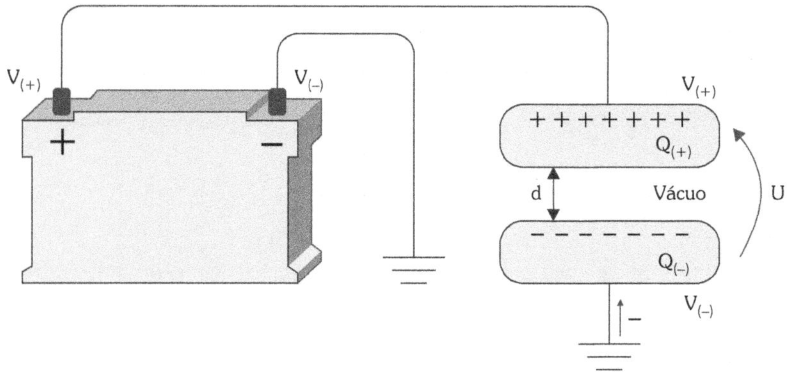

Figura 11.5

Na prática, elimina-se a ligação de ambas armaduras à terra, fazendo-se a ligação destas diretamente a cada um dos polos da bateria.

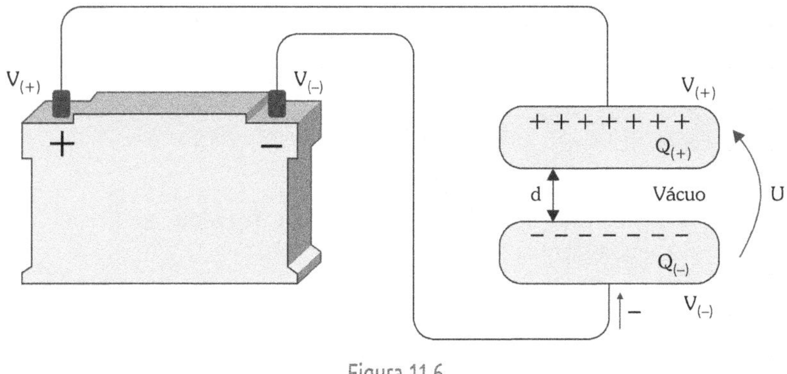

Figura 11.6

Para obter a maior tensão entre as armaduras do capacitor, devemos obter potencial elétrico de mesmo valor em cada armadura, mas de sinais opostos. Isso ocorrerá com a indução completa e, para tanto, as duas armaduras devem ser exatamente iguais, de mesmo formato, dimensões etc.

Uma vez desfeita a ligação com a bateria, sem que nenhum outro tipo de ligação seja efetuada, o capacitor mantém a tensão em suas armaduras.

Para eliminar essa tensão, ou seja, torná-la nula (U = 0), liga-se um fio (resistência e efeito capacitivo praticamente nulos) entre as duas armaduras. As cargas negativas (elétrons) de uma das armaduras irão se deslocar para a outra armadura (surge uma corrente elétrica instantânea entre elas), anulando as cargas positivas da outra armadura e tornando o potencial de ambas armaduras nulos. Ao final do processo, dizemos que o capacitor está **descarregado.**

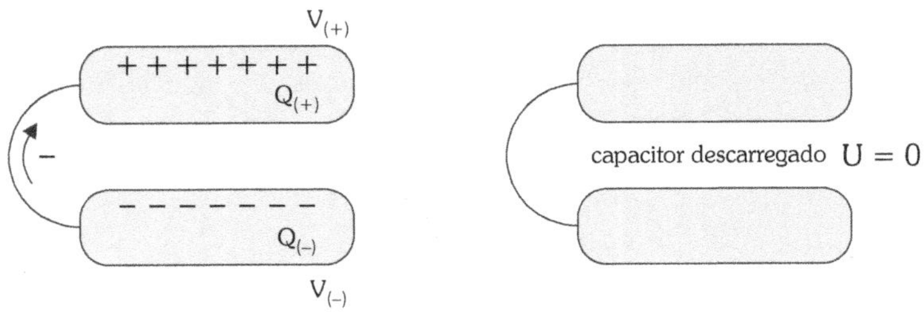

Figura 11.7

11.3. Capacitância

Também denominada **capacidade eletrostática**, é a grandeza que indica a capacidade do capacitor em armazenar cargas elétricas, dada por:

$$C = \frac{Q}{U}$$

Em que:

- U – tensão entre as armaduras do Capacitor [V = Volt].
- Q – carga do capacitor = carga da armadura positiva [C = Coulomb].
- C – capacitância [F = Farad].

Observação

Farad (F) é unidade dada em homenagem ao físico inglês Michael Faraday.

A unidade Farad corresponde a uma grandeza elevada, por isso costuma-se trabalhar com seus submúltiplos, como:

μF (microfarad) = 10^{-6}F

nF (nanofarad) ou KpF (quilo-picofarad)= 10^{-9}F

pf (picofarad) = 10^{-12}F

Os capacitores possuem uma limitação física, limitação do material, que é definida pela máxima tensão que pode suportar, denominada tensão de isolação. Os valores da tensão de isolação são fornecidos pelo fabricante e indicados no próprio corpo do capacitor. Quando submetido a uma tensão elevada, superior à tensão de isolação, o capacitor será danificado.

No caso específico dos capacitores polarizados, como o eletrolítico, além da tensão de isolação, a polarização invertida de suas armaduras também produz danos ao capacitor. Nesse caso, as reações químicas no interior do capacitor produzem gases que acabam por "inchar" o aparelho e danificá-lo, a ponto de literalmente "explodir", conforme o valor da tensão aplicada.

11.3.1 Energia armazenada

O gráfico a seguir relaciona a carga Q do capacitor com a tensão U entre suas armaduras. A área sob o gráfico relativa ao eixo horizontal (tensão) é numericamente igual à energia armazenada pelo capacitor.

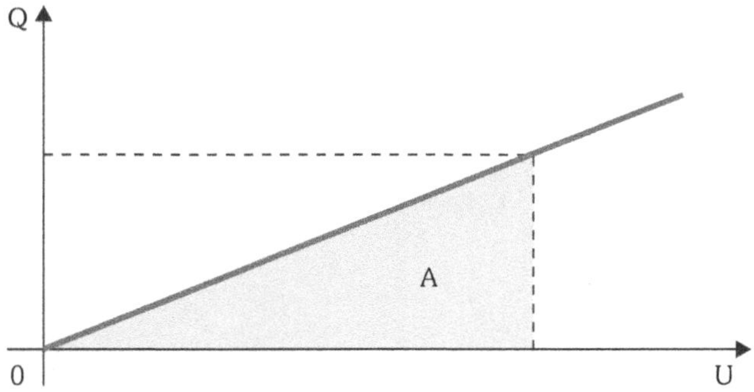

Figura 11.8

$$E_n = \frac{1}{2} QU$$

En = Energia Armazenada pelo capacitor [J = Joule]

Como Q = C · U, podemos escrever:

$$E_n = \frac{1}{2} CU^2$$

Ou ainda, como $U = \frac{Q}{C}$, temos: $E_n = \frac{1}{2} \cdot \frac{Q^2}{C}$

Exemplo

Um capacitor de 56μF é submetido a uma tensão de 30V. Qual a carga em suas armaduras e qual a energia armazenada por ele nessa condição?

$$Q = C \cdot U = 56\mu \cdot 30 = 56 \cdot 10^{-6} \cdot 30 = 1,68 \cdot 10^{-3}\,C = 1,68mC$$

$$E_n = \frac{1}{2} Q \cdot U = \frac{1}{2} \cdot 1,68 \cdot 10^{-3} \cdot 30 = 25,2mJ$$

11.3.2 Capacitor plano

Também chamado capacitor de placas paralelas, é constituído de armaduras planas iguais, geralmente de formato cilíndrico ou retangular. Devido a essa disposição das placas, o campo elétrico que surge entre as armaduras com cargas é do tipo uniforme ou constante.

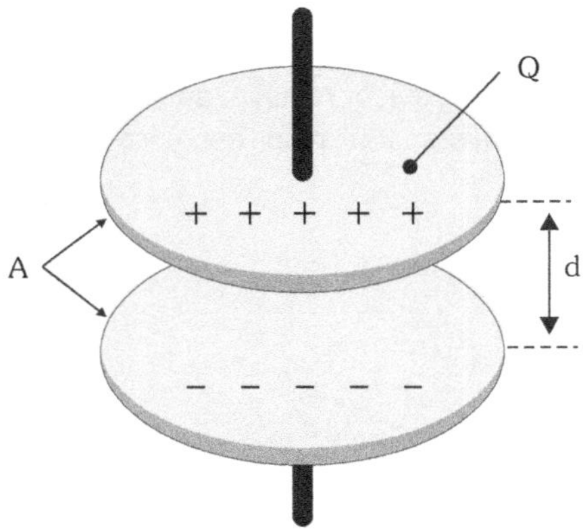

Figura 11.9

Considere um capacitor plano, com armaduras de área A, carregadas com carga Q, separadas por uma distância d através do vácuo. Podemos escrever:

$$C_0 = \frac{\varepsilon_0 A}{d}$$

Em que:

- C_0 – Capacitância do capacitor com dielétrico vácuo (F).
- A – Área de uma das armaduras (m^2).
- d – distância entre as armaduras (m).
- ε_0 – permissividade absoluta do vácuo = $8,85 \cdot 10^{-12}$ ($C^2/(N \cdot m^2)$).

Observação

Da expressão, podemos afirmar que a capacitância depende das dimensões do capacitor (distância entre armaduras e a área destas), além do tipo de dielétrico.

Considere agora que seja colocado entre as armaduras um dielétrico sólido qualquer. Ocorrerá polarização contrária às armaduras deste dielétrico, gerando-se um campo elétrico (E_d) de menor intensidade, porém oposto ao campo elétrico (E_0 = campo elétrico no vácuo) e que irá resultar em um campo elétrico (E) menor.

$$E = E_0 - E_d$$

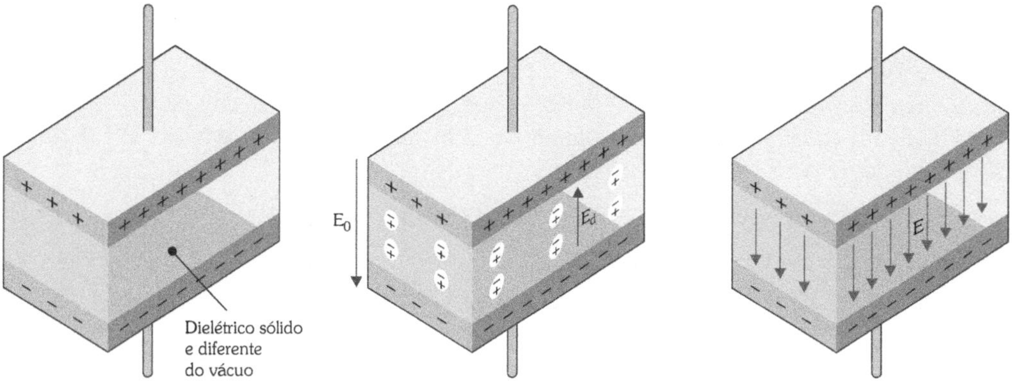

Figura 11.10

Desta forma, temos:

$$C = \frac{\varepsilon \cdot A}{d}$$

Em que:

- ε – permissividade do meio dielétrico qualquer ($C^2/(N \cdot m^2)$).
- C – capacitância com dielétrico qualquer (F).

Temos ainda que:

ε_r = permissividade relativa = relação entre a permissividade do meio e a permissividade do vácuo.

$$\varepsilon_r = \frac{\varepsilon}{\varepsilon_0} \text{ ou } \varepsilon = \varepsilon_r \cdot \varepsilon_0, \text{ logo:}$$

$$C = \varepsilon \cdot C_0 \text{ ou } C = \frac{\varepsilon_r \cdot \varepsilon_0 \cdot A}{d}$$

A tabela a seguir apresenta valores de permissividade relativa para alguns materiais.

Dielétrico	ε_r
Ar	1,0006 ≅ 1
Papel parafinado	2,5
Mica	5
Cerâmica	7,5

Exemplo

Determine a capacitância e a tensão entre as armaduras de um capacitor plano, com 0,5mm entre as armaduras, área de 1cm² e carga armazenada de 35,4pC. Considerando:

a) dielétrico vácuo ($\varepsilon_0 = 8{,}85 \cdot 10^{-12}\ (C^2/(N \cdot m^2))$)

$$C_0 = \frac{\varepsilon_0 A}{d} = \frac{8{,}85 \cdot 10^{-12} \cdot 1{,}0 \cdot 10^{-4}}{0{,}5 \cdot 10^{-3}} \Rightarrow C_0 = 1{,}77\text{pF}$$

$$U_0 = \frac{Q}{C} \Rightarrow U_0 = \frac{35{,}4 \cdot 10^{-12}}{1{,}77 \cdot 10^{-12}} \Rightarrow U_0 = 20\text{V}$$

b) dielétrico mica ($\varepsilon_r = 5$)

$$C = \varepsilon_r C_0 = 5 \cdot 1{,}77 \cdot 10^{-12} = 8{,}85 \cdot 10^{-12}\text{F} = 8{,}85\text{pF}$$

$$U = \frac{Q}{C} \Rightarrow U = \frac{35{,}4 \cdot 10^{-12}}{8{,}85 \cdot 10^{-12}} \Rightarrow U = 4\text{V}$$

Observação

Ao analisar os valores de ε_r dos vários dielétricos e os resultados obtidos no exemplo anterior, podemos concluir que a vantagem de usar um dielétrico qualquer, em vez do vácuo, é obtermos, para a mesma capacitância, a mesma carga armazenada, com uma tensão entre armaduras menor. Podemos também interpretar que a capacitância será maior para as mesmas dimensões do capacitor ou que é possível obter uma mesma capacitância com dimensões menores. Portanto:

$$\varepsilon_r = \frac{\varepsilon}{\varepsilon_0} = \frac{C}{C_0} = \frac{U_0}{U} = \frac{E_0}{E} \Rightarrow \varepsilon_r > 1$$

11.4 Associação de capacitores

Tem a finalidade de determinar um único capacitor que represente numericamente um grupo de capacitores ligados de maneiras diversas, que passa a se denominar capacitor equivalente ou total (C_{eq} ou C_T).

11.4.1 Associação série

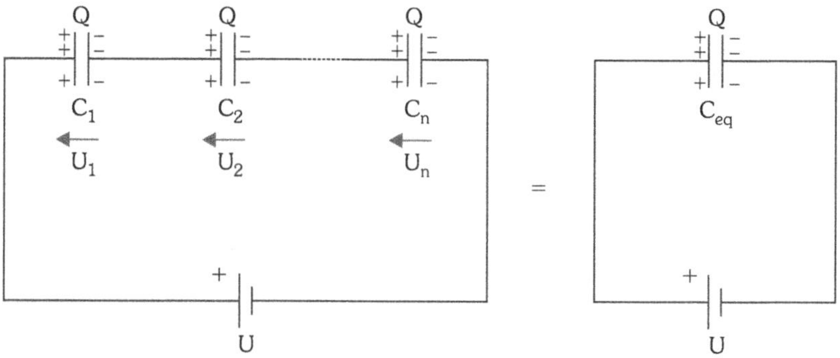

Figura 11.11

Devido à indução entre as armaduras de cada capacitor e dos capacitores do circuito, a carga elétrica será a mesma em todos os capacitores.

Q = constante, e:

$$U = \frac{Q}{C}$$

Como $U = U_1 + U_2 + ... + Un$, temos:

$$\frac{Q}{C_{eq}} = \frac{Q}{C_1} + \frac{Q}{C_2} + \ldots + \frac{Q}{C_n} \text{ e portanto } \frac{1}{C_{eq}} = \frac{1}{C_1} + \frac{1}{C_2} + \ldots + \frac{1}{C_n}$$

De modo análogo aos resistores em paralelo, podemos também escrever, quando da ligação de dois capacitores em série:

$$C_{eq} = \frac{C_1C_2}{C_1 + C_2}$$

E quando tivermos n capacitores iguais em série, ou seja: $C = C_1 = C_2 = ... = C_n$

$$C_{eq} = \frac{C}{n}$$

11.4.2 Associação paralelo

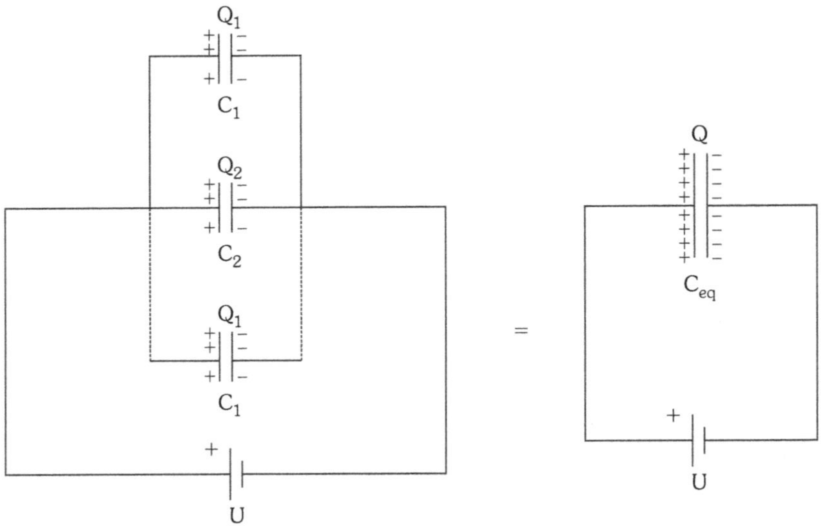

Figura 11.12

Neste caso, a tensão nos capacitores será a mesma (U = constante) e as cargas serão proporcionais aos valores das respectivas capacitâncias individuais, de modo que:

$$Q = Q_1 + Q_2 + ... + Q_n$$

Sendo $Q = C \cdot U$, temos:

$$C \cdot U = C_1 \cdot U + C_2 \cdot U + ... + C_n \cdot U$$

$C = C_1 + C_2 + ... + C_n$, análogo a resistências em série.

Exemplo

Para o circuito, determine a carga e a tensão em cada capacitor, além da energia total armazenada no circuito.

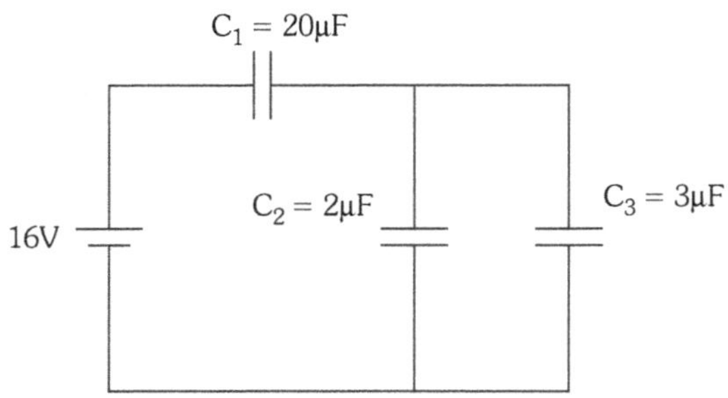

- Determinação do capacitor equivalente entre C2 e C3 = C'

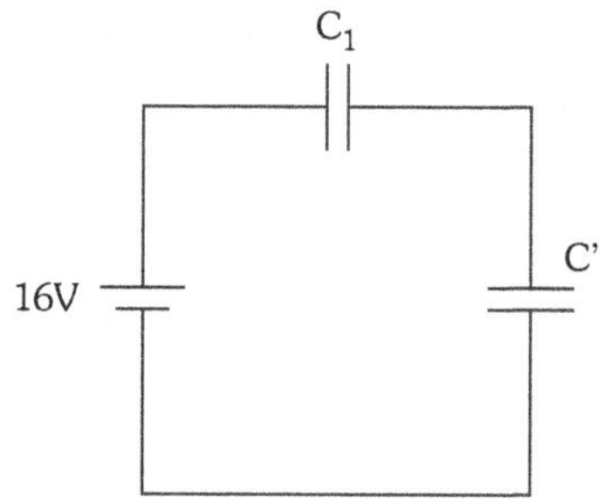

$$C' = C2 + C3 = 2\mu + 3\mu = 5\mu F$$

- Determinação de C_{eq}

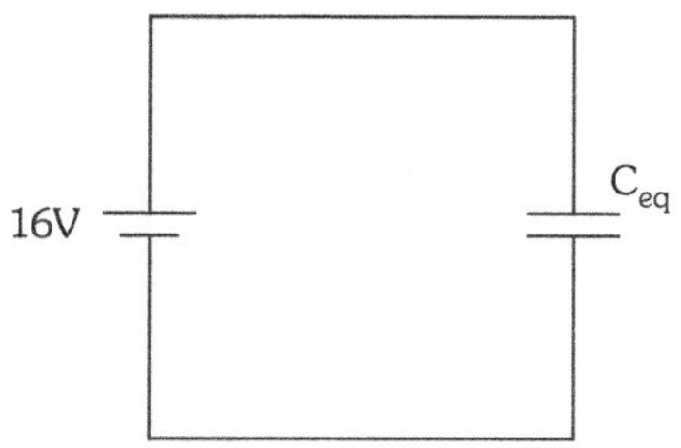

$$C_{eq} = \frac{C_1C'}{C_1 + C'} = \frac{20 \cdot 5}{20 + 5} = 4\mu F$$

$$Q = Q' = Q_1 = C_{eq} \cdot U = 4\mu \cdot 16 = 64\mu C$$

$$U_1 = \frac{Q}{C_1} = \frac{64\mu}{20\mu} = 3{,}2V$$

$$U = U_1 + U' \rightarrow U' = U - U_1 = 16 - 3{,}2 = 12{,}8V$$

$$U' = U_2 = U_3 = 12{,}8V$$

$$Q_2 = C_2 \cdot U_2 = 2\mu \cdot 12{,}8 = 25{,}6\mu C$$

$$Q_3 = C_3 \cdot U_3 = 3\mu \cdot 12{,}8 = 38{,}4\mu C$$

11.5 Circuito em corrente contínua

Em um circuito puramente resistivo em corrente contínua, a tensão e a corrente permanecem constantes ao longo do tempo. Além de a única forma de energia envolvida ocorrer sob a forma de calor (efeito Joule), as únicas eventuais alterações nos valores de tensão e corrente ocorrem quando ligamos ou desligamos o circuito por meio de uma chave ou interruptor, mudando esses valores de zero a um valor qualquer e vice-versa, em um tempo infinitamente pequeno.

Nos circuitos com capacitores, como a ação do campo elétrico no interior do capacitor varia à medida que o capacitor se carrega, isso não ocorre. Essa variação do campo elétrico ocorre de forma não linear, exponencial, e se reflete nos valores de tensão e corrente. Enquanto tal variação ocorre, estamos no **regime transitório**; cessada essa variação, os valores se estabilizam e permanecem fixos, e a partir daí passamos ao **regime permanente.**

Observação

Ao longo do regime transitório, atribuímos letras minúsculas aos valores de tensão e corrente instantâneos obtidos, o que padroniza doravante valores variáveis. Já ao longo do regime permanente, atribuímos letras maiúsculas, indicando valores fixos ou constantes.

Nos circuitos puramente resistivos, lembramos que $I = \frac{q}{\Delta T}$, porém, como nos circuitos capacitivos o deslocamento de cargas ocorre de modo constante, temos: $\left(I = \frac{\Delta Q}{\Delta T}\right)$

Como $q = C \cdot U$, e $C =$ constante, logo: $\Delta Q = C \cdot \Delta U$, temos:

$$i = \frac{C\Delta U}{\Delta t}$$

11.5.1 Circuito de carga do capacitor

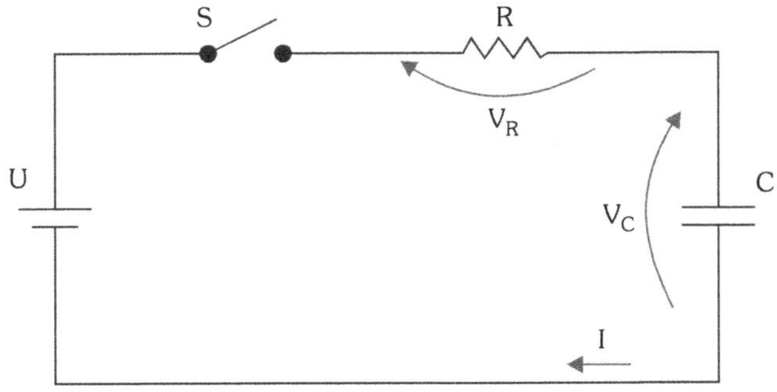

Figura 11.13

Considere o capacitor totalmente descarregado.

Em t = 0, exato momento do fechamento da chave "S", temos:

$$V_R = U \qquad V_C = 0 \qquad I = I_{máx} = U/R$$

Em t > 0, devido à atuação do campo elétrico no interior do capacitor, os valores de tensão e corrente variam segundo uma exponencial até atingir o regime permanente, ou seja, valores definitivos de tensão e corrente. O tempo necessário para atingir esse regime é proporcional a uma constante τ, denominada constante de tempo do capacitor.

$$\tau = R \cdot C \text{ [s]}$$

Sendo R a resistência de Thévenin, vista pelo capacitor [Ω].

Podemos escrever:

$$I = I_{máx} \cdot e^{-t/\tau}$$

Como $V_R = R \cdot I$, temos:

$$V_R = R \cdot I_{máx} \cdot e^{-t/\tau}$$

Logo:

$$V_R = U \cdot e^{-t/\tau}$$

No circuito:

$$U = V_R + V_C \Rightarrow V_C = U - V_R \Rightarrow V_C = U - U \cdot e^{-t/\tau} \Rightarrow V_C = U \cdot (1 - e^{-t/\tau})$$

Atribuindo-se valores de t múltiplos de τ temos, matematicamente, que o tempo necessário aproximado para se atingir o regime permanente é de **5**τ.

De forma gráfica, temos:

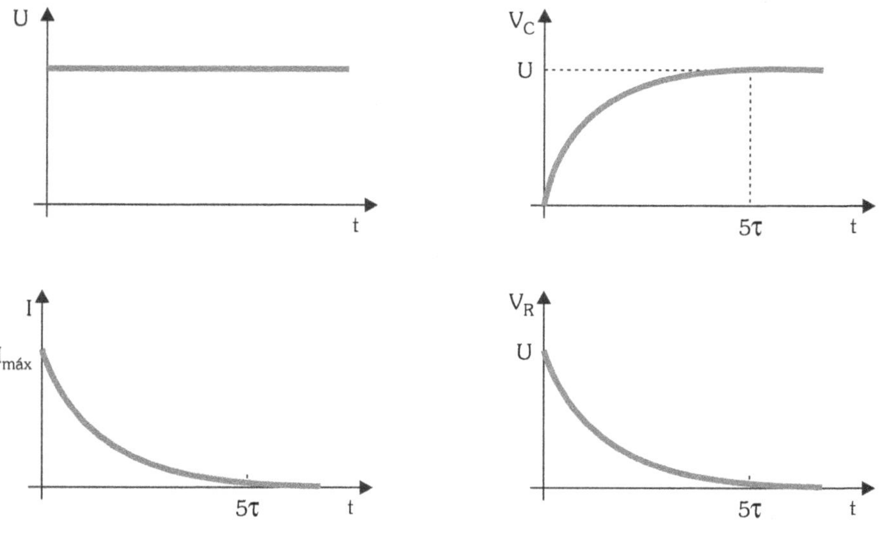

Resumo

Para $t = 0$, $V_C = 0$ e $I = I_{máx}$, o capacitor está descarregado e se comporta como um curto-circuito; para $t = 5\tau$, $V_C = V_{Cmáx} = U$ e $I = I_{máx}$, o capacitor está carregado e se comporta como um circuito aberto.

11.5.2 Circuito de descarga do capacitor

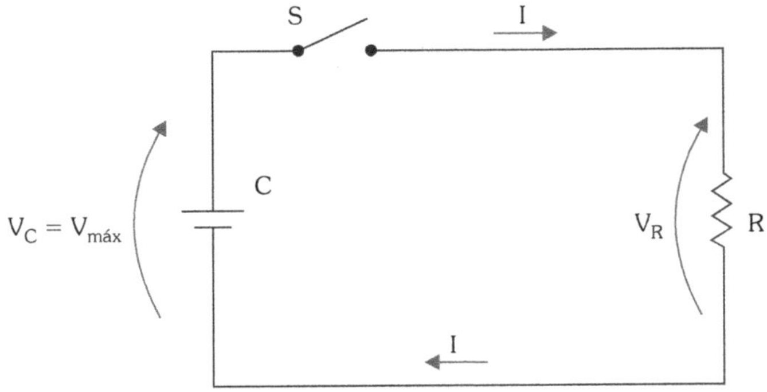

O capacitor está carregado com $V_{Cmáx}$, que pode ou não ser igual a U (tensão da fonte no circuito de carga anterior).

A partir do fechamento da chave, o capacitor passa a se comportar como a fonte do circuito. Ocorrerá um deslocamento de cargas (elétrons) de uma armadura em direção à armadura de sinal oposto, ou seja, surge uma corrente elétrica no circuito que, de modo análogo ao circuito de carga, terá uma variação exponencial devido ao campo elétrico no capacitor.

Em $t = 0$, exato momento do fechamento da chave "S", temos:

$$V_C = V_R = V_{Cmáx} \qquad I = I_{máx} = V_{Cmáx}/R$$

Em $t > 0$, os valores de tensão e corrente, de modo análogo ao circuito de carga, variam segundo uma exponencial até atingir o regime permanente. O tempo necessário para se atingir esse regime também é proporcional à constante τ, que pode ou não ser igual à constante τ do circuito de carga, dependendo da resistência no circuito de descarga.

$$\tau = R \cdot C \text{ [s]}$$

Podemos escrever:

$$I = I_{máx} \cdot e^{-t/\tau} = (V_{Cmáx}/R) \cdot e^{-t/\tau}$$

Como $V_R = R \cdot I$, temos:

$$V_C = V_R = R \cdot I_{máx} \cdot e^{-t/\tau} = V_{Cmáx} \cdot e^{-t/\tau}$$

Mais uma vez, atribuindo-se valores de t múltiplos de τ, temos que o tempo necessário aproximado para que o capacitor se descarregue por completo ($V_C = 0$, $Q = 0$) é de $\mathbf{5\tau}$.

Graficamente, temos:

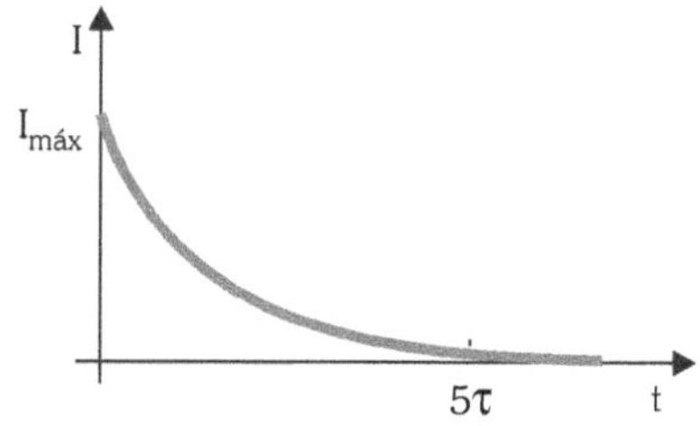

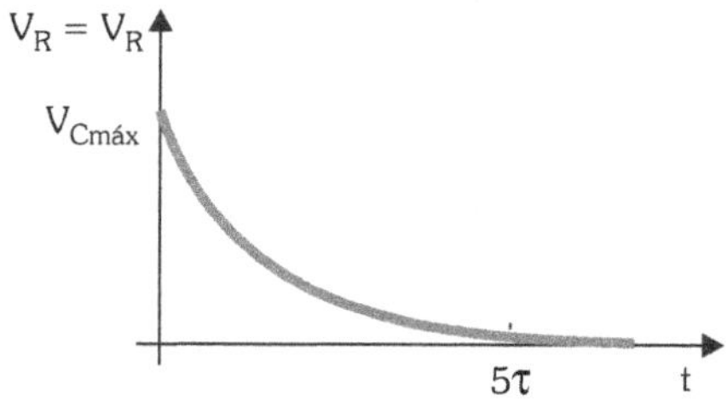

Exemplo

Para o circuito abaixo, vamos resolver os itens a) a c) a seguir:

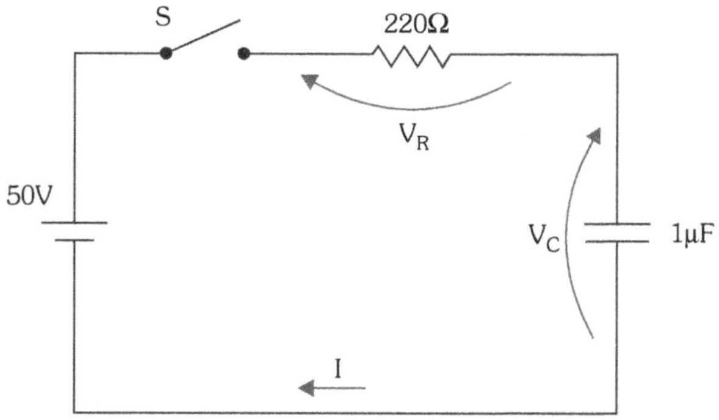

a) as equações de $V_C(t)$, $V_R(t)$ e $I(t)$;

$$\tau = R_C \Rightarrow \tau = 220 \cdot 1\mu = 220 \ [\mu s]$$

$$I = I_{máx} = U/R = 50/220 = 227{,}27 \ [mA]$$

$$I = I_{máx} \cdot e^{-t/\tau} = 227{,}27 \cdot e^{-t/220\mu} \ [mA]$$

$$V_R = U \cdot e^{-t/\tau} = 50 \cdot e^{-t/220\mu} \ [V]$$

$$V_C = U \cdot (1 - e^{-t/\tau}) = 50 \cdot (1 - e^{-t/220\mu}) \ [V]$$

b) os valores de I, V_R e V_C para os instantes $t_1 = 1ms$ e $t_2 = 2{,}5ms$

$$P/ \ t_1 = 1ms$$

$$I_{(1)} = 227{,}27 \cdot e^{-1m/220\mu} = 2{,}41mA$$

$$V_{R1} = 50 \cdot e^{-1m/220\mu} = 0{,}53V$$

$$V_{C1} = 50 \cdot (1 - e^{-1m/220\mu}) = 49{,}47V$$

P/ $t_2 = 2{,}5ms > 5 \cdot \tau \rightarrow$ capacitor plenamente carregado, logo:

$$I_{(2,5)} = 0; \quad V_{R2,5} = 0; \; V_{C2,5} = 50V$$

c) os gráficos de $V_C(t)$ e $V_R(t)$, indicando os valores em $t = 0, \tau, 2\tau, 3\tau, 4\tau$ e 5τ.

Partimos das equações $V_C(t) = 50 \cdot (1 - e^{-t/220\mu})$ e $V_R = 50 \cdot e^{-t/220\mu}$ atribuímos os valores de t, preenchendo a tabela:

t	V_R(V)	V_C(V)
0	50	0
τ	18,39	31,61
2τ	16,77	43,23
3τ	12,42	47,51
4τ	0,92	49,08
5τ	0	50

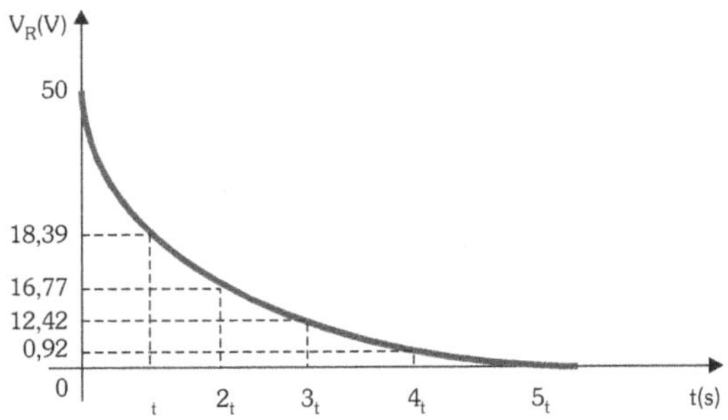

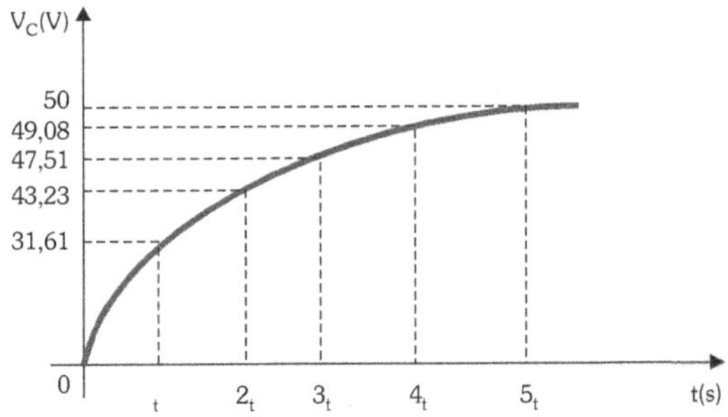

d) O tempo necessário para a tensão no capacitor(V_C) atingir 25V.

$$V_C(t) = 50 \cdot \left(1 - e^{\frac{-t}{220\mu}}\right) = 25 \Rightarrow$$

$$\Rightarrow 0{,}5 = 1 - e^{\frac{-t}{220\mu}} \Rightarrow -0{,}5 = -e^{\frac{-t}{220\mu}} \Rightarrow$$

aplicando logaritmo neperiano, em ambos os lados da equação, temos:

$$\ell n\,(0{,}5) = \ell n e^{\frac{-t}{220}} \Rightarrow -0{,}6931 = \frac{-t}{220} \Rightarrow t = 152{,}5\mu s$$

Exercícios propostos

Determine a capacitância equivalente ao circuito entre os pontos A e B:

1)

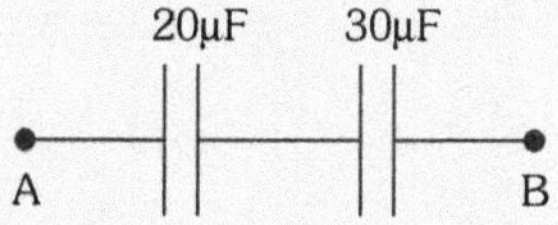

3)

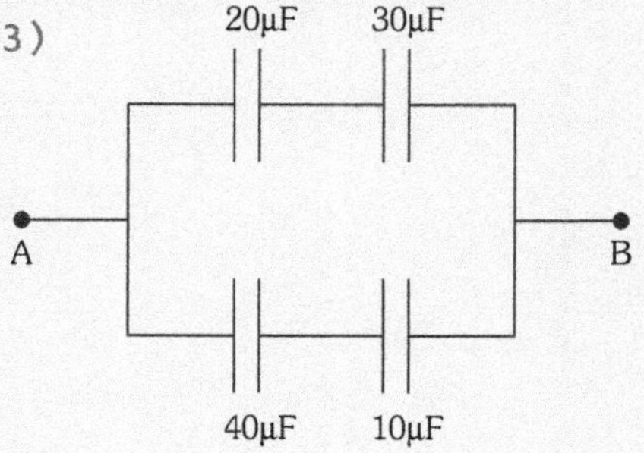

2)

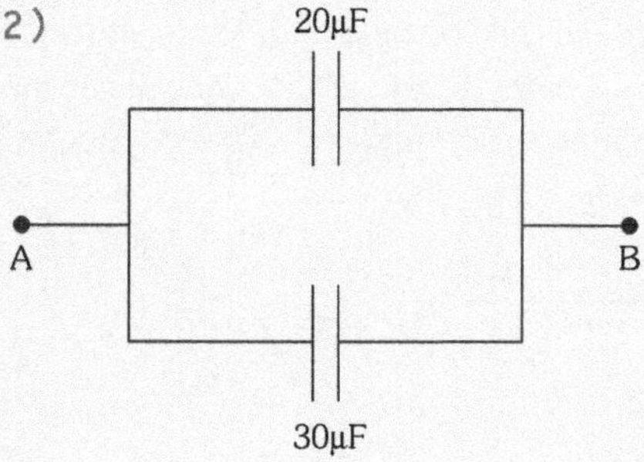

4)

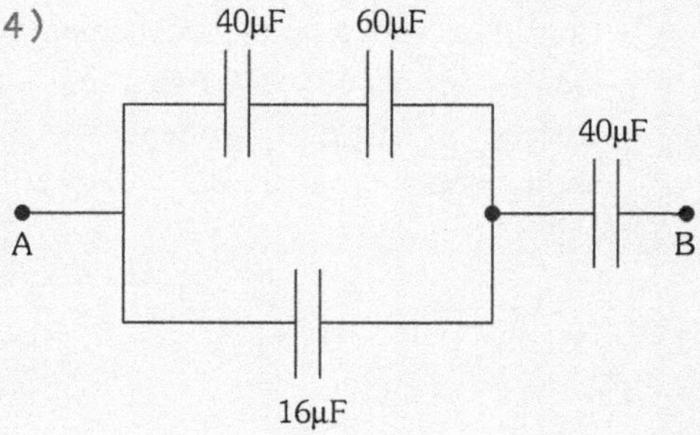

Determine a carga e a tensão em cada capacitor dos circuitos abaixo. Adicionalmente, sendo a energia total armazenada no circuito igual a 240mJ, determine: U, U_{12} e U_3.

5)

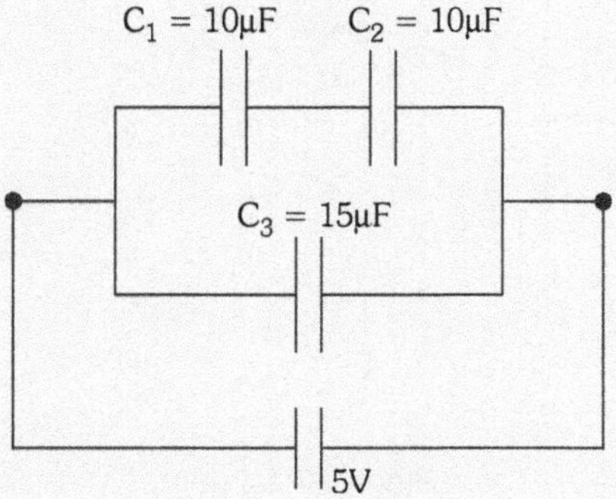

6)

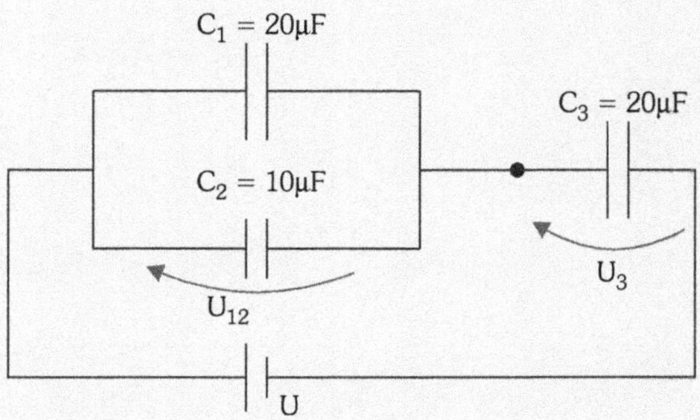

7) No circuito abaixo, a energia total armazenada é de 9mJ. Determine o valor de C_1.

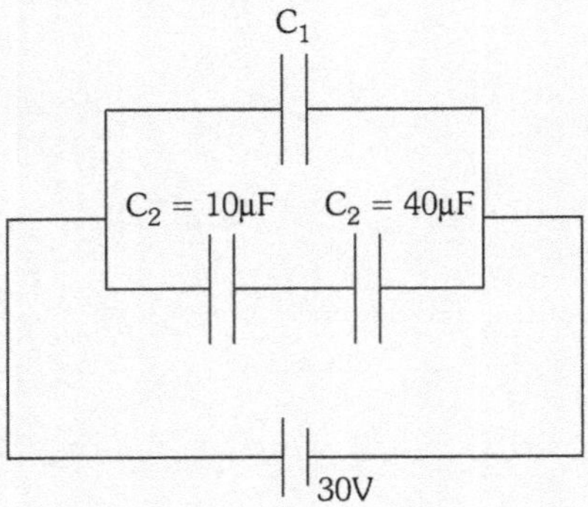

8) Considere em t = 0 (fechamento da chave na posição 1) capacitor descarregado. A chave permanece na posição 1 durante 8s antes de passar para a posição 2, em que permanece definitivamente. Determine os valores de V_c para os instantes t_1 = 3s, t_2 = 6s, t_3 = 10s e t_4 = 15s.

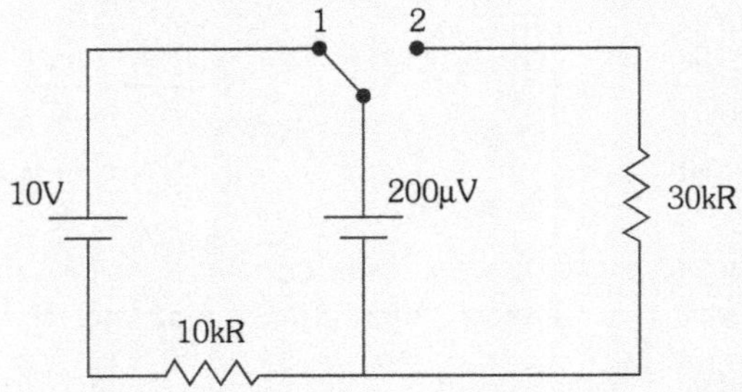

9) No circuito:

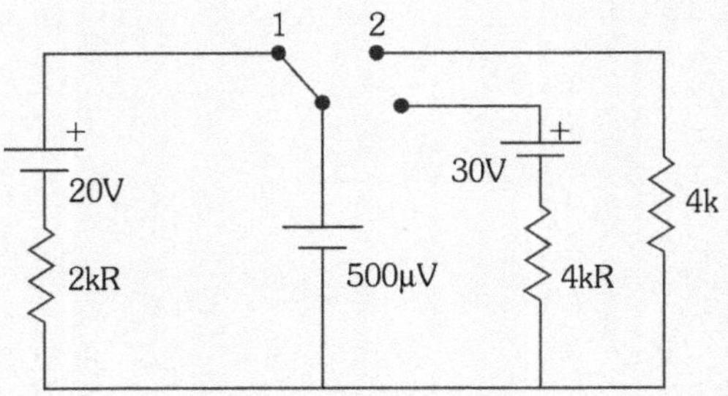

Em t = 0, a chave é colocada na posição 1 (considere inicialmente o capacitor descarregado). Em t = 6s a chave muda para a posição 2.

Em t = 10s a chave passa para a posição 3 e permanece definitivamente.

Construa o gráfico de V_C, indicando os instantes t = 2s, 4s, 6s, 8s, 10s e 12s.

12

Indutores

12.1 Teoria

Também denominados **bobinas**, os **indutores** são dispositivos constituídos de espiras ou fios enrolados sobre um núcleo. Sua finalidade é armazenar energia potencial elétrica por meio do campo elétrico que irá surgir em seu interior, principalmente.

Simbologia

Figura 12.1

12.2 Princípio de funcionamento

Consideremos de início um indutor, no ar ou vácuo, totalmente desenergizado, ou seja, sem campo magnético.

Importante

A passagem de corrente elétrica através de um condutor, ou seja, o movimento de cargas elétricas no interior de um condutor, produz campo magnético a seu redor.

Sem que haja fonte de alimentação, ligamos esse indutor unicamente a um galvanômetro (aparelho muito sensível capaz de detectar corrente elétrica de baixíssima intensidade – é a base dos instrumentos de medição analógicos) de zero central, o que permite o deslocamento do ponteiro para os dois lados, conforme o sentido da corrente elétrica.

Vamos aproximar um imã desse indutor e movimentá-lo em direção ao seu interior. Observamos que ocorre o deslocamento do ponteiro do galvanômetro, por exemplo para a direita, o que indica a presença de corrente no circuito (lembre-se: não há fonte de alimentação).

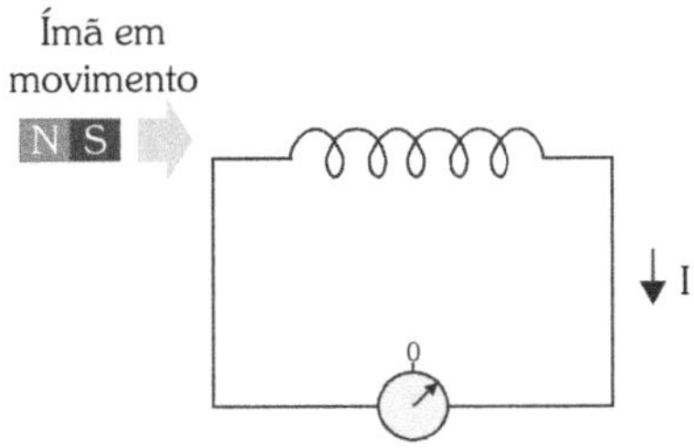

Figura 12.2

Cessado o movimento do imã (esteja ele no interior ou fora do indutor), cessa o movimento do ponteiro do galvanômetro, que retorna a zero. Isso indica que não há mais corrente elétrica no circuito.

Vamos considerar, para efeito de representação, que o ímã esteja parado no interior do indutor.

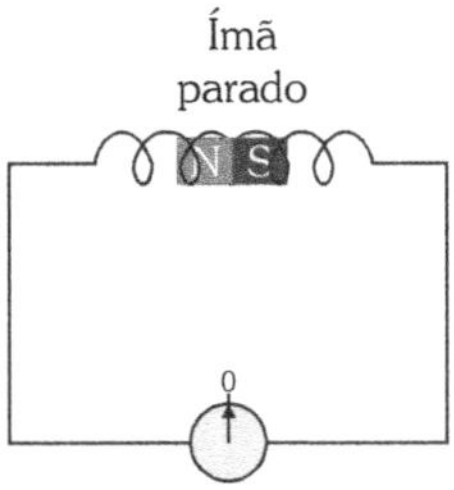

Figura 12.3

Se retirarmos o ímã pelo mesmo lado pelo qual fora introduzido inicialmente, observamos que o ponteiro do galvanômetro agora deflete no sentido oposto do inicial, no exemplo, para a esquerda. Mais uma vez, isso indica a presença de corrente elétrica, também em sentido contrário ao primeiro.

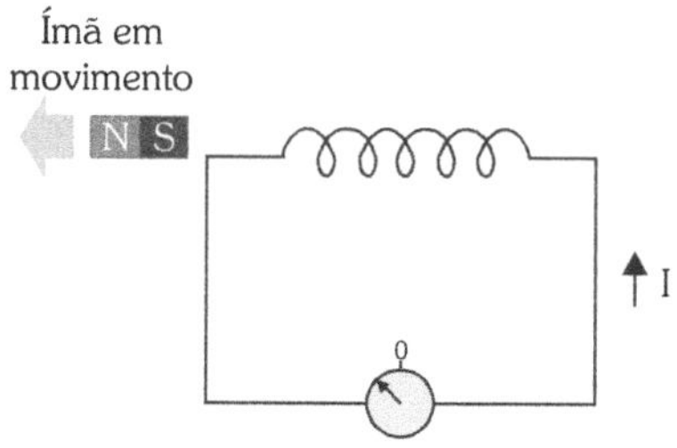

Figura 12.4

Podemos concluir que o indutor "reage" a toda e qualquer variação de campo magnético (B) ou do fluxo magnético (Φ) em seu interior "gerando" uma tensão e consequente corrente (induzidas), cujo sentido produz um campo magnético que se opõe a essa variação. Isso ocorre devido à ação do campo magnético do ímã sobre as partículas (cargas) no interior do condutor (fio que constitui o indutor), que resulta em uma força magnética que dá origem a essa movimentação de cargas ou corrente elétrica.

12.3 Indutância

É o parâmetro que relaciona o campo magnético com a corrente induzida no indutor. Pode ser obtido da expressão:

$$e = -L\frac{\Delta i}{\Delta t}$$

Em que:

- e – tensão induzida entre os terminais do indutor [V = Volt].
- Δi – variação de corrente [A = Ampere].
- Δt – intervalo de tempo em que ocorre a variação Δi [s = segundos].
- L – indutância [H = Henry].

Lembrando que o sinal de (-) indica apenas oposição ou contraposição ao campo inicial.

Observação

Henry (H) é unidade dada em homenagem ao físico americano Joseph Henry.

A unidade Henry corresponde a uma grandeza relativamente elevada, por isso costuma-se trabalhar com um de seus submúltiplos, o mili-Henry (mH = 10^{-3}H).

12.3.1 Energia armazenada

A energia armazenada no indutor é a energia armazenada no campo magnético e se determina:

$$E_n = \frac{1}{2} L \cdot i^2 \quad [J = \text{Joule}]$$

12.3.2 Indutor de uma só camada

Considere um indutor com uma única camada de espiras no vácuo:

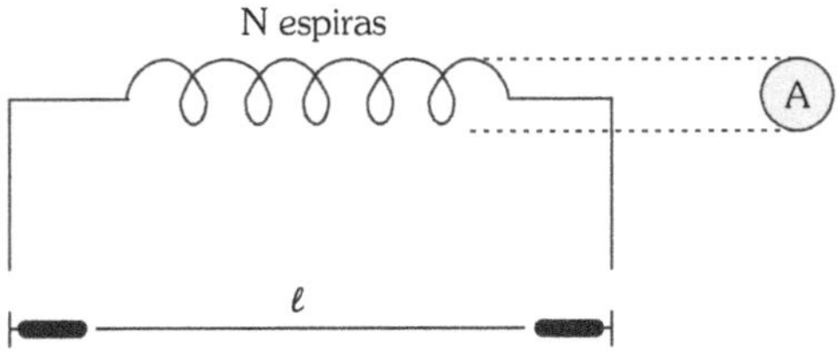

Figura 12.5

Podemos determinar de forma aproximada a indutância desse indutor:

$$L_0 = \frac{N^2 \mu_0 A}{\ell}$$

Em que:

- A – área da espira do Indutor [m^2].
- l – comprimento da espira [m].
- N – número de espiras do indutor.
- μ_0 – permeabilidade magnética do vácuo [H/m] = $4\pi 10^{-7}$[H/m].
- L_0 – indutância [H = Henry].

Observação

Quanto maior a relação entre o comprimento e o diâmetro da espira, mais precisa se torna a fórmula apresentada na determinação da indutância do indutor.

Podemos aumentar a concentração de linhas de campo magnético (Φ = fluxo magnético [Wb = Weber]), no interior do indutor, colocando um núcleo de material ferromagnético.

Existe uma relação entre a permeabilidade magnética do material ferromagnético (μ) e a permeabilidade magnética no vácuo (μ_0) denominada permeabilidade relativa (μ_0), dada por:

$$\mu_r = \frac{\mu}{\mu_0}$$

Podemos reescrever a equação anterior:

$$L = \frac{N^2 \mu A}{\ell} \quad \text{ou} \quad L = \frac{\mu_0 N^2 \mu A}{\ell}$$

Temos ainda:

$$L = \mu_r \cdot L_0$$

A tabela a seguir apresenta valores de permeabilidade relativa de alguns materiais.

Material	μ_r
Ar	$\cong 1$
Níquel	400 a 1000
Ferro	6000 a 8000
Permalói (21,5%Fe + 78,5%Ni)	80.000

Exemplo

Determine a indutância de um indutor de uma só camada com 60 espiras, 1cm^2 de área e 3cm de comprimento para os seguintes núcleos:

a) Vácuo ($\mu_0 = 4\pi 10^{-7}$[H/m])

$$L_0 = \frac{N^2 \mu A}{\ell} = \frac{60^2 \cdot 4 \cdot \pi \cdot 10^{-7} \cdot 1 \cdot 10^{-4}}{3 \cdot 10^{-2}} \Rightarrow L_0 = 2{,}4\mu H$$

b) Níquel ($\mu_r = 700$)

$$L = \mu_r \cdot L_0 = 700 \cdot 2{,}4 \cdot 10^{-6} \Rightarrow L = 1{,}68mH$$

c) Ferro ($\mu_r = 8000$)

$$L = \mu_r \cdot L_0 = 8000 \cdot 2{,}4 \cdot 10^{-6} \Rightarrow L = 19{,}2mH$$

12.4 Associação de indutores

Tem a finalidade da determinação de um único indutor, que represente numericamente um grupo de indutores ligados de maneiras diversas e passa a se denominar indutor equivalente ou total (L_{eq} ou L_T).

12.4.1 Associação série

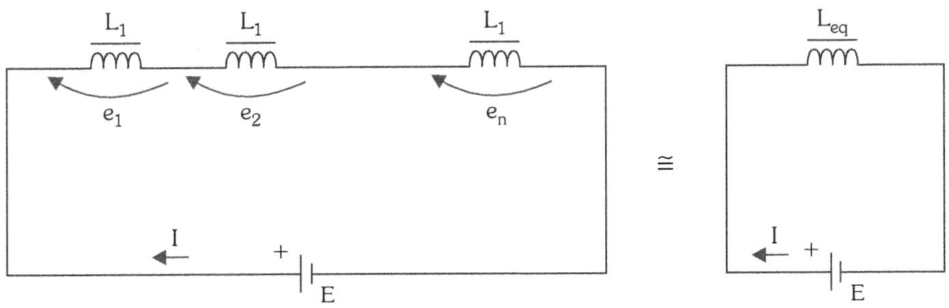

Figura 12.6

No circuito temos:

$$E = e_1 + e_2 + \dots + e_n$$

Lembrando que:

$E = -L \dfrac{\Delta i}{\Delta t}$, caso ocorra uma variação de corrente Δi ao longo do intervalo de tempo Δt, temos:

$$-L_{eq} \frac{\Delta i}{\Delta t} = -L_1 \frac{\Delta i}{\Delta t} + \left(-L_2 \frac{\Delta i}{\Delta t}\right) + \dots + \left(-L_n \frac{\Delta i}{\Delta t}\right)$$

Como $\dfrac{\Delta i}{\Delta t}$ é constante, temos:

$L_{eq} = L_1 + L_2 + \dots + L_n$ (análogo a resistores em série)

12.4.2 Associação paralelo

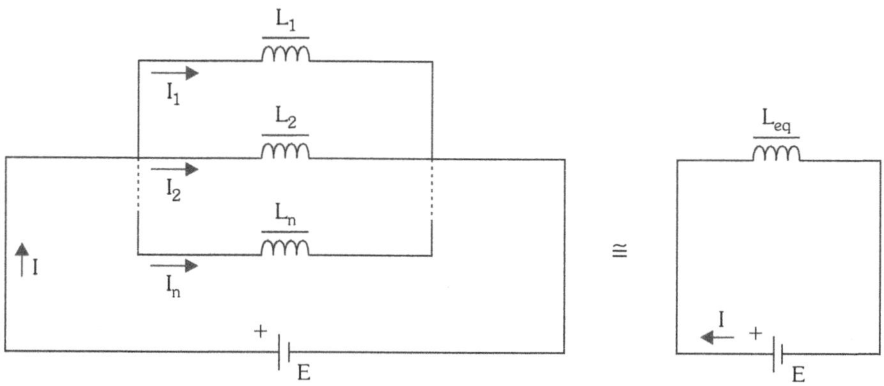

Figura 12.7

Neste caso, E = constante e a variação de corrente total Δi irá se propagar em todas as outras correntes do circuito, ao longo do mesmo intervalo Δt (constante), logo:

$$\Delta i = \Delta i_1 + \Delta i_2 + \ldots + \Delta i_n$$

Como $\Delta i = -\frac{E}{L}\Delta t$, temos:

$$-\frac{E}{L_{eq}}\Delta t = \left(-\frac{E}{L_1}\Delta t\right) + \left(-\frac{E}{L_2}\Delta t\right) + \ldots + \left(-\frac{E}{L_n}\Delta t\right)$$

Logo:

$$\frac{1}{L_{eq}} = \frac{1}{L_1} + \frac{1}{L_2} + \ldots + \frac{1}{L_n}$$

Analogamente aos resistores em paralelo, podemos ter ainda os casos particulares:

a) Dois indutores diferentes em paralelo:

$$L_{eq} = \frac{L_1L_2}{L_1 + L_2}$$

b) n indutores iguais em paralelo:

$$L_{eq} = \frac{L}{n}$$

Exemplo

Determine a indutância equivalente da associação entre os pontos A e B.

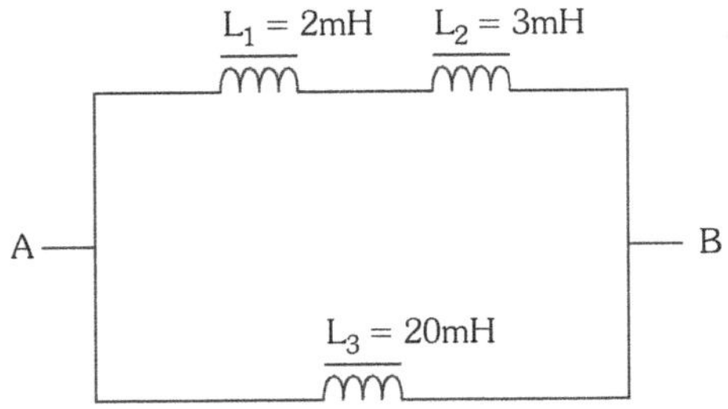

Em primeiro lugar, determina-se a indutância equivalente entre L1 e L2, que denominamos L12:

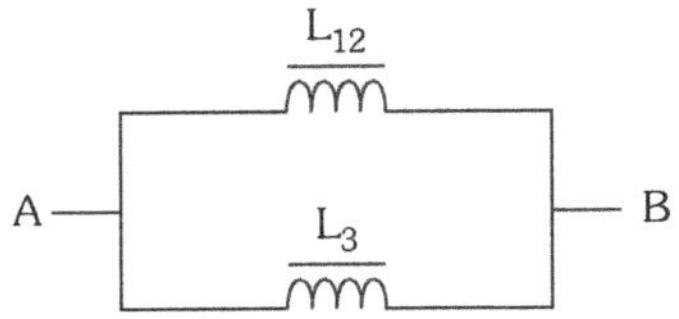

$$L_{12} = L_1 + L_2 = 2m + 3m = 5Mh$$

Em seguida, resolvemos a associação em paralelo entre L_{12} e L_3:

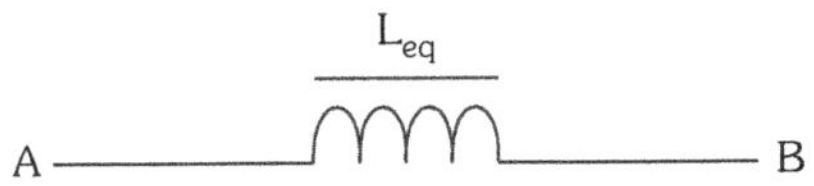

$$L_{eq} = \frac{L_{12}L_{33}}{L_{12} + L_3} = \frac{5 \cdot 20}{5 + 20} = 4mH$$

12.5 Circuito em corrente contínua

Assim como ocorre com os capacitores, só que em função da ação do campo magnético, no interior dos indutores também ocorre variação do campo de forma não linear, exponencial, e ela se reflete nos valores de tensão e corrente. Enquanto tal variação ocorre, estamos no **regime transitório**; cessada essa variação, os valores se estabilizam, permanecem fixos, e a partir daí passamos ao **regime permanente.** Nessa condição, o indutor está energizado.

12.5.1 Circuito para energizar o indutor

Considere inicialmente o indutor totalmente desenergizado.

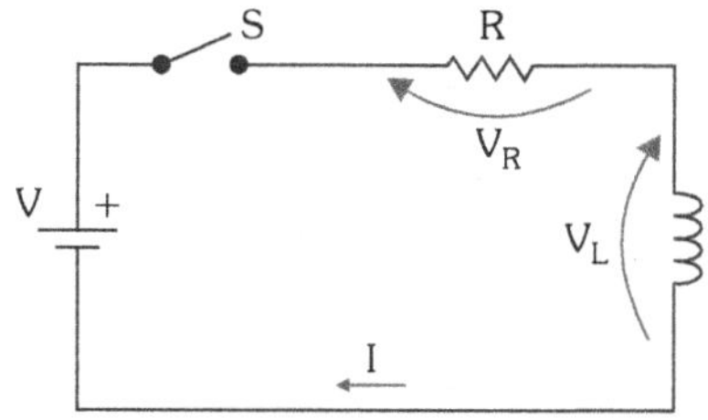

Figura 12.8

Em t = 0, fechamento da chave S, temos:

$$I = 0$$

$$V_R = R \cdot I = 0$$

Sendo $V = V_R + V_L$, logo:

$$V_L = V$$

Pois o indutor reage à presença do campo magnético, consequente da tensão e da corrente no circuito, "produzindo" uma corrente igual e de sentido contrário, de modo que elas se anulam mutuamente.

Em t > 0, assim como no capacitor, devido à atuação do campo magnético no interior do indutor, os valores de tensão e corrente variam segundo uma exponencial até atingir o regime permanente. O tempo necessário para atingir esse regime é proporcional a uma constante τ, denominada constante de tempo do indutor, dada em segundos e definida por:

$$\tau_L = \frac{L}{R}$$

Em que, mais uma vez, R corresponde à resistência de Thévenin, agora vista pelo indutor [Ω].

Desse modo, teremos as equações para o regime transitório:

$$V_L = V_{Lmáx} \cdot e^{\frac{-t}{\tau}} = V \cdot e^{\frac{-t}{\tau}}$$

$$I = I_{máx} \cdot \left(1 - e^{\frac{-t}{\tau}}\right) = \left(\frac{V}{R}\right) \cdot \left(1 - e^{\frac{-t}{\tau}}\right) = \frac{V\left(1 - e^{\frac{-t}{\tau}}\right)}{R}$$

$$V_R = V \cdot \left(1 - e^{\frac{-t}{\tau}}\right)$$

No caso, a tensão no indutor (V_L) irá decrescer até atingir "zero", enquanto a corrente elétrica (I) e a tensão no resistor irão crescer até atingir seus valores máximos, respectivamente V/R e V. Assim como feito para os capacitores, ao substituirmos, nas equações para o indutor, valores de tempo variando de τ em τ (τ, 2τ, 3τ,...), observamos por aproximação que o tempo necessário para se atingir o regime permanente é de 5τ.

Graficamente:

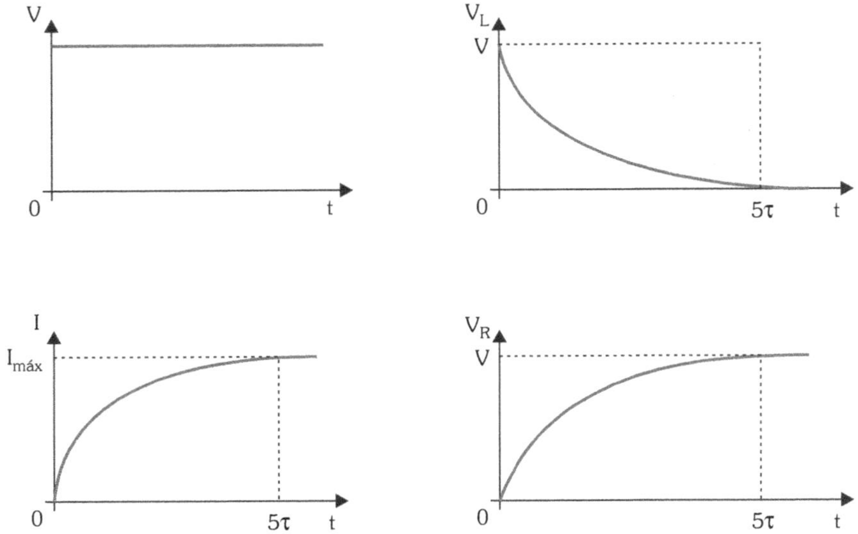

Resumo: Para t = 0, $V_L = V_{Lmáx} = V$ e I = 0, o indutor está desenergizado, se comporta como um circuito aberto.

Para $t = 5\tau$, $V_L = 0$ e $I = I_{máx}$, o indutor está energizado, se comporta como um curto-circuito.

12.5.2 Circuito para desenergizar o indutor

Considere o indutor energizado, com a corrente $I_{máx}$, igual ou não à corrente máxima do circuito de energização.

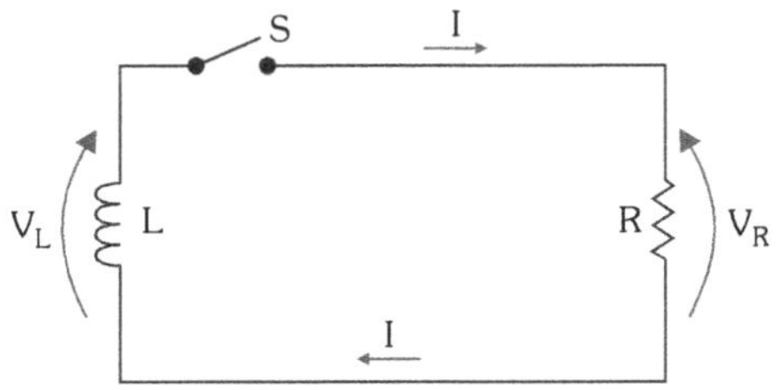

Com o fechamento da chave S, em t = 0, o indutor passa a se comportar como uma fonte de corrente para o circuito, fornecendo corrente ao resistor R, dando origem à tensão V_R. Nesta situação:

$$I = I_{Máx}$$

$$V_L = V_R = R \cdot I = R \cdot I_{Máx}$$

Em t > 0, passa a ocorrer o decréscimo desses valores de forma exponencial, devido à ação do campo magnético no interior do indutor, até que todos os valores sejam zerados, atingindo-se mais uma vez o regime permanente após aproximadamente 5τ, onde τ pode ou não ser igual ao valor do circuito de energização, em virtude de eventual mudança no valor de R.

As expressões que melhor representam o regime transitório para o circuito são:

$$I = I_{Máx} \cdot e^{-t/\tau} = (V_{RMáx}/R) \cdot e^{-t/\tau}$$

$$V_L = V_R = V_{RMáx} \cdot e^{-t/\tau}$$

Graficamente:

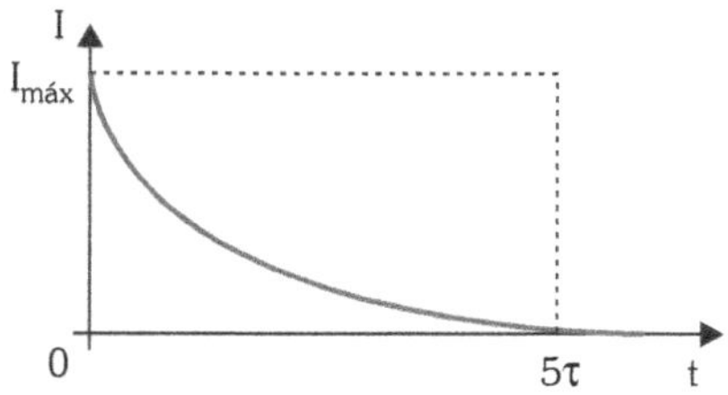

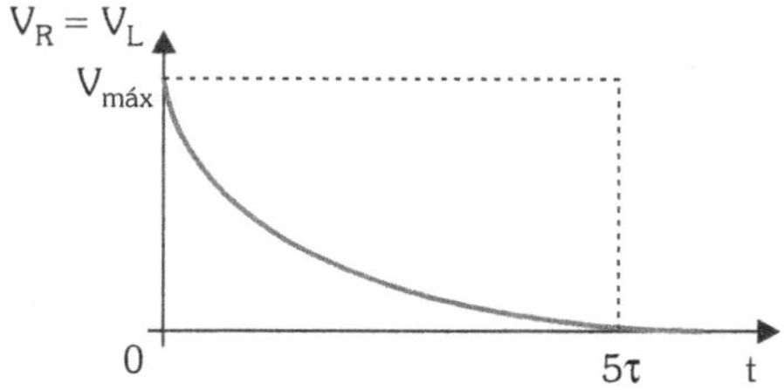

Exemplo

Determine o gráfico de i(t) para o circuito a seguir, no intervalo de 0 a 6ms, indicando valores com variação de 1 em 1ms. Considere em t = 0 a chave "S" posicionada em 1 e com o indutor totalmente desenergizado. Em t = 3ms a chave passa para a posição 2.

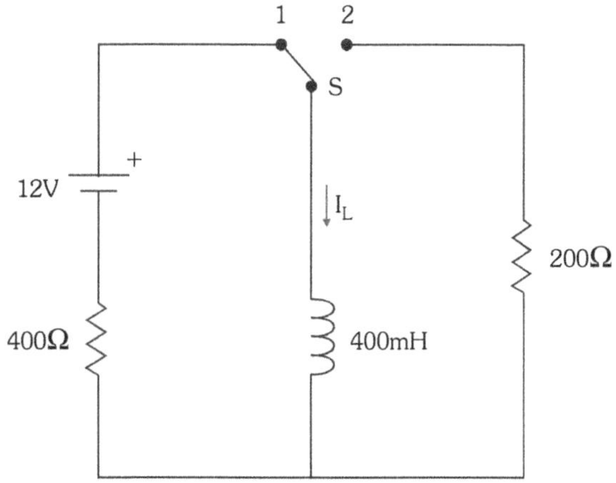

Solução:

Para o intervalo entre t = 0 e t = 3ms, na posição 1, temos:

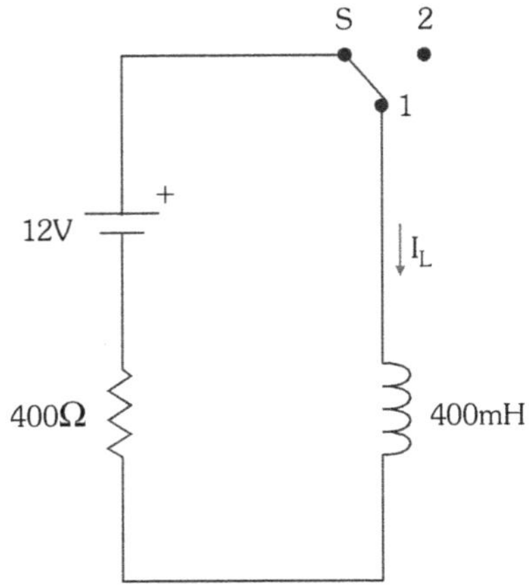

$$\tau_1 = \frac{L}{R_1} = \frac{400mH}{400\Omega} = 1ms$$

$$i_{Lmáx} = \frac{E}{R} = \frac{12V}{400\Omega} = 30 \cdot 10^{-3} = 30mA$$

$$i_L(t) = i_{Lmáx}\left(1 - e^{\frac{-t}{\tau_L}}\right) = 30 \cdot 10^{-3}\left(1 - e^{\frac{-t}{1}}\right) = 30m\left(1 - e^{\frac{-t}{1}}\right)$$

Substituindo os valores de t na equação, conforme enunciado, temos:

t(ms)	0	1	2	3
I(mA)	0	18,96	25,94	28,51

Para o intervalo entre t = 3ms e t = 6ms, na posição 2, partimos de I = 28,5mA (último valor na posição1) e descontando os 3ms iniciais, temos:

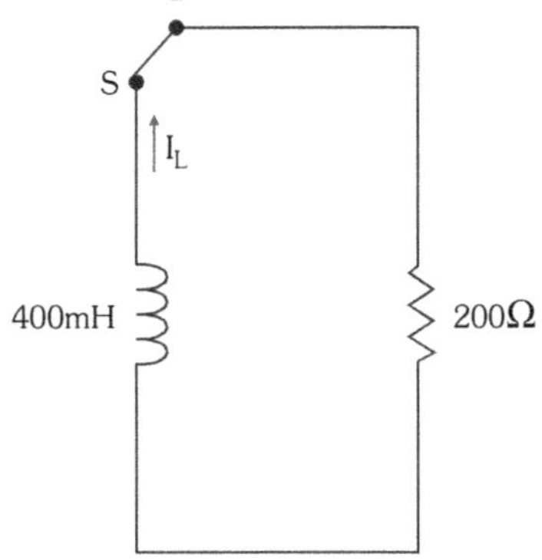

$$\tau_{L2} = \frac{L}{R_2} = \frac{400mH}{200\Omega} = 2ms$$

$$i_L(t) = i_{Lmáx} e^{\frac{-t}{\tau_L}} = 28{,}51 \cdot 10^{-3} e^{\frac{-(t-3)}{2}} = 28{,}51m\ e^{\frac{(3-t)}{2}}$$

Substituindo valores a partir de 3ms, temos:

t(ms)	3	4	5	6
I(mA)	28,51	17,29	10,49	6,36

Portanto, no gráfico teremos:

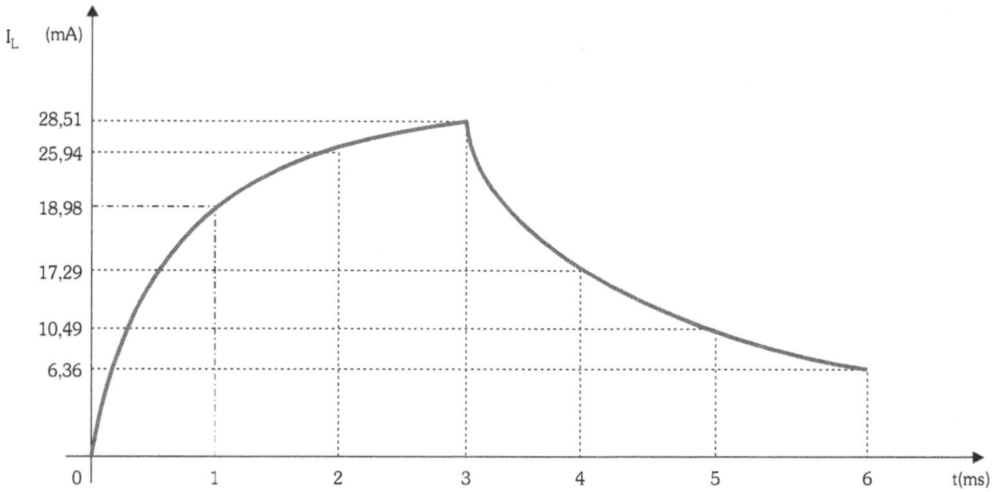

Exercícios propostos

Determine a indutância equivalente entre os pontos A e B.

1)

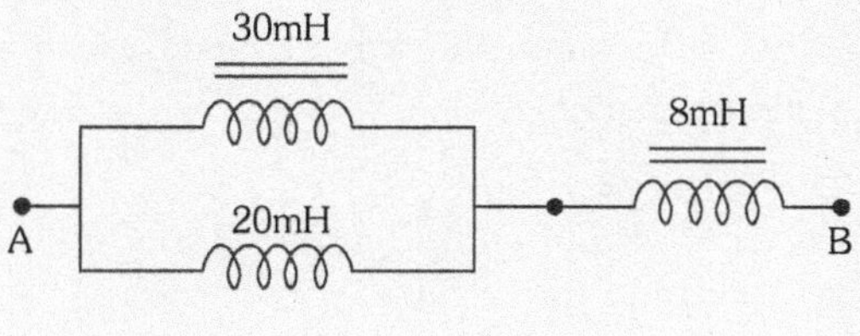

2)

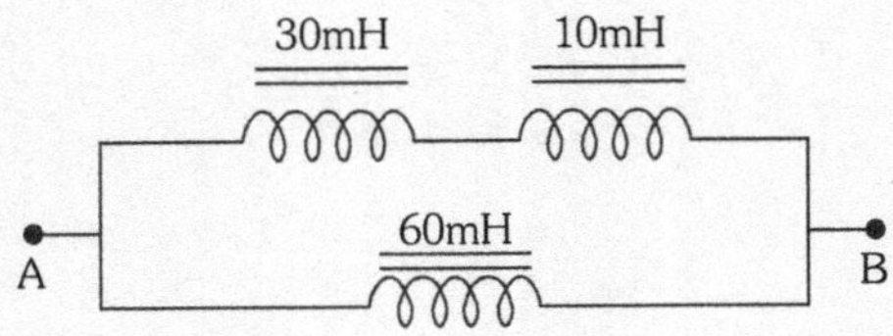

3)

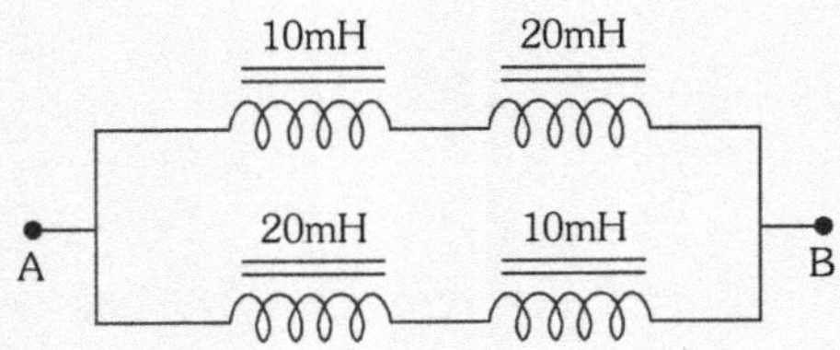

4) Considere o circuito abaixo:

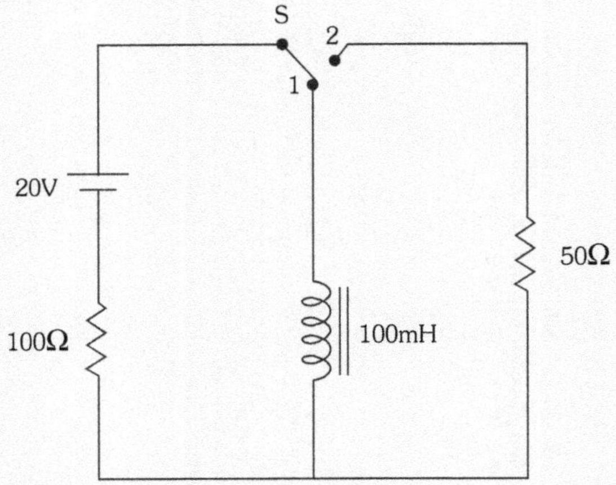

a) Determine os valores das constantes de tempo com a chave nas posições 1 e 2.

b) Determine as equações de $I_{L(t)}$ para a chave nas posições 1 e 2.

c) Determine os valores de I_L para os instantes t_1 = 1ms, t_2 = 3ms, t_3 = 4ms, t_4 = 5ms e t_5 = 7ms, sabendo que em t = 0 (indutor desenergizado) a chave está na posição 1, assim permanecendo até 4ms, quando muda para posição 2, em que permanece indefinidamente.

5) Em t = 0, a chave S é colocada na posição 1 (considere o indutor desenergizado), muda para a posição 2 em t = 4ms.

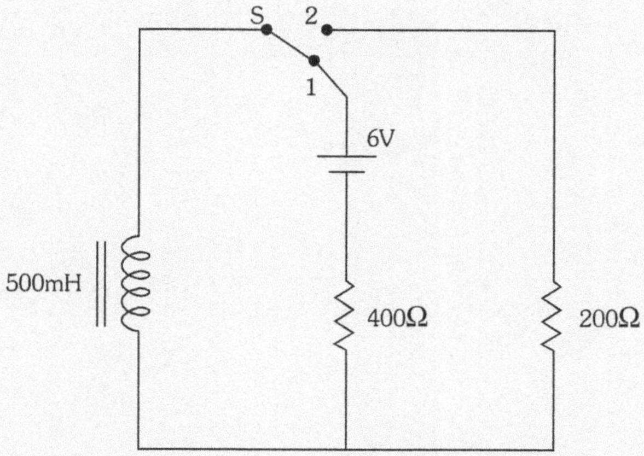

Determine:

a) As constantes de tempo τ, para as 2 posições da chave S.

b) Os valores de I_L, para os instantes t_1 = 1ms, t_2 = 3ms, t_3 = 4ms, t_4 = 5ms e t_5 = 7ms.

Alfabeto grego

Em equações matemáticas ou de área técnica específica, é comum a utilização de letras do alfabeto grego, que reproduzimos abaixo, com a pronúncia (nome) de cada letra e sua representação maiúscula e minúscula.

Pronúncia	Minúscula	Maiúscula
alfa	α	Α
beta	β	Β
gama	γ	Γ
delta	δ	Δ
épsilon	ε	Ε
dzeta ou zeta	ζ	Ζ
eta	η	Η
teta	θ	Θ
Iota	ι	Ι
capa	κ	Κ
lambda	λ	Λ
mi	μ	Μ

Pronúncia	Minúscula	Maiúscula
ni	ν	Ν
csi	ξ	Ξ
ômicron	ο	Ο
pi	π	Π
rô	ρ	Ρ
sigma	σ	Σ
tau	τ	Τ
ípsilon	υ	Υ
fi	φ	Φ
qui ou chi	χ	Χ
psi	ψ	Ψ
ômega	ω	Ω

B

Fusíveis, disjuntores, potenciômetros, trimpots e reostatos

B.1 Fusíveis

São componentes elétricos cuja função é interromper a presença de correntes indesejáveis, isto é, correntes de valores elevados para os demais componentes e dispositivos que fazem parte do circuito. A corrente elevada pode queimar ou danificar resistores, capacitores, indutores, fiação, placas de circuito impresso, motores, transformadores, lâmpadas etc.

Os fusíveis protegem os circuitos porque possuem, dentro de um corpo isolante, um elo de fusão composto, geralmente de chumbo, estanho ou cobre. Esse elo de fusão se rompe quando circula pelo fusível uma corrente superior àquela que ele suporta.

Em geral, os fusíveis são conectados em série com os circuitos, próximos à fonte geradora.

Símbolo

Observação

Hoje, a utilização de fusíveis (principalmente os de baixa tensão e residenciais, como o fusível do tipo rolha ou cartucho) é **proibida**, em função da sua baixa eficácia. A má qualidade do material geralmente utilizado em sua fabricação afeta a precisão de sua atuação.

B.2 Disjuntores

São dispositivos elétricos que possuem como objetivo cessar a corrente elétrica em um circuito. São semelhantes aos fusíveis, porém apresentam mais precisão, pois, além do controle pelo efeito Joule (elo de fusão), possuem o controle pela ação eletromagnética. São mais utilizados em circuitos de instalações elétricas (maior corrente). Têm ainda como vantagem sobre o fusível a possibilidade de serem reativados, eliminada a causa do excesso de corrente.

Símbolo

B.3 Resistências ajustáveis

São resistores variáveis que têm como objetivo controlar certos parâmetros importantes de um circuito, como tensão e corrente, e consequentemente volume, velocidade, valor etc.

Símbolo

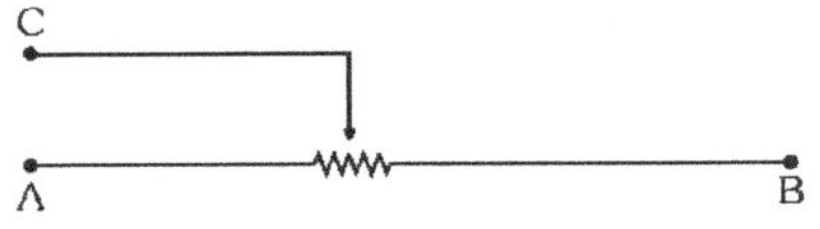

Compõem-se de três terminais, e os dois extremos têm sempre um valor fixo. O que muda são as resistências entre o terminal central em relação a cada um dos terminais de uma ponta. Sua nomenclatura varia de acordo com sua aplicação prática:

$$R_{AB} = \text{constante}$$

$$R_{AC} \text{ e } R_{CB} \text{ variam}$$

$$R_{AC} + R_{CB} = R_{AB}$$

B.3.1 Potenciômetros

São tipos de resistores ajustáveis, utilizados em circuitos eletrônicos de pequena potência. Existem potenciômetros lineares e logarítmicos.

B.3.2 Trimpots

São potenciômetros colocados apenas internamente nos aparelhos. Sua finalidade é efetuar pré-ajustes ou ajustes temporários. Têm a mesma simbologia do potenciômetro.

B.3.3 Reostatos

São resistores variáveis, semelhantes aos potenciômetros, porém utilizados para operar com valores de corrente e tensão mais elevados. Têm a mesma simbologia do potenciômetro.

C

Ponte de Wheatstone

A ponte de Wheatstone é um circuito muito útil na obtenção de valores de resistências não conhecidas.

Para a sua construção, há necessidade de uma bateria, duas resistências conhecidas, um potenciômetro, um galvanômetro e a resistência que se quer medir.

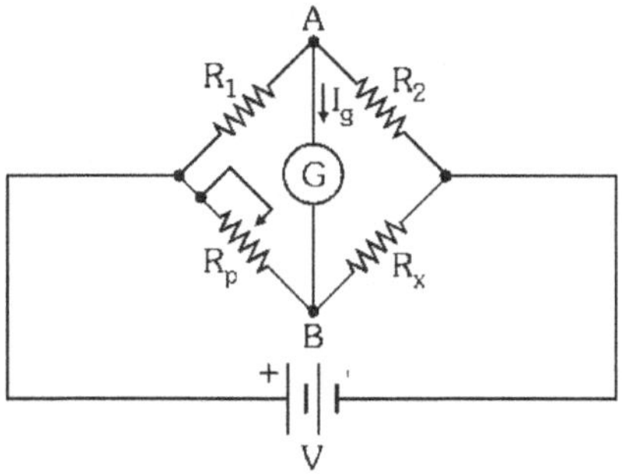

Figura C.1

Em que:

- R_1 e R_2 – resistências conhecidas.
- R_p – resistência do potenciômetro.
- R_x – resistência desconhecida.

$$R_x = \frac{R_p \cdot R_2}{R_1} \quad \text{quando } I_g = 0$$

A ponte estará em equilíbrio quando $I_g = 0$, ou seja, quando $R_x \cdot R_1 = R_p \cdot R_2$. Nesse caso, a tensão $V_{AB} = 0$.

D

Bipolos

São dispositivos que possuem apenas dois terminais de acesso. Exemplos de bipolos: resistores, capacitores, indutores, diodos etc.

Os bipolos podem ser **simétricos** ou **assimétricos**.

Os **bipolos simétricos** possuem simetria no primeiro e no terceiro quadrantes de sua curva característica. São elementos sem polaridade. Os bipolos que não apresentam simetria entre o primeiro e o terceiro quadrantes da sua curva característica são **assimétricos**. São elementos com polaridade.

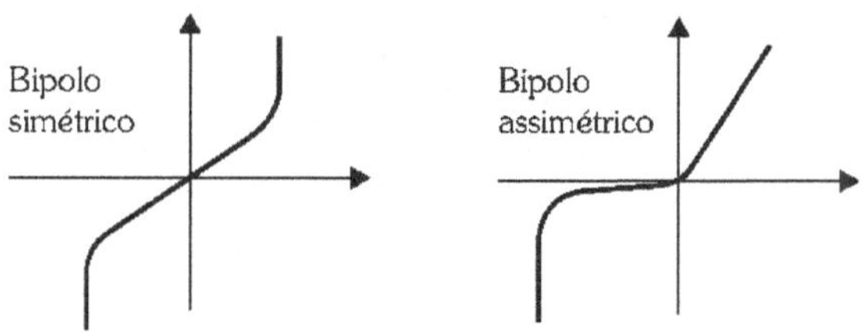

Figura D.1

Os bipolos podem ser **lineares** ou **não lineares**.

Os **bipolos lineares** possuem uma curva característica que obedece à equação de uma reta. Os **bipolos não lineares** apresentam uma curva característica que não obedece à equação de uma reta. Os bipolos lineares são ôhmicos e os não lineares são não ôhmicos.

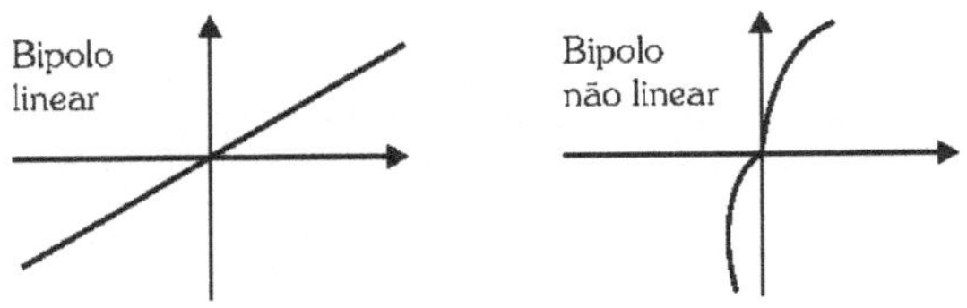

Figura D.2

Os bipolos podem ser **ativos** ou **passivos.**

Os **bipolos ativos** possuem uma curva característica cujo valor de origem (0,0) não pertence a ela. Eles fornecem energia (potência) ao circuito, são os geradores.

Os **bipolos passivos** têm curva característica cujo valor de origem (0,0) pertence a ela. Eles dissipam potência no circuito, são os receptores.

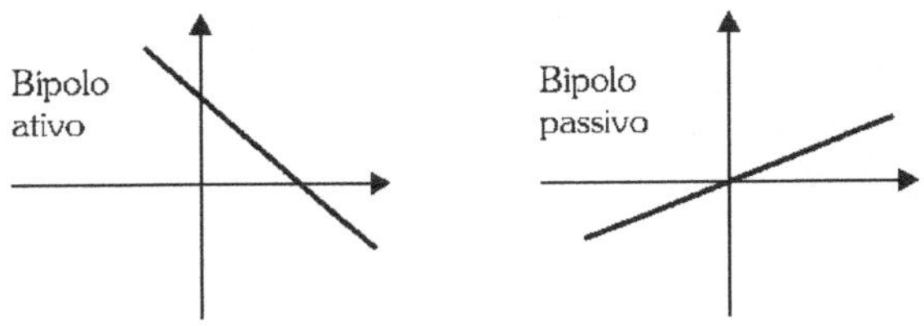

Figura D.3

Alguns exemplos:

- **Resistor:** bipolo simétrico, linear e passivo.
- **Diodo:** bipolo assimétrico, não linear e passivo,
- **Fonte de tensão:** bipolo assimétrico, linear e ativo.
- **Lâmpada:** bipolo simétrico, não linear e passivo.

E

Código de cores para resistores

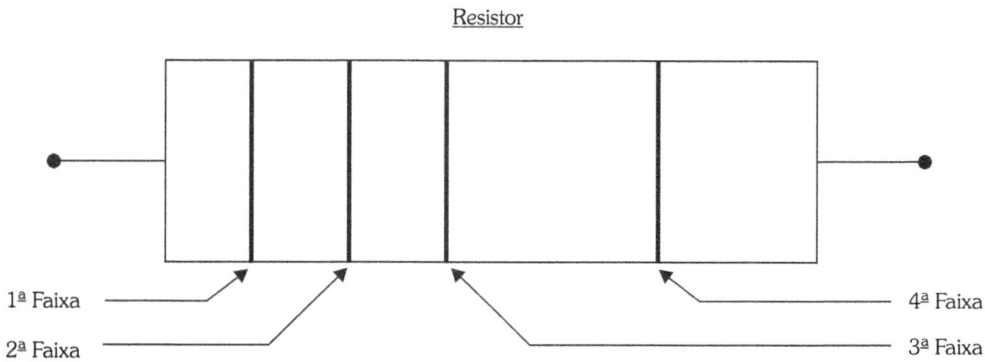

Figura E.1

Cor	1ª faixa = 1º dígito	2ª faixa = 2º dígito	3ª faixa = nº de zeros	4ª faixa = tolerância
Preto	-	0	0	-
Marrom	1	1	1	1%
Vermelho	2	2	2	2%
Laranja	3	3	3	-
Amarelo	4	4	4	-
Verde	5	5	5	0,5%
Azul	6	6	6	-
Violeta	7	7	-	-
Cinza	8	8	-	-
Branco	9	9	-	-
Ouro	-	-	× 0,1	5%
Prata	-	-	× 0,01	10%

Observação

Praticamente não são mais fabricados resistores com tolerância igual a 10%. Já a tolerância de 0,5% é utilizada apenas nos resistores de precisão, ou seja, de cinco faixas.

Alguns exemplos:

1) Vermelho – vermelho – vermelho – ouro = 2200 ± 5% = 2K2Ω ± 5%

2) Amarelo – violeta – prata – prata = 47 · 0,01 ± 10% = 0,47Ω ± 10%

3) Marrom – preto – marrom – vermelho = 100 ± 2% = 100Ω ± 2%

4) Laranja – laranja – azul – ouro = 33.000.000 ± 5% = 33MΩ ± 5%

5) Verde – azul – amarelo – prata = 560.000 ± 10% = 560KΩ ± 10%

6) Branco – vermelho – preto – ouro = 92 ± 5% = 92Ω ± 5%

Observação

Atualmente, existem resistores de valores mais precisos: são os resistores de cinco faixas. As três primeiras faixas representam os três primeiros dígitos, a quarta faixa representa a quantidade de zeros e a quinta faixa representa a tolerância. Neste caso, temos ainda a tolerância de 0,5% na cor verde.

Exemplos:

1. Vermelho – violeta – vermelho – marrom – ouro = 2720 ± 5% = 2K72Ω ± 5%

2. Laranja – laranja – amarelo – vermelho – marrom = 33.400 ± 1% = 33K4Ω ± 1%

3. Branco – azul – vermelho – prata – vermelho = 962 · 0,01 ± 2% = 9,62Ω ± 2%

Série de resistores padronizados

São valores de resistores produzidos comercialmente. Podemos destacar a série E-12:

$$\left.\begin{matrix} 1 - 1{,}2 - 1{,}5 - 1{,}8 \\ 2{,}2 - 2{,}7 - 3{,}3 - 3{,}9 \\ 4{,}7 - 5{,}6 - 6{,}8 - 8{,}2 \end{matrix}\right\} \times 10^n$$

Exemplos:

1,2 – 12 – 120 – 1200 – etc.

2,7 – 27 – 270 – etc.

F

Capacitores: identificação

De modo análogo aos resistores, os capacitores têm valores padronizados de capacitância: 1 – 1,2 – 1,5 – 1,8 – 2,2 – 2,7 – 3,3 – 4,7 – 5,6 – 6,8 – 8,2 com fatores multiplicativos da base 10, de modo que são obtidos valores dentro da faixa estabelecida anteriormente (µF até pF).

No caso dos capacitores de poliéster metalizado, havia até pouco tempo atrás um código de cores, muito parecido com o dos resistores, para se fazer a identificação do valor do capacitor (apelidado de zebrinha), porém essa codificação está em desuso e não será abordada.

Atualmente, os capacitores de poliéster metalizado apresentam encapsulamento na cor laranja e seus valores podem estar impressos de forma direta, com a seguinte codificação:

- Se o número for inteiro, a leitura se fará em nF (nano-Farad).
- Se for número fracionário, está expresso em µF (micro-Farad).

A letra que acompanha o valor numérico representa a tolerância, de acordo com o código:

- J – 5%
- K – 10%
- M – 20%

O valor da tensão de isolação é impresso integralmente, sem código, diretamente em Volts (V).

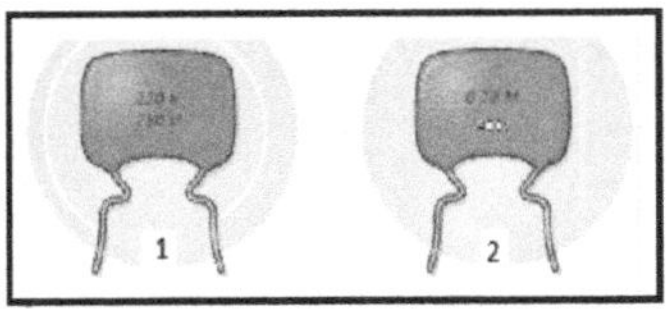

Exemplo

1) (220 ± 10%)nF e 250V
2) (0,22 ± 20%)µF e 400V

Para os capacitores de disco cerâmico, existe outro código específico:

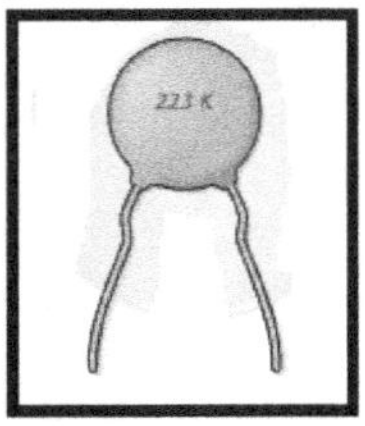

No exemplo, temos na sequência:

2 – primeiro algarismo; 2 – segundo algarismo; 3 – algarismo multiplicador ou número de zeros; K – tolerância.

Valores da tolerância:

Para capacitores com valores até 10pF:

- B – 0,10pF
- C – 0,25pF
- D – 0,50pF
- F – 1pF
- G – 2pF

Para capacitores de valores acima de 10pF:

- F – 1%
- G – 2%
- H – 3%
- J – 5%

- K - 10%
- M - 20%
- P - 100% - 0%
- S - 50% - 20%
- Z - 80% - 20%

Exemplo

Para os códigos a seguir, identifique a capacitância e a tolerância dos capacitores.

a) 100F

b) 223K

Solução:

a) 10pF + 1pF

b) $(22 \cdot 10^3 + 10\%)$pF ou $(22 + 10\%)$nF

Os capacitores eletrolíticos podem atingir capacitância da ordem de $10^3\mu F$, porém com valores baixos de tensão de isolação, ambos impressos diretamente no seu encapsulamento, podendo ser:

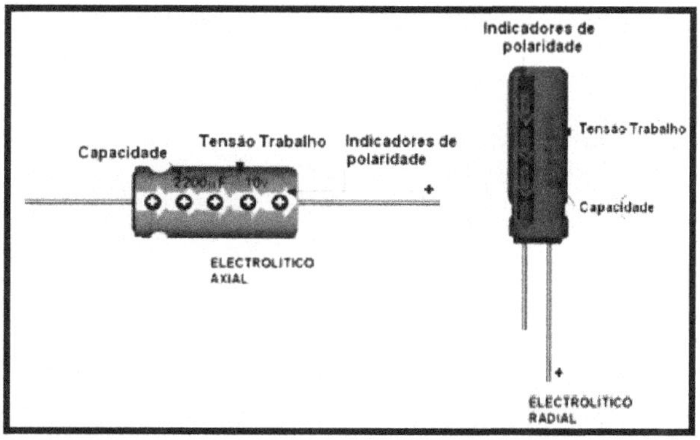

Respostas dos exercícios propostos

Observação

Algumas respostas são aproximadas.

Capítulo 1. Eletricidade: noções gerais

1) Pente/Cabelo – Atrito, Pente/Papel – 1ª Indução (separação de cargas no papel) – 2º Contato (cargas de mesmo sinal) e posterior repulsão.

2) $Ne = 18{,}75 \cdot 10^{14}$ elétrons

3) $Ne = 27{,}5 \cdot 10^{13}$ elétrons

4) $Q = +240\mu C$

5) $F = 225 \cdot 10^{-5} N$

6) $Q = 10\mu C$

7) Ne = $7{,}5 \cdot 10^{19}$ elétrons

8) I = 44,44μA

9) I = 0,8mA = 800μA

10) 20mA

11) ≅ 0,54MV

12) 5000KV

13) 3500KV

14) 12.000.000V

15) 5.400.000mV

16) 0,1A

17) 12.000μA

18) 0,00000054A

19) 0,032A

20) 0,5mA

21) 0,012A

22) 400.000V

23) 110V

Capítulo 2. Leis de Ohm e associação de resistências

1) V = 20V

2) I = 54,55mA

Sentido de cima para baixo no resistor

3) R = 30Ω

4) R = 20Ω

a) a = 160V

b) b = 1,5A

5) R = 1M2Ω

G = 0,83μ℧

6) V = 22V

7) I = 4μA

8) V = 780V

9) I = 0,5mA

10) G = 5μ℧

11)

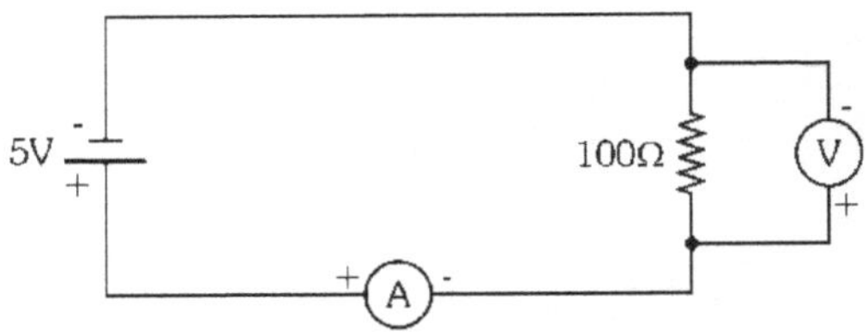

A = 50mA V = 5V

12) R = 72KΩ

13) I = 30A

14) P = 4mW

15) I = 21,32mA

16) V = 1V

17) P = 2,5W

18)

a) E = 14,4KWh

b) R = 240Ω

c) P = 15W

19)

a) R = 22,67mΩ

b) R = 340Ω

20)

a) Im ≅ 15,46A, Iq = 25A

b) Rm = 14,23Ω, Rq = 8,8Ω

c) lm ≅ 4,53m, lq = 2,8m

21) R = 40Ω

22) d = 7,4mm

23) l = 1,83m

24)

a) $\tau = 3{,}57 \cdot 10^7 \frac{S}{m}$ e R = 4,46Ω

b) $\tau = 2{,}98 \cdot 10^7 \frac{S}{m}$ e R = 5,35Ω

25) l = 92,47m

26) 255W

27) R = 1,02KΩ

28) R = 6,5Ω

29) R = 198Ω

30) R = 56,9Ω

31) R = 2,2Ω

32) R = 0,83Ω

33) R = 50Ω

34) R = 50Ω

35) R = 48Ω

36) R = 30Ω

37) R = 10Ω

38) R ≅ 41,86Ω

39) R = 115Ω

40) R = 100Ω

41) R =60Ω

42) R = 24Ω

43) R = 120Ω

44) R = 36Ω

45) R = 100Ω

46) R = 1,5KΩ

47) R ≅ 3,08Ω

48) R = 6Ω

49) R ≅ 8,11Ω

50) R = 3,75Ω

51) R = 8,33Ω

52) R = 30KΩ

53) R_{AB} = 20Ω
R_{AC} = 8Ω
R_{BC} = 12Ω

54) R = 20Ω

55) R_{AB} = 85,71Ω
R_{AC} = 141,43Ω
R_{AD} = 60Ω

$R_{BC} = 72,86\Omega$

$R_{BD} = 25,71\Omega$

$R_{CD} = 81,43\Omega$

56) $R = 32,84\Omega$

57) $R = 18\Omega$

58) $P = 5W$

59) $R = 590\Omega$

60) $P = 4,8W$

Capítulo 3. Circuitos elétricos

1) $I = 15,38mA$

$V_1 = 1,54V$

$V_2 = 3,38V$

$V_3 = 5,08V$

$P_f = 153,8mW$

$P_{(100\Omega)} = 23,69mW$

$P_{(220\Omega)} = 51,98mW$

$P_{(330\Omega)} = 78,13mW$

2) $R = 30\Omega$

3) $V = 40V$, $R_1 = 7\Omega$, $R_2 = 6\Omega$

4) $V = 12V$

$I_T = 1,5A$

$I_1 = 0,3A$

$I_2 = 1A$

$I_3 = 0,2A$

5) $V = 5V$, $A = 4mA$

6) $I_T = 2,5mA$

$I_1 = 1,48mA$

$I_2 = 1,02mA$

$V' = 2,24V$

$P = 1,04mW$

7) $V = 2,13V$

$V' = 0,97V$

$V'' = 0,19V$

8) $V_S = 1,17V$

9) $V = 10,41V$

10) $P_{fornecida} = 0,32W$

$P_{(1K\Omega)} = 0,14W$

$P_{(1K2\Omega)} = 0,12W$

$P_{(2K2\Omega)} = 0,04W$

$P_{(560\Omega)} = 0,01W$

11) $V = 50V$

$P = 4,75W$

12) $R = 214\Omega$

13) $R = 2062,5\Omega$

14) $V = 5,88V$

$R = 271,3\Omega$

15) $R = 50,3\Omega$

16) $R_1 = 79,86\Omega$

17) $R = 668,85\Omega$

18) $R = 30\Omega$ ou $R = 3,33\Omega$

19) $R = 22\Omega$

20) $V = 20{,}32V$
$R = 1133{,}1\Omega$

21) $V_S = 2{,}31V$

22) $R_2 = 5\Omega$
$R_3 = 3\Omega$

23) $R = 15\Omega$

24) $U_{DC} \cong 1{,}39V$

Capítulo 4. Divisor de tensão e de corrente

1) $R_1 = 1K\Omega$
$R_2 = 4K7\Omega$
$R_3 = 3K3\Omega$

2) $0 \leq V_S \leq 110V$

3)
a) $R_1 = 6{,}7K\Omega$
$R_2 = 5{,}3K\Omega$
b) $R_L = 2{,}5K\Omega$

4)
a) $V_0 = 6V$
b) $V_0 = 4{,}39V$
c) $I_L = 934\mu \cong 0{,}93mA$

5) $R_1 = 5{,}7K\Omega$
$R_{pot} = 27{,}5K\Omega$
$R_2 = 6{,}8K\Omega$

6) $R_1 = 1K\Omega$
$R_2 = 9K\Omega$
$R_3 = 90K\Omega$

7) $R_1 = R_2 = R_3 = R_4 = 2{,}5K\Omega$
$V = 20V$

8) $R_L = 3{,}3K\Omega$

9)
a) $R_1 = 4{,}7K\Omega$
$R_{pot} = 27K\Omega$
$R_2 = 3{,}3K\Omega$
b) $P_d = 18{,}14mW$

10) $R_1 = 2M\Omega$
$R_2 = 2M\Omega$
$R_3 = 2{,}67M\Omega$
$R_4 = 13{,}33M\Omega$

11) $R_1 = 25\Omega$
$R_2 = 100\Omega$
$R_3 = 1200\Omega$

12) $R_{pot} = 14{,}4K\Omega$

13) $R_{pot} = 13{,}2K\Omega$
$P_d = 82{,}5mW$

14) $V = 4{,}4V$

15) $V_{AB} = 9V$

16) $A_1 = 300mA$
$A_2 = 200mA$

17) $R_1 = 7{,}7K\Omega$
$R_2 = 12{,}3K\Omega$

18) $R_a = 4K\Omega$
$R_b = 2K\Omega$

19) $R_{pot} = 68K\Omega$
$I = 100mA$

20) $I = 4A$

$R_b = 3K3\Omega$

21) $V_{AB} = 1,65V$

22) $I = 0,8A$

23) $R = 100\Omega$

$I_1 = 20mA$

24) $I_1 = 40mA$

$I_2 = 160mA$

Capítulo 5. Geradores e receptores

1)

a) $V = 12 - 2I$

b) $I_{CC} = 6A$

c) $V = 7V$

d) $\eta = 58,3\%$

e) $P_{u\ máx} = 18W$

$P_u = 17,5W$

$P_t = 30W$

$P_d = 12,5W$

2)

a) $V = 50 - 10I$

b) $I = 1A$

c) $\eta = 80\%$

3) $E = 3V$

$r = 1\Omega$

4)

a) $E = 10V$

$r = 2\Omega$

b) $P_{u\ máx} = 12,5W$

c) $I_{CC} = 5A$

d) $V = 8,4V$

e) $P_t = 8W$

$P_u = 6,72W$

$P_d = 1,28W$

5) $E = 5V$

$r = 2\Omega$

6) $P_{u\ máx} = 7,2W$

7)

a) $E' = 50V$

$r' = 4\Omega$

b) $\eta = 75,76\%$

$P_t = 264W$

$P_u = 200W$

$P_d = 64W$

8)

a) gerador

b) receptor

c) resistor

9) $E = 100V$

$r = 5\Omega$

10)

a) $I = 11A$

b) $I = 23A$

11)

a) 1: gerador 2: receptor

b) $I = 6A$, sentido horário

c) $\eta_{gerador} = 55\%$, $\eta_{receptor} = 45,45\%$

d) $P_d = 180W$

12) $R = 7\Omega$

$P_d = 112W$

13)

a) $V_{AB} = 30V$

b) $V_{AB} = 18V$

14) $P_L = 552,96mW$

15)

a) $E = 12V$

b) $I = 1,33A$

16) $E = 40V$

$r = 3\Omega$

17) $A = 0,5A$

18) $E = 20V$

$r = 2\Omega$

19) $R = 2,5\Omega$

20) $E = 6,67V$

$r = 1,1\Omega$

21) $E = 27V$

$\eta = 98,15\%$

22) $E = -1,425V$

$r = 0,85\Omega$

23) $A = 1,5A$

$V = 0,3V$

24) $R = 21,95\Omega$

25) $R_1 = 16,5\Omega$

$R_2 = 33\Omega$

26) $R = 3\Omega$

27)

a) $R = 5\Omega$

b) $E = 20V$ $r = 5\Omega$

28) $V_{AB} = 12V$

29)

a) $E = 105V$

$r = 7,5\Omega$

b) $E' = 45V$

$r' = 7,5\Omega$

c) $\eta_g = 71,43\%$

$\eta_m = 60\%$

d) $P_d = 240W$

30) $V = 10,5V$

$V_1 = 8,37V$

$V_2 = 1,8V$

$A = 1,5A$

$A_1 = 0,75A$

$A_2 = 0,9A$

31) $E = 204V$

$r = 5\Omega$

32) $E = 70V$

$r = 2,5\Omega$

33) Gerador 1 - $E = 12V$ e $r = 1,5\Omega$

Gerador 2 - $E = 6V$ e $r = 1,5\Omega$

34) $R = 20\Omega$

35) $R = 6\Omega$

Capítulo 6.
Leis de Kirchhoff

1) 1A saindo nó E.

2) $I_1 + I_3 = I_2$

$1000I_1 + 470I_2 = 15$

$470I_2 + 2200I_3 = 12$

$I_1 = 9{,}29mA$

$I_2 = 12{,}15mA$

$I_3 = 2{,}86mA$

3) $I_1 + I_2 - I_3 = 0$

$47I_2 + 22I_3 = 6$

$56I_1 - 47I_2 = 0$

$I_1 = 57{,}57mA$

$I_2 = 68{,}6mA$

$I_3 = 126{,}17mA$

4) $I_1 + I_2 + I_3 = 0$

$10I_1 - 22I_3 = 6$

$-47I_2 + 22I_3 = 3$

$I_1 = 0{,}28A$

$I_2 = -0{,}13A$ (sca)

$I_3 = -0{,}15A$ (sca)

5) $I_1 - I_2 - I_3 = 0$

$1000I_1 + 1000I_3 = 0$

$1000I_2 - 1000I_3 = 0$

$I_1 = 0$

$I_2 = 0$

$I_3 = 0$

6) $I_1 - I_2 - I_3 = 0$

$I_2 - I_4 - I_5 = 0$

$220I_1 + 1000I_3 = 9$

$570I_2 - 1000I_3 + 220I_4 = -6$

$220I_4 - 120I_5 = 15$

$I_1 = -0{,}87mA$ (sca)

$I_2 = -10{,}05mA$ (sca)

$I_3 = 9{,}19mA$

$I_4 = 40{,}57mA$

$I_5 = -50{,}63mA$ (sca)

7) $I_1 + I_2 - I_3 = 0$

$I_3 + I_4 - I_5 = 0$

$I_2 - I_5 + I_6 = 0$

$100I_1 + 100I_3 - 100I_4 = -15$

$100I_2 + 100I_3 + 100I_5 = 12$

$100I_4 + 100I_5 + 100I_6 = 6$

$I_1 = -90mA$ (sca)

$I_2 = 82{,}5mA$

$I_3 = -7{,}5mA$ (sca)

$I_4 = 52{,}5mA$

$I_5 = 45mA$

$I_6 = -37{,}5mA$ (sca)

8) $I_1 - I_2 + I_3 = 0$

$I_1 - I_4 - I_5 = 0$

$47I_1 - 56I_3 + 68I_4 = 6$

$62I_2 + 56I_3 = 6$

$68I_4 - 76I_5 = 6$

$I_1 = 53{,}55mA$

$I_2 = 76{,}26mA$

$I_3 = 22{,}71mA$

$I_4 = 69{,}93mA$
$I_5 = -16{,}38mA$ (sca)

9) $I_1 - I_2 - I_3 = 0$
$I_2 - I_4 - I_5 = 0$
$1000I_1 + 1000I_3 = 15$
$1000I_2 - 1000I_3 + 1000I_4 = -18$
$1000I_4 - 1000I_5 = -12$
$I_1 = 5{,}55mA$
$I_2 = -3{,}91mA$ (sca)
$I_3 = 9{,}45mA$
$I_4 = -4{,}64mA$ (sca)
$I_5 = 0{,}74mA$

10) $I_1 = 0{,}09A = 90mA$
$I_2 = 3{,}44A$
$I_3 = 3{,}35A$

11) $I_1 = 0{,}8A$
$I_2 = 4{,}4A$
$I_3 = 3{,}6A$

12) $I_1 = 2{,}18A$
$I_2 = 2{,}91A$
$I_3 = 0{,}73A$

13) $I_1 = 1A$
$I_2 = 2{,}5A$
$I_3 = 1{,}5A$

14) $I_1 = 1{,}64A$
$I_2 = 3{,}46A$
$I_3 = 1{,}82A$

15) $R_1 = 5{,}7\Omega$
$R_2 = 8{,}7\Omega$

16) $V = 12V$

17) $V = -22{,}6V$

18) $V = -5{,}89V$

19)

S_1	S_2	V'
A	A	–3,26V
A	F	–11,76V
F	A	–3,26V
F	F	–11,2V

20) $V = 550V$
$I = 2A$

21) $I_1 = 2{,}43A$
$I_2 = 0{,}43A$
$V_1 = 172{,}86V$
$V_2 = 57{,}14V$

22) $E = 20V$
$I = 3{,}25A$
$I_1 = 1{,}5A$

23) $E = 30V$
$I_1 = -0{,}5A$
$I_3 = -1A$

24) $E = 30V$
$R = 15\Omega$
$I_2 = 3{,}5A$

Capítulo 7. Correntes fictícias de Maxwell

1) $3.030\alpha - 330\beta = -7{,}5$
$-330\alpha + 4230\beta = -13{,}5$
$\alpha = -2{,}85mA$
$\beta = -3{,}41mA$

2) $80\alpha - 47\beta = 9$
$-47\alpha + 109\beta = -18$
$\alpha = 20{,}73mA$
$\beta = -0{,}16A$

3) $650\alpha - 100\beta = -9$
$-100\alpha + 570\beta = 18$
$\alpha = -9{,}24mA$
$\beta = 29{,}96mA$

4) $340\alpha - 220\beta = 12$
$-220\alpha + 550\beta = -3$
$\alpha = 42{,}86mA$
$\beta = 11{,}69mA$

5) $20.000\alpha - 10.000\beta = 0$
$-10.000\alpha + 20.000\beta = 0$
$\alpha = 0$
$\beta = 0$

6) $1090\alpha - 620\beta = -3$
$-620\alpha + 2000\beta - 100\gamma = -12$
$-100\beta + 320\gamma = 24$
$\alpha = -4{,}94mA$
$\beta = -3{,}84mA$
$\gamma = 73{,}8mA$

7) $1100\alpha - 100\gamma = 24$
$1100\beta - 100\gamma = -3$
$-100\alpha - 100\beta + 10.200\gamma = 12$
$\alpha = 21{,}94mA$
$\beta = -2{,}6mA$
$\gamma = 1{,}37mA$

8) $2470\alpha - 1000\beta - 470\gamma = 9$
$-1000\alpha + 2000\beta = 9$
$-470\alpha + 1500\gamma = -9$
$\alpha = +5{,}86mA$
$\beta = 7{,}43mA$
$\gamma = -4{,}16mA$

9) $4400\alpha - 2200\beta = 15$
$-2200\alpha + 5400\beta - 2200\gamma = -18$
$-2200\beta + 12.200\gamma = 12$
$\alpha = 2{,}34mA$
$\beta = -2{,}14mA$
$\gamma = 0{,}6mA$

10) $770\alpha - 330\beta = 9$
$-330\alpha + 880\beta - 220\gamma = 9$
$-220\beta + 320\gamma = -9$
$\alpha = 16{,}56mA$
$\beta = 11{,}36mA$
$\gamma = -20{,}32mA$

11) $\alpha = 0{,}8A$
$\beta = -3{,}6A$
$I_1 = 0{,}8A$
$I_2 = 4{,}4A$
$I_3 = 3{,}6A$

12) $\alpha = 2{,}18A$
$\beta = -0{,}73A$ (sca)
$I_1 = 2{,}18A$
$I_2 = 2{,}91A$
$I_3 = 0{,}73A$

13) $\alpha = 1A$
$\beta = -1{,}5A$ (sca)
$I_1 = 1A$
$I_2 = 2{,}5A$
$I_3 = 1{,}5A$

14) α = 1,64A
β = - 1,82A (sca)
I_1 = 1,64A
I_2 = 3,46A
I_3 = 1,82A

15) α = 3A
β = 3A
I_1 = 3A
I_2 = 0
I_3 = -3A (sca)

16) V = 1,94A
β = 2,36A
γ = 3,53A
I_1 = 1,91A
I_2 = 0,45A
I_3 = 2,36A
I_4 = 3,53A
I_5 = -1,17A (sca)
I_6 = 1,62A

17) V = 146,78V

18) R = 7,7Ω

19) R_1 = 400Ω
R_2 = 550Ω

20) β = 1A
R_1 = 1,67Ω
R_2 = ∞

21) α = 6A
β = 1A
I_1 = 6A
I_2 = 5A
I_3 = 1A
$P_{3,2}$ = 80W

22) E = 20V
R = 10Ω
I_3 = −2A (sca)

23) E = 60V
I_2 = 1A
I_4 = −0,25A (sca)
I_3 = 1A
I_5 = 1,25A

Capítulo 8. Teorema da superposição de efeitos

1)

Gerador	I_1	I_2	I_3
30V	3A	1,5A	−1,5A
40V	−2A	1A	3A
Sup.	1A	2,5A	1,5A

2)

Gerador	I_1	I_2	I_3
22V	1A	0,4A	−0,6A
30V	1,09A	1,64A	0,55A
55V	−3A	1A	4A
Superp.	−0,91A	3,04A	3,95A

3) V = 9,79V
I = 4,45mA

4) V = 6,49V
I = 0,54A

5) V = 5,35V
I = 24,32mA

6) V = 6,96V
I = 0,58A

7) V = 0
I = 0

8) V = 5,85V
I = 58,53mA

9) V = 4,66V
I = 4,66mA

10) V = 4,44V
I = 0,37A

11) V = 2,71V
I = 82,2μA

12) V = 4,59V
I = 45,88mA

13) P = 2,5W

14) P = 220,32W

Capítulo 9.
Teorema de Thévenin

1)

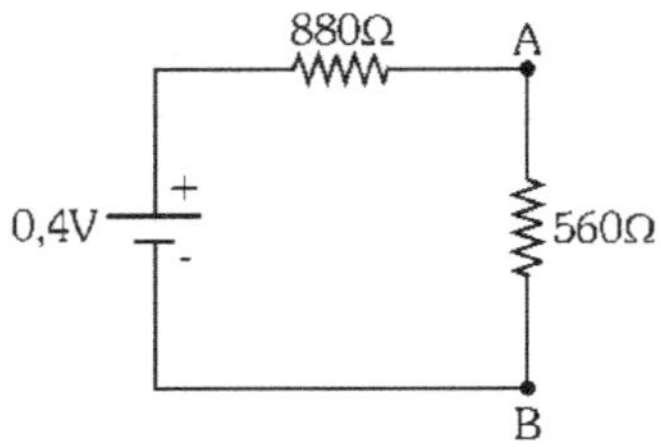

V = 0,16V
I = 0,28mA

2)

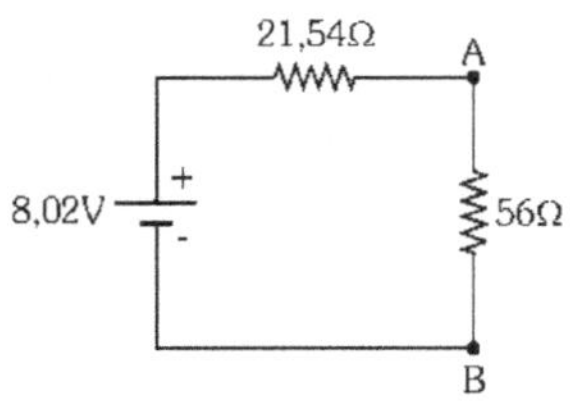

V = 5,6V
I = 0,1A

3)

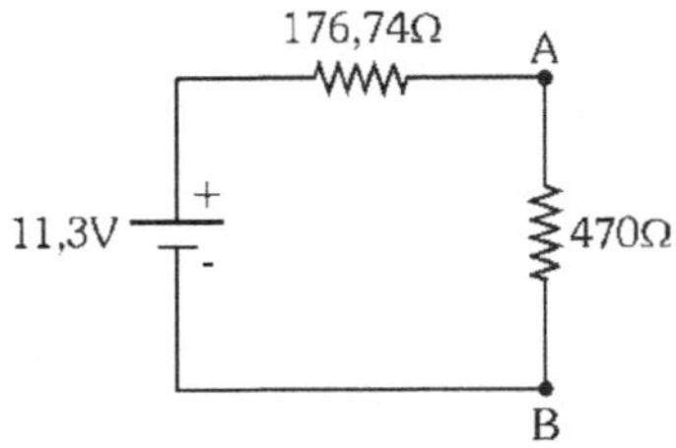

V = 8,21V
I = 17,47mA

4)

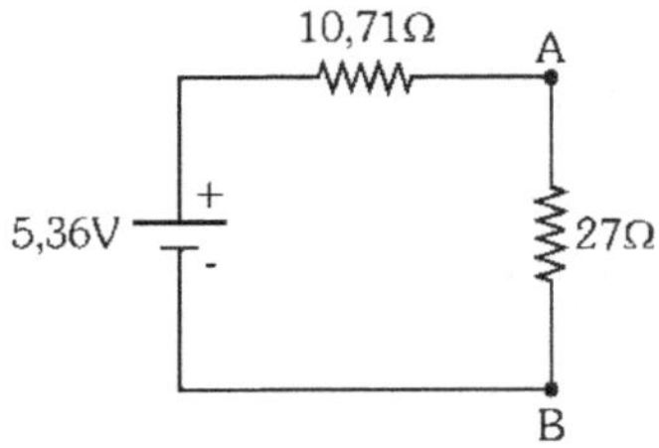

V = 3,78V
I = 0,14A

5)

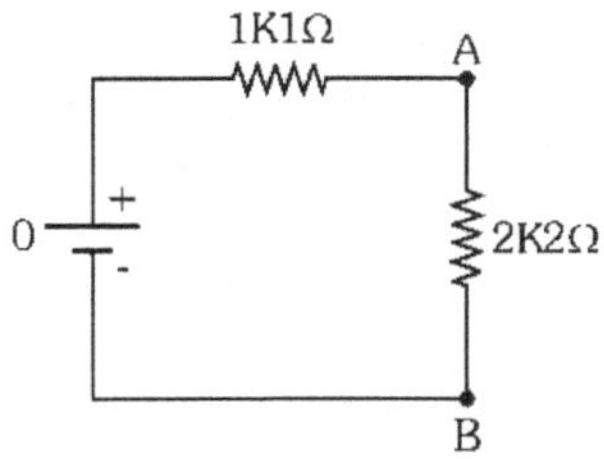

V = 0
I = 0

6)

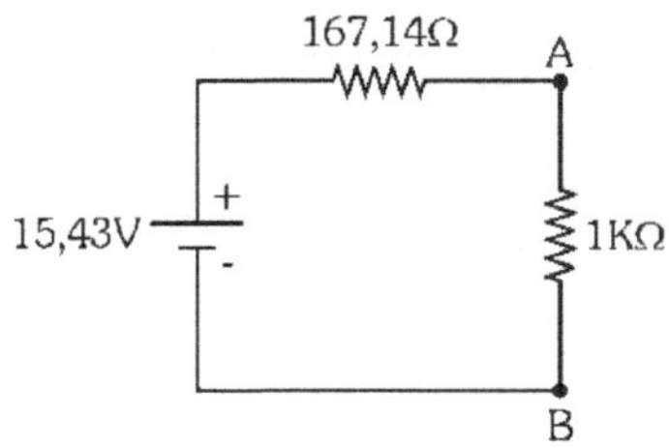

V = 13,22V
I = 13,22mA

7)

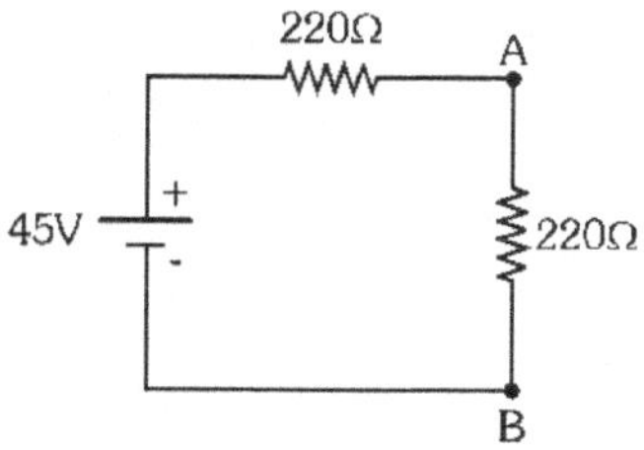

V = 2,25V

I = 10,23mA

8)

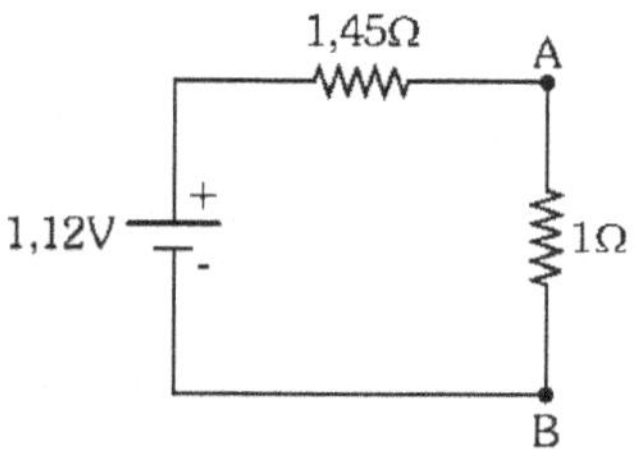

V = 0,46V

I = 0,46A

9)

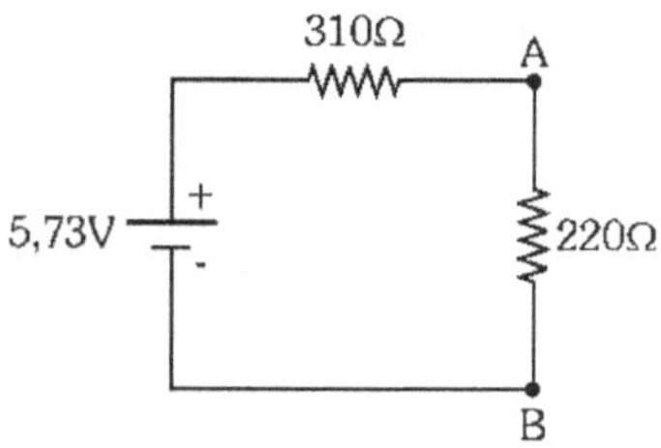

V = 2,38V

I = 10,81mA

10)

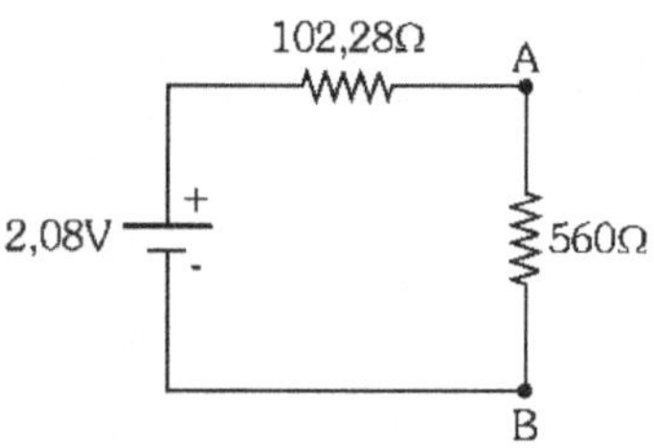

V = 1,76V

I = 3,14mA

11)

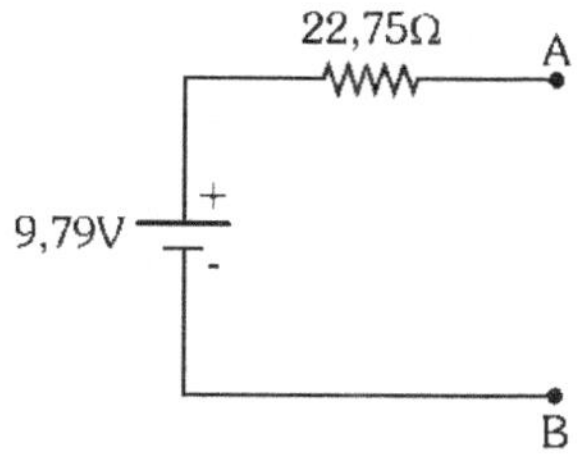

V = 9,79V

I = 0 (circuito aberto)

12) R_{carga} = 21Ω

13) I = 4,2mA

14) $P_{dissipada}$ = 0,63W

15) $P_{dissipada}$ = 0,83W

16) Eth = 26,25V

Rth = 3,75ϖ

a) I = 3A

b) I = 1,1A

Capítulo 10. Teorema de Norton

1)

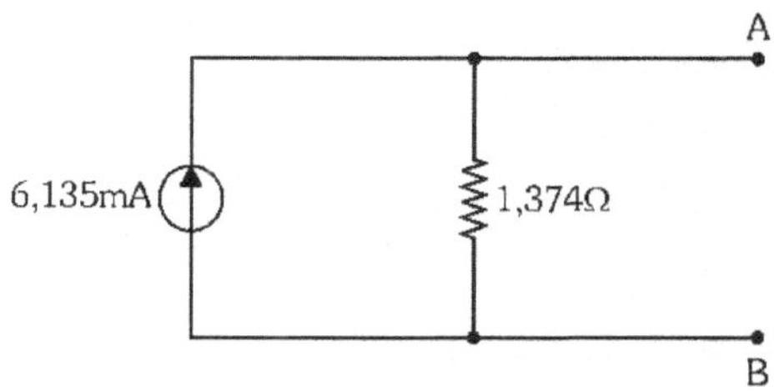

2) R = 25Ω

3) P = 10.560W

4) $P_{(5A)} = 791,34W$
$P_{(3A)} = 283,53W$
$P_{(2A)} = 88,76W$

5) $I = 108,37mA$

6)

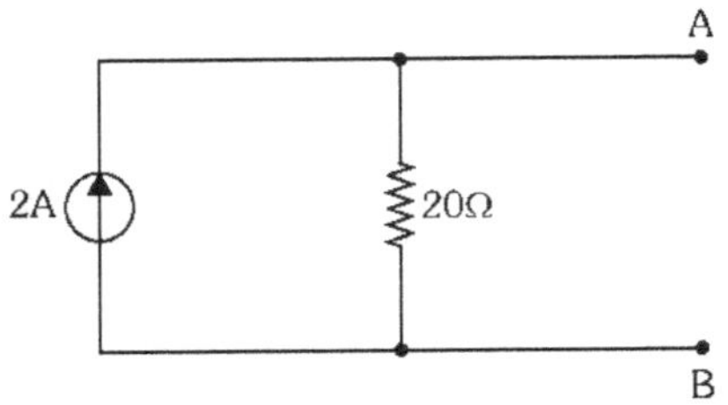

7) $P_{(5A)} = 75W$

Capítulo 11. Capacitores

1) $C_{AB} = 12\mu F$

2) $C_{AB} = 50\mu F$

3) $C_{AB} = 20\mu F$

4) $C_{AB} = 20\mu F$

5) $Q_1 = 25\mu C$ $U_1 = 2,5V$
$Q_2 = 25\mu C$ $U_2 = 2,5V$
$Q_3 = 75\mu C$ $U_3 = 5V$

6) $U = 200V$
$U_{12} = 80V$
$U_3 = 120V$

7) $C_1 = 12\mu F$

8) $V_{C1} = 7,76V$
$V_{C2} = 9,50V$
$V_{C3} = 7,03V$
$V_{C4} = 3,05V$

9)

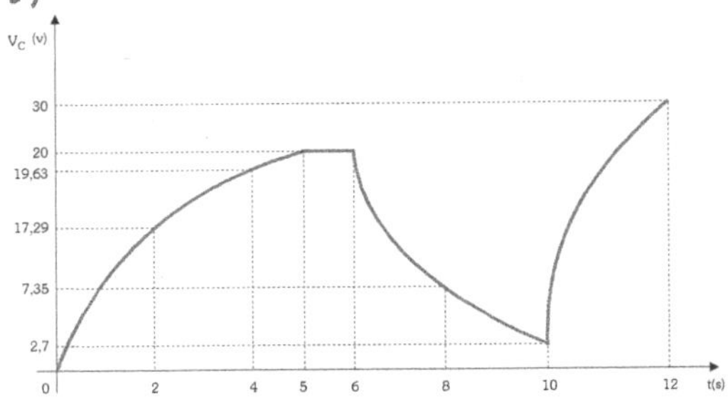

Capítulo 12. Indutores

1) $L_{AB} = 20mH$

2) $L_{AB} = 24mH$

3) $L_{AB} = 15mH$

4)

a) $\tau_1 = 1ms$
$\tau_2 = 2ms$

b) $P_\infty 1 : I_{L(t)} = 0,2\left(1-e^{\frac{-t}{1m}}\right)$ [A]

$P_\infty 2 : I_{L(t)} = 0,19\left(e^{\frac{-3m+t}{2m}}\right)$ [A]

c)
$I_{L1} = 126mA$
$I_{L2} = 173mA$
$I_{L3} = 190mA$
$I_{L4} = 115mA$

5) $IL_5 = 69,9mA$
$IL_6 = 25,7mA$

a) $\tau_1 = 1,25ms$ $\tau_2 = 2,5ms$

b) $I_{L1} = 8,26mA$
$I_{L2} = 13,64mA$
$I_{L3} = 14,39mA$
$I_{L4} = 9,65mA$
$I_{L5} = 4,33mA$

Bibliografia

ARNOLD, R. **Fundamentos de eletrotécnica.** Tradução de Dimitri Domatewicz. São Paulo: EPU, 1976.

CUTLER, P. **DC circuit analysis.** New York: McGraw-Hill, 1974.

MAYA, P. A. **Curso básico de eletricidade.** Rio de Janeiro: Descubra, 1977.

TUCII, W. J.; BRANDASSI, A. E. **Circuitos básicos em eletricidade e eletrônica.** São Paulo: Nobel, 1986.

Marcas registradas